高 等 职 业 教 育 土 木 建 筑 大 类 专 业 系 列 规 划 教 材

工程力学基础

周立军　　杨红芬　主　编

清华大学出版社

北 京

内 容 简 介

本书依据现行高等职业学校专业教学标准中关于本课程的教学要求,并参照相关国家职业技能标准和行业技能鉴定规范,结合"面向职场的课程体系建设"教改成果和学生的实际需求编写而成,以满足学生通用基础能力中工程力学能力需求的构建。

本书分为上篇和下篇,共有 16 个模块,其中上篇包括认知工程力学、静力学基础、平面一般力系的简化与平衡、平面图形的几何性质、分析杆件的内力、计算轴向拉(压)杆的强度与变形、计算扭转的强度与刚度、计算梁的强度与刚度、计算压杆的稳定性 9 个模块内容;下篇包括分析平面体系的几何组成、计算静定结构的内力、计算静定结构的位移、力法计算超静定结构内力、位移法计算超静定结构内力、力矩分配法计算超静定结构内力、绘制与应用结构影响线 7 个模块内容。每个模块均有学习目标、学习内容、教学方法建议、模块小结、实验与讨论、习题和习题参考答案。本书强化理论与实践的结合,构建模块化教学内容,增加"实验与讨论"环节,采用"互联网＋"的形式,配有教学课件、微课、动画、工程图片和课程网站等立体化教学资源,突出重、难点的教学。

本书适用于建筑、桥梁、市政、道路、水利、设计测量等专业的教学,也可作为工程技术人员的参考用书。

图书在版编目(CIP)数据

工程力学基础/周立军,杨红芬主编.—北京:清华大学出版社,2020.8(2024.9 重印)
高等职业教育土木建筑大类专业系列规划教材
ISBN 978-7-302-55037-2

Ⅰ.①工⋯ Ⅱ.①周⋯ ②杨⋯ Ⅲ.①工程力学－高等职业教育－教材 Ⅳ.①TB12

中国版本图书馆 CIP 数据核字(2020)第 041217 号

责任编辑:杜　晓
封面设计:曹　来
责任校对:刘　静
责任印制:丛怀宇

出版发行:清华大学出版社
　　　　网　　　址:https://www.tup.com.cn,https://www.wqxuetang.com
　　　　地　　　址:北京清华大学学研大厦 A 座　　　　　　邮　　编:100084
　　　　社 总 机:010-83470000　　　　　　　　　　　　邮　　购:010-62786544
　　　　投稿与读者服务:010-62776969,c-service@tup.tsinghua.edu.cn
　　　　质量反馈:010-62772015,zhiliang@tup.tsinghua.edu.cn
　　　　课件下载:https://www.tup.com.cn,010-83470410
印 装 者:三河市科茂嘉荣印务有限公司
经　　销:全国新华书店
开　　本:185mm×260mm　　　印　　张:21　　　字　　数:509 千字
版　　次:2020 年 9 月第 1 版　　　　　　　　印　　次:2024 年 9 月第 2 次印刷
定　　价:59.00 元

产品编号:086518-01

前　言

本书依据现行高等职业学校专业教学标准中关于本课程的教学要求,并参照相关的国家职业技能标准和行业技能鉴定规范,以学生的认知能力培养为主线,面向高职学生,注重专业课程之间的衔接,具有实用性、实践性及创新性。

工程力学基础是建筑、桥梁、市政、道路、水利、设计测量等专业理论性较强的主要专业基础课之一。在编写本书的过程中,既注重传承经典,又尊重科学的严谨与逻辑。在总结多年教学改革成果的基础上,重点培养学生掌握结构、构件平衡规律及受力后的强度、刚度及稳定性的计算能力,达到提出问题、分析问题并解决问题的目标,帮助学生养成科学、严谨的工作作风,为今后从事本专业工作奠定坚实的基础。

本书的编写主要体现以下几个特点。

(1) 每个模块首页设有学习目标、学习内容和教学方法建议,帮助学生理清本模块的学习方法和学习重点;模块后附有小结、实验与讨论、习题和习题参考答案,进一步帮助学生总结本模块的重点、难点和巩固本模块所学的知识点。

(2) 每个模块均建设有立体化教学资源,配有完整的教学课件、教学微课、工程视频、仿真动画、一线工程图片、课后习题答案及知识拓展文本等,以支持"互联网+"和多媒体等现代化教学,方便学生自主学习,帮助学生掌握本课程的知识点、技能点、解题步骤、结构或构件构造,了解土木工程发展的历史和最新成就以及工程中与力学相关的安全隐患。

(3) 每个模块均设计了来源于生活实际、工程实际的力学小实验,将抽象的力学知识与实际现实生活紧密地结合到一起,帮助学生更好地学习工程力学,同时弥补试验设备与仪器不足的问题。

本书由周立军、杨红芬担任主编并负责全书的统稿工作,马方兴、姜爱玲、毛风华、厉彦菊、易峰担任副主编,参编人员有王艳、陶登科、赵庆红、李卫平、聂茂森、张涛、梁志燕和王瑞洲。编写分工如下:日照职业技术学院周立军、日照兴海林水建设开发有限公司聂茂森、西藏职业技术学院易峰编写模块1、模块14、附录;日照职业技术学院杨红芬编写模块2和模块4;日照职业技术学院毛风华编写模块3和模块6;山东水利职业学院陶登科编写模块 5；日照市应急管理局赵庆红编写模块 7；日照职业技术学院姜爱玲编写模块 8 和模块 9；山东锦华建设集团有限公司张涛编写模块 10；日照职业技术学院马方兴编写模块 11 和模块 12；枣庄科技职业学院王艳和浙江同济科技职业学院李卫平编写模块 13，并参与了课件制作与立体化资源开发；日照职业技术学院厉彦菊编写模块 15 和模块 16；山东东方佳园建筑安装有限公司梁志燕提供了工程案例和实际工程图片资料。临沂城市发展集团有限公司王瑞洲也参与了本书的统稿工作，本书由山东科技大学王海超教授（博士）主审。

　　本书在编写过程中参阅了许多专家的著作，在此表示由衷地感谢。由于编者水平有限，时间仓促，书中难免存在不妥和疏漏之处，敬请广大读者和同行专家批评、指正，以便今后改进和提高。

编　者

2024 年 1 月

目　录

下　篇

上 篇

模块 1 认知工程力学

微课:学习指导

课件:模块 1 PPT

学习目标

知识目标:

1. 掌握工程力学的研究对象、工程力学的基本任务,了解学习工程力学的意义和方法;

2. 掌握结构或构件的强度、刚度和稳定性的含义;

3. 掌握按照不同标准对荷载的分类,了解荷载的概念;

4. 理解刚体和变形固体的概念,掌握变形固体的基本假定;

5. 掌握结构简化的基本原则,了解构件的实验模型。

能力目标:

1. 能够正确认识工程力学的研究对象,能够区分结构和构件;

2. 能够正确理解工程力学的任务,能够理解工程力学的基本结构或构件的强度、刚度和稳定性;

3. 能够区分不同分类标准下的荷载类别;

4. 能够区分刚体和变形体;

5. 能够将实际结点准确地简化为理想结点,能够准确地绘制结构的计算简图。

学习内容

本模块主要介绍工程力学的研究对象、任务与基本概念,使学生具备对高次超静定结构准确地进行受力分析及绘制物体内力图的能力。本模块主要分为 4 个学习任务,学生应沿着如下流程进行学习:

工程力学的研究对象与任务→荷载的分类→刚体和变形固体的概念→结构的计算简图与实验模型。

教学方法建议

本模块是工程力学的入门介绍、基础准备,应激发学生的学习兴趣,这对以后的教学至关重要。因此,在教学过程中,应该采用"教、看、学、做"一体化进行教学,利用多媒体课件和仿真动画,多引进日常生活中与力学结合比较紧密的实例进行授课,将来源于生活的力学还原回生活中,同时给学生布置覆盖上课所学知识点的一定数量的习题,让学生通过对课后习题的练习,掌握所学的知识点,提高自身的计算能力。

1.1　工程力学的研究对象与任务

1.1.1　土木工程与力学

用建筑材料建造房屋、道路等建筑物或构筑物的生产活动和工程技术称为土木工程。

力学是研究客观物质机械运动规律的科学。机械运动是指物体之间或物体内部各部分之间相对位置的变动,包括物体相对于地球的运动、物体的变形等。如果物体相对于地球保持静止或做匀速直线平移,则物体处于平衡状态。

土木工程是力学重要的发展源泉和应用园地之一,力学是土木工程重要的理论基础。

1.1.2　工程力学的研究对象

人类为了生存和生活,建造了各种各样的建筑物和构筑物,制造了各种各样的机械,而在对建筑物、构筑物和机械进行设计时,应进行力学分析与相应的计算以保证安全。因此,建筑工程及其他土木工程技术人员学好工程力学是十分重要的。

工程上把建筑物、构筑物或机械中承力、传力、起骨架作用的体系称为结构,把组成结构体系的部件称为结构的构件。图 1-1 所示为一幢正在施工的房屋建筑中的部分柱、梁、板,这些柱、梁、板构成了建筑的主要承力、传力体系,起到支撑骨架的作用。图 1-2 所示为一座拱桥,拱桥是一种构筑物,其主体结构由三大部分组成,最下面部分是拱圈,中间部分是支柱,最上面部分是桥梁和桥面板,即拱圈、支柱、桥梁和桥面板组成了拱桥结构。

图 1-1　梁、板、柱结构

图 1-2　拱桥

图 1-3(a)所示为建设工地上用于把货物装到运输设备中的汽车式装载机,图 1-3(b)所示为建设工地上用于土方开挖的挖掘机,它们都是由许多构件组成,这些构件构成了机器的结构体系。

工程力学课程的主要研究对象是建筑物、构筑物或施工机械结构系统中的杆件结构和其构件。

（a）汽车式装载机　　　　　　　　　（b）挖掘机

图 1-3　建筑机械

1.1.3　工程力学的任务

视频：压杆稳定

　　结构和构件必须具备安全、适用、耐久的功能。例如，支承教室楼盖的钢筋混凝土梁在使用期内务必安全。结构和构件抵抗破坏的能力称为承载力。材料抵抗破坏的能力称为强度。

　　在荷载作用下，楼盖梁如果弯曲变形过大，就会引起表面灰层的开裂、脱落，影响正常使用。工程中必须保证梁抵抗变形的能力，同时将变形限制在允许的范围内。结构和构件抵抗变形的能力称为刚度。图 1-4 所示为现浇钢筋混凝土梁的模板支设情况，模板的支设必须保证模板在浇注混凝土时具有足够的刚度。竖向支承模板的顶撑为细长直杆，承受压力，存在能否保持直线平衡性的问题。根据图 1-5 所示的小实验显示，当压力增加到一定大小时，压杆会突然变弯而丧失承载，不能构件保持原有平衡形态的能力，称为丧失稳定性。

动画：6000 年前的住房

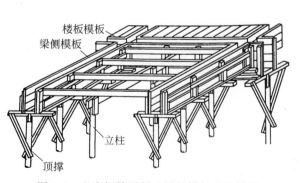

图 1-4　现浇钢筋混凝土梁的模板支设情况

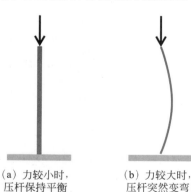

（a）力较小时，　　（b）力较大时，
压杆保持平衡　　　压杆突然变弯

图 1-5　压杆的稳定性

　　可以采用优质材料，改变截面的形状，增大截面的尺寸，增强约束等来提高构件的强度、刚度和稳定性。这涉及工程造价的问题。使学生学会如何选择既经济又安全适用的构件，是本课程的任务之一。改善结构的受力形式也能做到既经济又安全适用，因此，学习结构的合理形式也是本课程的一项任务。为了完成上述任务，需要学习相关的力学概念、结构的力学模型、几何组成分析方法、受力分析方法等内容。

1.1.4　工程力学的主要研究方法和课程的学习方法

本课程贴近工程实际,本书以图片的形式列举了大量土木工程结构和构件的实例。注意学习将实际结构和构件简化为力学模型(计算简图和实验模型)的方法,并在分析中培养建立力学模型的能力。

在依据计算简图进行理论分析时,注意学习和应用等效、平衡等力学的基本方法,注意用受力分析、强度分析、刚度分析、稳定性分析等方法解决实际中的简单力学问题。

生活中处处蕴含着力学问题,因此本书中精选了一些生活实例。在分析这些实例时,注意力学现象的分析,探究其力学原理。

本课程设置的力学小实验用来模拟工程、生活中的力学现象。教学课件按本书的模块编排,主动阅读教学课件有助于理解抽象的力学理论及认知过程的完整性。

本课程的学习类似于数学的学习,要想学好必须完成足够数量的练习题,包括实验与讨论和习题。只有通过足够数量练习题的训练,才能够充分理解和领悟力学的奥妙,才能进一步强化与巩固所学的知识。

本课程的学习能为后续专业课程的学习打下基础,同学们应认真学习力学的基本概念、基本理论,认真完成每章课后的实验与讨论、习题,并在学习过程中形成严谨、敬业的工作作风。

1.2　荷载的分类

1.2.1　荷载的概念

荷载通常是指作用在结构上的主动力。图 1-6 所示为水利工程中的挡水坝,它所受到的荷载有坝的自重,上、下游水压力,上游淤沙压力,风浪压力,坝底浮托力和渗透压力等,在地震时还有地震惯性力。图 1-7 所示为公路桥,其主梁所受到的荷载就有桥面板和主梁的自重、桥上汽车或拖拉机的重量、人群重量、风压力和雪压力等。

微课:荷载

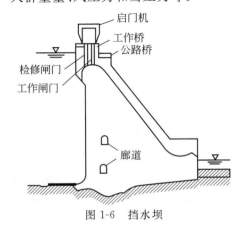

图 1-6　挡水坝

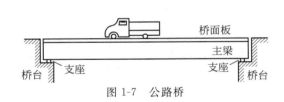

图 1-7　公路桥

作用在坝身或者桥梁上的自重、水压力、土压力、风压力及人群、货物的重量,吊车轮压、桥上汽车或拖拉机的重量等,它们在结构荷载规范中统一称为直接作用;另外还有间接作用,如地基沉陷、温度变化、构件制造误差、材料收缩、地震作用等,它们同样可以使结构产生内力和变形。

合理地确定荷载是结构设计中非常重要的工作。因此,在结构设计中要慎重考虑各种荷载,应根据国家标准《建筑结构荷载规范》(GB 50009—2012)来确定荷载值。

1.2.2　荷载的分类

微课:荷载的
分类

在土木工程中,荷载一般按其不同的特点分类如下。

1. 按荷载作用时间的长短分类

(1) 永久(或恒)荷载。永久(或恒)荷载是指在结构使用期间,其值不随时间变化,或其变化值与平均值相比可以忽略不计的荷载,如屋面板、梁、楼板、基础等各部分构件的自重。

(2) 可变(或活)荷载。可变(或活)荷载是指在结构使用期间,其值随时间变化,且变化值与平均值相比不可忽略不计的荷载,如楼面活荷载、屋面积灰荷载、雪荷载、风荷载及施工或检修时的荷载等。

(3) 偶然荷载。偶然荷载是指在结构使用期间不一定出现,而一旦出现,其值很大且持续时间很短的荷载,如爆炸力、撞击力等。

2. 按荷载作用的范围分类

(1) 集中荷载。若荷载的分布面积远小于结构的尺寸,为了计算简便起见,可以假定荷载集中作用在一点上,这种荷载称为集中荷载,单位是 N 或 kN。例如,车轮的轮压、屋架或梁的端部传给柱子的压力。

(2) 分布荷载。凡分布在一定面积或长度上的荷载称为分布荷载,如风、雪、结构自重等。分布荷载又分为均布荷载及非均布荷载两种,如图 1-8 所示。

分布在一定面积上的荷载称为分布面荷载,如图 1-8(a)所示,其单位是 N/m² 或 kN/m²。

在进行构件或构件系统的设计时,往往还要将分布面荷载简化成为分布在构件轴线(构件横截面形心的连线)上的线荷载,单位是 N/m 或 kN/m,如图 1-8(b)所示。例如,梁的自重可简化为沿梁长分布的线荷载。

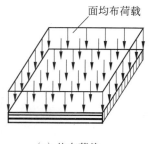
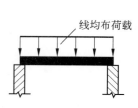
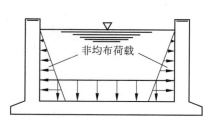

(a) 均布荷载　　　　　　(b) 线荷载　　　　　　　(c) 非均布荷载

图 1-8　分布荷载

3. 按荷载作用的性质分类

（1）静力荷载。缓慢匀速地施加不致引起结构振动，因而可忽略其惯性力影响的荷载称为静力荷载。永久荷载和上述大多数可变荷载都属于静力荷载。

（2）动力荷载。凡能引起结构显著振动或冲击，必须考虑其惯性力影响的荷载称为动力荷载。例如，地震作用、海浪对海洋工程结构的冲击力、高耸建筑物上的风力等都是动力荷载。

4. 按荷载位置的变化情况分类

（1）固定荷载。凡荷载的作用位置固定不变的荷载称为固定荷载，如结构自重等。

（2）移动荷载。凡可以在结构上自由移动的荷载称为移动荷载，如吊车、火车等的轮压。

上面介绍了荷载及其分类，其实际荷载是很复杂的，还需深入学习《建筑结构荷载规范》（GB 50009—2012）才能对荷载和分类有一个全面的了解。

1.3　刚体和变形固体的概念

1.3.1　刚体

由于结构或构件在正常使用情况下产生的变形很小，而物体的微小变形对于研究物体的平衡问题影响很小，忽略微小变形可使所研究的问题得以简化，因此可以将物体视为不变形的理想体，即刚体。刚体是指在任何外力的作用下，大小和形状始终保持不变的物体。

1.3.2　变形固体

1. 变形固体的概念

工程中的构件均由固体材料（如钢、混凝土）制成。这些固体材料在外力作用下会发生变形称为变形固体。

变形固体的变形通常可分为以下两种。

（1）弹性变形：荷载解除后变形随之消失的变形。

（2）塑性变形：荷载解除后变形不能随之消失的变形。

在力学中，通常把构件简化为弹性变形体。

构件所用材料的共同特点是在外力作用下均会发生变形。在研究构件的强度、刚度、稳定性问题时，将物体看作弹性变形体。

2. 变形固体的基本假设

在工程中主要研究弹性变形固体，为了方便研究，做了如下 3 个基本假设。

（1）连续性假设：假设固体在其所占有的空间内毫无空隙地充满了物质。

（2）均匀性假设：假设材料的力学性能在各处都是相同的。

（3）各向同性假设：假设变形固体各个方向的力学性能都相同。

1.4 结构的计算简图与实验模型

1.4.1 计算简图

1. 结构的简化

（1）将空间杆系结构简化为平面杆系结构。一般的杆系结构都是空间结构，如图 1-9（a）所示；然后将该平面杆系分离出来，按平面杆系结构分析计算，如图 1-9（b）所示。

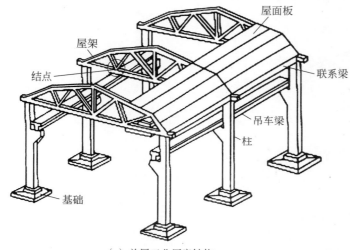

动画：单层工业
厂房的组成

微课：杆件
结构的简化

（a）单层工业厂房结构

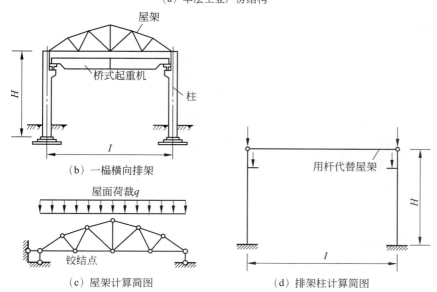

（b）一榀横向排架

（c）屋架计算简图

（d）排架柱计算简图

图 1-9 单层厂房的计算简图

（2）用杆件的轴线代替杆件，如图 1-9(c) 和 (d) 所示。

（3）在杆件结构中，杆件之间的连接区称为结点。

根据杆件的位移、受力特点，经常将实际的结点简化为理想化的结点。

① 铰结点。被连接的杆件在连接处可以相对转动，但不能相对移动。铰结节用小圆圈作为符号。

装配式钢筋混凝土门架的顶铰就是铰结点，如图 1-10(a)～(c) 所示。工程中还根据被连接杆件的受力变形特点而将结点抽象为铰结点，如图 1-9(a) 和 (c) 所示。两端铰结，中间不受力的直杆称为链杆。

视频：铰结点与刚结点

② 刚结点。被连接杆件在连接处既不能相对移动，又不能相对转动。刚结点用深色小块作为符号，也可用线段相接的形状表示，如图 1-10(b) 和 (d) 所示。

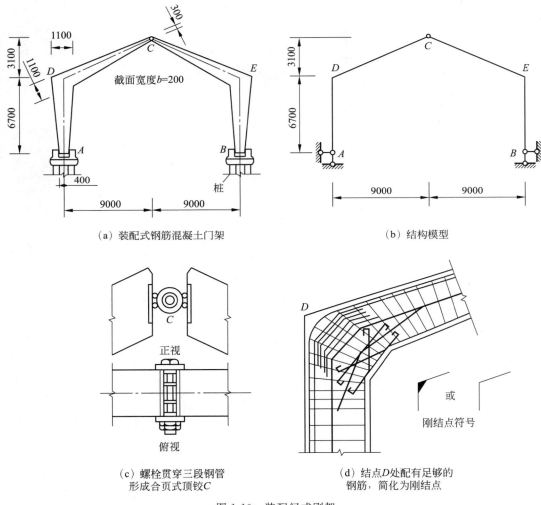

（a）装配式钢筋混凝土门架

（b）结构模型

（c）螺栓贯穿三段钢管形成合页式顶铰 C

（d）结点 D 处配有足够的钢筋，简化为刚结点

图 1-10 装配门式刚架

（4）用符号表示理想化的支座结构与基础或其他支承物的连接区称为支座。按照被连接杆件的位移受力特点，平面杆系结构的实际支座被简化为如下 3 种理想化的支座。

① 固定铰支座。被支承的部分在该处可以转动,但不能移动,常用两根在端部相交的短链杆符号,如图 1-11 所示。

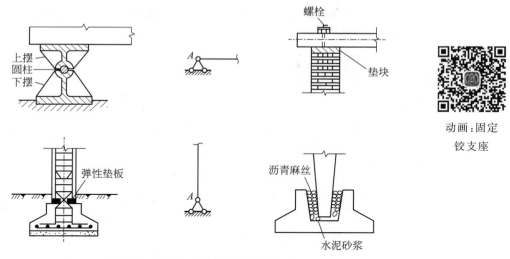

图 1-11　实际支座抽象为固定铰支座

② 可动铰支座。被支承的部分在该处可以转动,也可以沿水平方向移动,但不能沿垂直方向移动,常用垂直于支承面的短链杆作为符号,如图 1-12 所示。

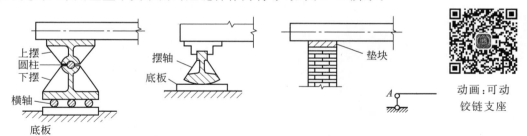

图 1-12　实际支座抽象为可动铰支座

③ 固定端支座。被支撑的部分在该处完全被固定,符号表示如图 1-13 所示。

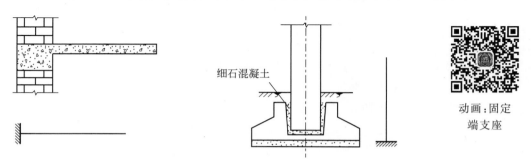

图 1-13　实际支座抽象为固定端支座

2. 荷载的简化

结构构件的自重、楼面上人群或物品的重量、车轮的轮压等都是以力的形式直接作用在结构上的,称为直接作用,习惯称为荷载。荷载按其作用的范围或分析的条件,可以简化为分布荷载和集中荷载。在杆系结构的计算简图中,杆件用轴线代替,分布荷载则表现为沿一条线段分布,如图 1-14 所示。

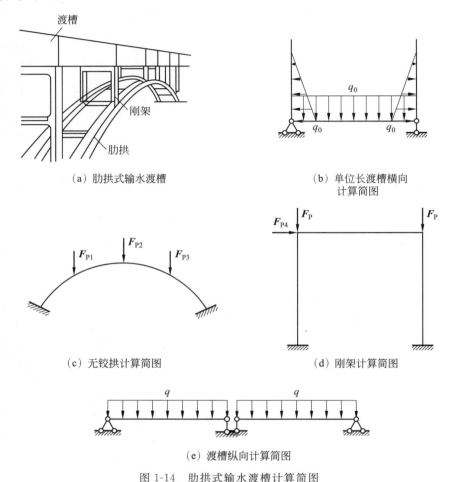

（a）肋拱式输水渡槽

（b）单位长渡槽横向
计算简图

（c）无铰拱计算简图

（d）刚架计算简图

（e）渡槽纵向计算简图

图 1-14　肋拱式输水渡槽计算简图

1.4.2　实验模型

对于一些重大工程,要建立实验模型进行模拟测试来检验工程计算的精度。

在本课程中会经常建立简便的实验模型,以模拟构造,显示力学现象,用实验分析的方法定性地分析一些力学问题。

1. 杆件

采用容易变形的钢锯条、塑料条、硬纸条作为杆件。在实验中观察结构的变形,根据力与变形的关系,推断杆件内部的受力情况。

将几根锯条端部的圆孔对齐,插入螺栓,即形成铰结点,如图 1-15（a）所示。

在 12mm 厚的小木块的不同侧面上锯出锯缝,插入钢锯条,即形成刚结点,如图 1-15（b）所示。

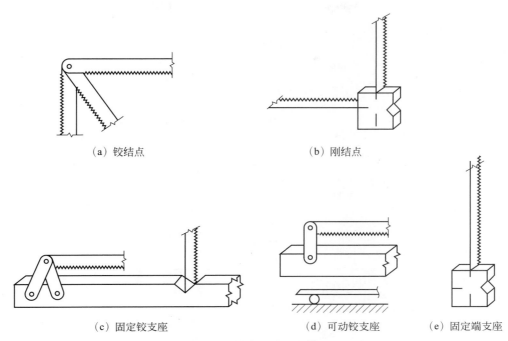

(a) 铰结点　　　　　　　　　　　　(b) 刚结点

(c) 固定铰支座　　　　　(d) 可动铰支座　　　　(e) 固定端支座

图 1-15　结点与支座的模型

2. 支座

将两根塑料短链杆的一端用螺栓拼到木条的两个孔上,另一端孔对孔穿螺栓再与锯条端孔相连,形成固定铰支座;在木条上开一个 V 形槽,限制锯条的端部左右移动和向下移动,但允许转动,模拟固定铰支座,如图 1-15(c)所示。

将塑料短链杆的一端用螺栓拼到木条的孔上,另一端用螺栓与锯条端孔相连,形成可动铰支座,用笔杆支撑杆端,限制向下移动,容许转动和水平移动,模拟铰支座,如图 1-15(d)所示。

用手固定小木块,将锯条插入锯缝中,则形成固定端支座,如图 1-15(e)所示。

3. 荷载

链条展开,模拟分布荷载;链条集中,模拟集中荷载。我们周围的许多物品都可以用来模拟荷载,如图 1-16 所示。

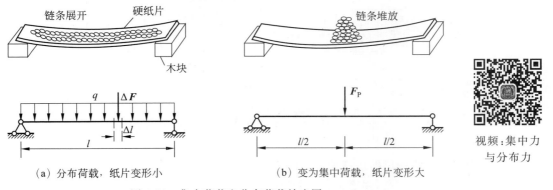

视频:集中力
与分布力

(a) 分布荷载,纸片变形小　　　　　　(b) 变为集中荷载,纸片变形大

图 1-16　集中荷载和分布荷载效应图

模 块 小 结

1. 知识体系

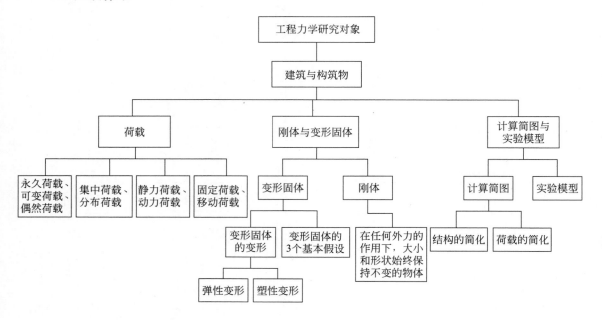

2. 能力培养

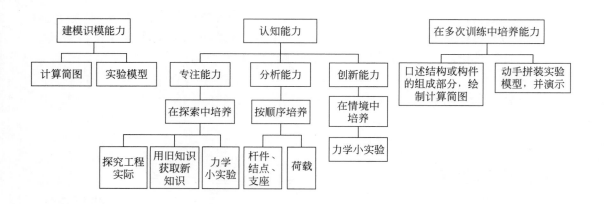

实 验 与 讨 论

1. 小实验。试用钢板尺做压杆稳定性的小实验。

2. 演示铰结点和刚结点,并绘制它们的符号。

3. 演示固定铰支座、可动铰支座和固定端支座,并绘制它们的符号。

习　题

1. 填空题。

（1）工程上把建筑物、构筑物或机械中承力、传力、起骨架作用的体系称为_____，把组成结构体系的部件称为_____，建筑物中的荷载是由_____来承担的，结构的基本组成单元是_____。

（2）通常把作用于建筑物上的主动力称为_____。

（3）荷载按其作用时间的长短可以分为_____和_____。

（4）荷载按其作用的范围可以分为_____和_____。

（5）荷载按其作用的性质可以分为_____和_____。

（6）荷载按其作用的位置的变化情况可以分为_____和_____。

（7）在任何外力的作用下，大小和形状始终保持不变的物体称为_____。

（8）固体材料在外力作用下会发生变形，该种固体称为_____。

（9）变形固体的变形通常可分为两种，即_____和_____。

（10）对建筑结构的基本要求是要有足够的_____、_____和_____。

（11）工程中主要研究弹性变形固体，为了方便研究，做了 3 个基本假设，它们分别是_____、_____和_____。

2. 选择题。

（1）只限制物体任何方向移动，不限制物体转动的支座称为（　　）支座。

　　　A. 固定铰　　　　　B. 可动铰　　　　　C. 固定端　　　　　D. 光滑面

（2）只限制物体垂直于支承面方向的移动，不限制物体其他方向运动的支座称为（　　）支座。

　　　A. 固定铰　　　　　B. 可动铰　　　　　C. 固定端　　　　　D. 光滑面

（3）既限制物体任何方向运动，又限制物体转动的支座称为（　　）支座。

　　　A. 固定铰　　　　　B. 可动铰　　　　　C. 固定端　　　　　D. 光滑面

3. 设梁上承受均布荷载，试绘制图 1-17 所示组合结构的计算简图。

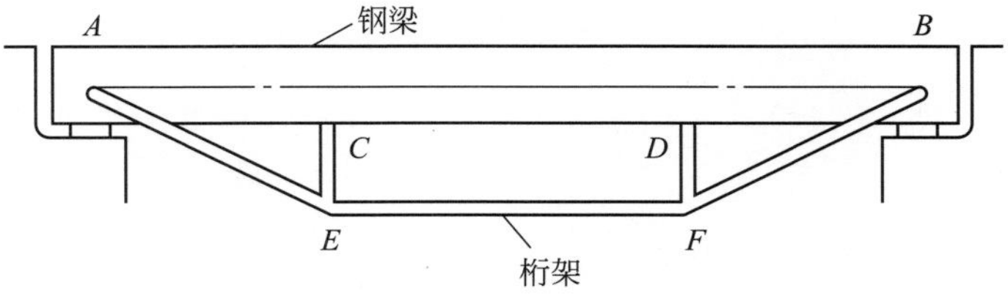

图 1-17　习题 3 图

4. 如图 1-18 所示，试按杆件、支座、荷载的顺序绘制梁的计算简图。

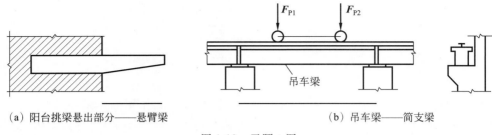

（a）阳台挑梁悬出部分——悬臂梁　　　　　　　　　　（b）吊车梁——简支梁

图 1-18　习题 4 图

5. 试确定图 1-19 的支座类型,并绘制对应的简化后的支座。

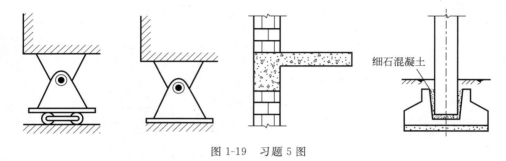

图 1-19　习题 5 图

习题参考答案

参考答案

模块 2 静力学基础

微课:学习指导

课件:模块 2 PPT

学习目标

知识目标:

1. 掌握静力学的基本概念和基本公理;

2. 掌握力在平面直角坐标轴上的投影及合力投影定理;

3. 掌握力矩的计算及力偶的性质;

4. 掌握工程中常见的约束类型的性质、计算简图和约束反力的特点,并能正确地绘制物体的受力图。

能力目标:

1. 能够进行力在平面直角坐标轴上投影的计算;

2. 能够进行力矩的计算;

3. 能够正确地绘制物体的受力图。

学习内容

本模块主要介绍工程力学的一些基本知识,使学生能够对一般物体进行受力分析及绘制物体的受力图。本模块分为 6 个学习任务,学生应沿着如下流程进行学习:

力的基本知识→力在直角坐标轴上的投影→力矩→力偶→约束与约束反力→物体的受力分析与受力图。

教学方法建议

采用"教、看、学、做"一体化进行教学,教师利用相关多媒体进行理论讲解和图片动画展示,同时可结合本校的实训基地和周边施工现场进行参观学习,让学生对力和结构有一个直观的感性认识,为以后的学习奠定理论和实践基础。在教师的指导下,学生对某一结构案例进行力学简化,绘制受力图,从实做中提高学生学习的能力。

2.1 力的基本知识

2.1.1 基本概念

1. 力的概念

（1）力的定义。力是物体之间相互的机械作用。因此,力不能离开物体而存在,它总是成对地出现。物体在力的作用下可能产生如下效应:一是使物体的运动状态发生变化(称为外效应);二是使物体发生变形(称为内效应)。例如,推小车是通过人手与小车的相互作用,使小车由静止开始运动——小车的运动状态发生改变;弹簧受拉后会伸长,受压后会缩短;火车通过桥梁时会使桥梁变弯(弯曲变形)。

（2）力的三要素。力对物体的作用由力的大小、方向和作用点三要素所决定。力的大小反映了物体间相互作用的强弱程度。力的方向是指静止质点在该力的作用下开始运动的方向,沿该方向绘制的直线称为作用线。力的方向包含力的作用线在空间的方位和指向。力的作用点是物体相互作用位置的抽象化。实际上两个物体接触处总会占有一定的面积,力总是作用于物体的一定面积上的。如果接触面积很小,则可将其抽象为一个点,这时的作

微课:力的
三要素

用力称为集中力,如汽车通过轮胎作用在桥面上的力;如果接触面积比较大,力在整个接触面上分布作用,这时的作用力称为分布力,如桥梁的自重沿整个桥梁连续分布。

（3）力的单位。力常用的国际单位为 N 或 kN。

（4）力的表示。力用一个有向线段来表示。

力是一个有大小和方向的量,所以力是矢量,记作 $\boldsymbol{F}$,如图 2-1 所示,用一段带有箭头的线段(AB)来表示。线段(AB)的长度按一定的比例尺表示力的大小,线段的方位和箭头的指向表示力的方向。线段的起点 A 或终点 B(应在受力物体上)表示力的作用点。线段所沿的直线称为力的作用线。用字母符号表示矢量时,常用黑体 $\boldsymbol{F}$ 表示,而 F 只表示该矢量的大小。

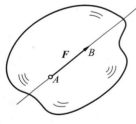

图 2-1 力的矢量图

2. 力系的概念

力系是作用于物体上的所有力的集合。

根据力系中各力作用线的分布情况可将力系分为平面力系和空间力系两大类。各力作用线位于同一平面内的力系称为平面力系,各力作用线不在同一平面内的力系称为空间力系。

若两个力系分别作用于同一物体上时其效应完全相同,则称这两个力系为等效力系。在特殊情况下,如果一个力与一个力系等效,则称此力为该力

微课:静力学
中的力系

系的合力,而力系中的各力称为此合力的分力。用一个简单的等效力系(或一个力)代替一个复杂力系的过程称为力系的简化。力系的简化是工程静力学研究的基本问题之一。

3. 平衡的概念

平衡是指物体相对于惯性参考系处于静止或做匀速直线运动的状态。显然,平衡是机械运动的特殊形式。在工程实际中,一般可取固连于地球的参考系作为惯性参考系。例如,静止在地面的房屋、桥梁、水坝等建筑物,在直线轨道上作等速运动的火车,它们都在各种力系作用下处于平衡状态。平衡是指物体相对于地球静止或做匀速直线运动。运用静力学理论来研究物体相对于地球的平衡问题,其分析计算的结果具有足够的精确度。

力系简化的目的之一是导出力系的平衡条件,而力系的平衡条件是设计结构、构件和机械零件时静力计算的基础。

2.1.2 静力学基本公理

静力学基本公理是人们在长期的生活和生产实践中积累的关于物体间相互机械作用性质的经验总结,又经过实践的反复检验,证明是符合机械运动本质的最普遍、最一般的客观规律。它是研究力系简化和力系平衡条件的依据。

公理1 二力平衡公理

作用于刚体上的两个力平衡的充分必要条件是这两个力的大小相等、方向相反、作用线在同一条直线上(简称二力等值、反向、共线),如图 2-2 所示。

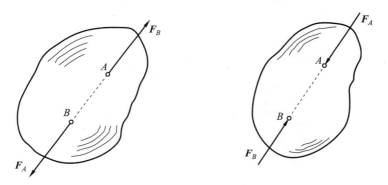

图 2-2 二力平衡公理

该公理概括了作用于刚体上最简单的力系平衡时所必须满足的条件。对于刚体,这个条件是既必要又充分的;对于变形体,这个条件是必要但不充分的。例如,图 2-3(a)所示之绳索,其 $F_1 = -F_2$,当承受一对大小相等方向相反的拉力作用时可以保持平衡;但是如果承受一对大小相等、方向相反的压力作用时绳索便不能平衡,如图 2-3(b)所示。

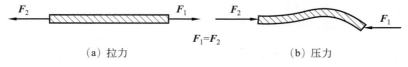

(a) 拉力 $F_1 = F_2$ (b) 压力

图 2-3 绳索受力示意图

在两个力的作用下保持平衡的构件称为二力构件,简称二力杆。二力杆可以是直杆,也可以是曲杆。例如,图 2-4 所示结构的直杆 AB、曲杆 AC 就是二力杆。

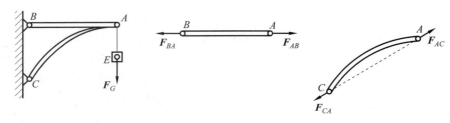

图 2-4　二力杆

公理 2　加减平衡力系公理

在作用于刚体上的已知力系上,加上或减去任意一个平衡力系,不会改变原力系对刚体的作用效应。这是因为在平衡力系中,各力对刚体的作用效应相互抵消,力系对刚体的效应等于零。根据这个原理,可以进行力系的等效变换。

推论 1　力的可传性原理

作用于刚体上的力可沿其作用线移动到刚体内任意一点,而不改变它对刚体的作用效应。

利用加减平衡力系公理,很容易证明力的可传性原理。如图 2-5 所示,小车 A 点上作用力 F,在其作用线上任取一点 B,在 B 点沿力 F 的作用线加一对平衡力。使 $F = F_1 = -F_2$,根据加减平衡力系公理得出,力系 F_1、F_2、F 对小车的作用效应不变,将 F 和 F_2 组成的平衡力系去掉,只剩下力 F_1,与原力等效,由于 $F = F_1$,相当于将力 F 沿其作用线从 A 点移到 B 点而效应不变。

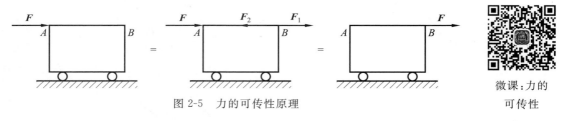

图 2-5　力的可传性原理

微课:力的
可传性

由此可知,力对刚体的作用效果与力的作用点在作用线上的位置无关,即力在同一刚体上可沿其作用线任意移动。因此,对刚体来说,力的作用点在作用线上的位置已不是决定其作用效果的要素。需要注意的是,力的可传性原理只适用于刚体而不适用于变形体。

注意

(1) 不能将力沿其作用线从作用刚体移到另一刚体。

(2) 力的可传性原理只适用于刚体,不适用于变形体。

例如,如图 2-6(a)所示直杆,在 A、B 两处施加大小相等、方向相反沿同一作用线的两个力 F_1 和 F_2,这时杆件将产生拉伸变形;若将力 F_1 和 F_2 分别沿其作用线移至 B 点和 A 点,如图 2-6(b)所示,这时杆件则产生压缩变形。这两种变形效应显然是不同的。因此,力的可传性只限于研究力的运动效应。在考虑物体变形时,力矢不得离开其作用点,是固定矢量。

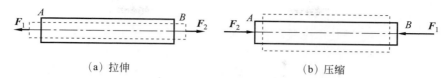

（a）拉伸　　　　　　　　　　　　　（b）压缩

图 2-6　直杆受力示意图

公理 3　作用力与反作用力公理

两个物体间相互作用的一对力,总是大小相等、方向相反、作用线相同,并分别而且同时作用在这两个物体上。

由此可知,力总是成对出现的。甲物体给乙物体一作用力时,乙物体必给甲物体一反作用力,且两者等值、反向、共线。应当注意,作用力和反作用力并非作用在同一物体上,而是分别作用在不同的两个物体上。因此,对每一物体来说,不能把作用力和反作用力看成一对平衡力。在分析若干个物体所组成的系统的受力情况时,借助此公理,我们能从一个物体的受力分析过渡到相邻物体的受力分析。

公理 4　力的平行四边形法则

作用在物体上同一点的两个力可合成为一个力,此合力也作用于该点,合力的大小和方向用这两个力矢为邻边所构成的平行四边形的对角线来表示。如图 2-7 所示,F_1 和 F_2 为作用于刚体上 A 点的两个力,以这两个力为邻边作出平行四边形 $ABCD$,图中 F_R 即为 F_1、F_2 的合力。

这个公理说明了力的合成遵循矢量加法,其矢量表达式为

$$F_R = F_1 + F_2 \tag{2-1}$$

即合力 F_R 等于 F_1、F_2 的矢量和。

在工程实际中,常把一个力 F 沿直角坐标轴方向分解,可得出两个互相垂直的分力 F_x 和 F_y,如图 2-8 所示。F_x 和 F_y 的大小可由三角公式求得:

$$\left.\begin{array}{l} F_x = F\cos\alpha \\ F_y = F\sin\alpha \end{array}\right\} \tag{2-2}$$

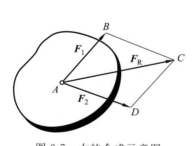

图 2-7　力的合成示意图

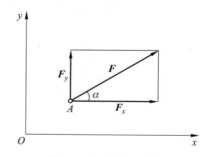

图 2-8　力的分解示意图

推论 2　三力平衡汇交定理

一个刚体在共面而不平行的 3 个力作用下处于平衡状态,这 3 个力的作用线必汇交于一点。

这个公理只说明了不平行的三力平衡的必要条件,而不是充分条件。它常用来确定刚体在不平行三力作用下平衡时,其中某一未知力的作用线(力的方向)。

视频:三力平衡
汇交定理

如图 2-9 所示,刚体受到共面而不平行的 3 个力 F_1、F_2、F_3 作用处于平衡状态,根据力的可传性原理将 F_2、F_3 沿其作用线移到二者的交点 O 处,再根据力的平行四边形法则将 F_2、F_3 合成合力 F,于是刚体上只受到两个力 F_1 和 F 作用处于平衡状态。根据二力平衡公理可知,F_1、F 必在同一直线上,即 F_1 必过 F_2、F_3 的交点 O。因此,3 个力 F_1、F_2、F_3 的作用线必交于一点。

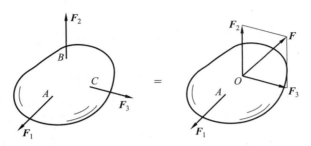

图 2-9　三力平衡汇交

公理 5　刚化公理

若变形体在某个力系的作用下处于平衡状态,则将此物体变成刚体(刚化)时其平衡不受影响。

此公理指出了刚体静力学的平衡理论能应用于变形体的条件:若变形体处于平衡状态,则作用于其上的力系一定满足刚体静力学的平衡条件。也就是说,对已知处于平衡状态的变形体,可以应用刚体静力学的平衡理论。然而,刚体平衡的充分与必要条件,对于变形体的平衡来说只是必要条件而不是充分条件。

2.2　力在直角坐标轴上的投影

微课:力在平面
直角坐标轴
上的投影

2.2.1　力在平面直角坐标轴上的投影

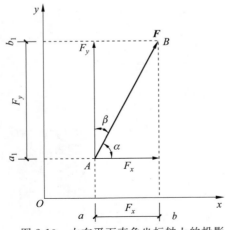

图 2-10　力在平面直角坐标轴上的投影

如图 2-10 所示,设力 F 作用在物体上某点 A 处,用 AB 表示。通过力 F 所在的平面的任意点 O 作直角坐标系 xOy。从力 F 的起点 A 及终点 B 分别作垂直于 x 轴的垂线,得垂足 a 和 b,并在 x 轴上得线段 ab。线段 ab 的长度加以正负号称为力 F 在 x 轴上的投影,用 F_x 表示。同理,可以确定力 F 在 y 轴上的投影为线段 a_1b_1,用 F_y 表示。

当力的始端投影到终端投影的方向与投影轴的正向一致时,力的投影取正值;反之,当力的始端投影到终端投影的方向与投影轴的正向相反时,力的投影取负值。

从图 2-10 中的几何关系可以得出，力在某轴上的投影等于力的大小乘以该力与该轴正向间夹角的余弦，即

$$F_x = \pm F\cos\alpha$$
$$F_y = \pm F\sin\alpha \tag{2-3}$$

式中，α 为力 F 与 x 轴所夹的锐角。当 $\alpha < 90°$ 时，力在 x 轴上的投影值为正；当 $\alpha > 90°$ 时，力在 x 轴上的投影值为负；当 $\alpha = 90°$ 时，力在 x 轴上的投影等于零。

由式（2-3）可知，当力与坐标轴垂直时，力在该轴上的投影为零；当力与坐标轴平行时，力在该轴上的投影的绝对值与该力的大小相等。

如果已知力 F 的大小和方向，就可以用式（2-3）计算出投影 F_x 和 F_y；反之，如果已知力 F 在 x 轴和 y 轴上的投影 F_x 和 F_y，则由图 2-10 中的几何关系，可用式（2-4）确定力 F 的大小和方向。

$$F = \sqrt{F_x^2 + F_y^2}$$
$$\tan\alpha = \left| \frac{F_y}{F_x} \right| \tag{2-4}$$

式中，α 为力 F 与 x 轴所夹的锐角，力 F 的具体方向可由 F_x、F_y 的正负号确定。

需要注意的是，不能将力的投影与分力两个概念混淆，分力是矢量，而力在坐标轴上的投影是代数量。力在平面直角坐标轴上的投影计算在力学计算中应用非常普遍，必须熟练掌握。

【应用案例 2-1】　已知力 $F_1 = 100\text{N}$，$F_2 = 50\text{N}$，$F_3 = 80\text{N}$，$F_4 = 60\text{N}$，各力的方向如图 2-11 所示，试求各力在 x 轴和 y 轴上的投影。

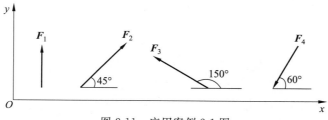

图 2-11　应用案例 2-1 图

【解】　F_1 的投影：

$$F_{1x} = 0$$
$$F_{1y} = 100\text{N}$$

F_2 的投影：

$$F_{2x} = F_2\cos45° \approx 50 \times 0.707 = 35.35(\text{N})$$
$$F_{2y} = F_2\sin45° \approx 50 \times 0.707 = 35.35(\text{N})$$

F_3 的投影：

$$F_{3x} = -F_3\cos30° \approx -80 \times 0.866 = -69.28(\text{N})$$
$$F_{3y} = F_3\sin30° = 80 \times 0.5 = 40(\text{N})$$

F_4 的投影：

$$F_{4x} = -F_4\cos60° = -60 \times 0.5 = -30(\text{N})$$
$$F_{4y} = -F_4\sin60° \approx -60 \times 0.866 = -51.96(\text{N})$$

2.2.2 合力投影定理

设刚体受一平面汇交力系 F_1、F_2、F_3 作用,如图 2-12(a)所示。在力系所在平面内作直角坐标系 xOy,从任一点 A 作力的多边形 $ABCD$,如图 2-12(b)所示。

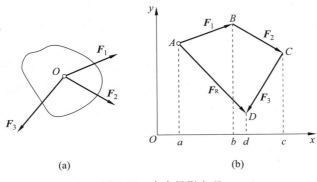

(a)   (b)

图 2-12 合力投影定理

视频:合力
投影定理

在图 2-12(b)中,$AB=F_1$,$BC=F_2$,$CD=F_3$,$AD=F_R$。

各分力及合力在 x 轴上的投影分别为

$$F_{1x}=ab, \quad F_{2x}=bc, \quad F_{3x}=cd, \quad F_{Rx}=ad$$

由图 2-12(b)可知:

$$F_{Rx}=ad=ab+bc-cd$$

由此可得

$$F_{Rx}=F_{1x}+F_{2x}+F_{3x}$$

同理,合力与各分力在 y 轴上的投影关系如下:

$$F_{Ry}=F_{1y}+F_{2y}+F_{3y}$$

将上述关系推广到由 n 个力 $F_1,F_2,\cdots,F_n$ 组成的平面汇交力系,则有

$$F_{Rx}=F_{1x}+F_{2x}+\cdots+F_{nx}=\sum_{i=1}^{n}F_{ix}$$

$$F_{Ry}=F_{1y}+F_{2y}+\cdots+F_{ny}=\sum_{i=1}^{n}F_{iy}$$

$$(2\text{-}5)$$

即合力在任一轴上的投影等于各分力在同一轴上的投影的代数和,这就是合力投影定理。

2.3 力 矩

2.3.1 力矩的概念

从实践中知道,力对物体的作用效果除了能使物体移动外,还能使物体转动。力矩是很早以前人们在使用杠杆、滑轮、绞盘等机械搬运或提升重物时所形成的一个概念。现以扳手拧螺

母为例来加以说明,如图 2-13 所示,在扳手上加一力 **F**,可以使扳手绕螺母的轴线旋转。

扳手的转动效果不仅与力 **F** 的大小有关,而且还与 O 点到力作用线的垂直距离 d 有关。当 d 保持不变时,力 **F** 越大,转动越快;当力 **F** 保持不变时,d 值越大,转动也越快。若改变力的作用方向,则扳手的转动方向就会发生改变。因此,用 **F** 与 d 的乘积和适当的正负号来表示力 **F** 使物体绕 O 点转动的效应。

实践总结出以下规律:力使物体绕某点转动的效果与力的大小成正比,与转动中心到力的作用线的垂直距离 d 成正比,这个垂直距离称为力臂,转动中心称为力矩中心(简称矩心)。力的大小与力臂的乘积称为力 **F** 对点 O 之矩,简称力矩,记作 $M_O(F)$,计算公式为

$$M_O(F) = \pm Fd \qquad (2\text{-}6)$$

式中的正负号可作如下规定:力使物体绕矩心逆时针转动时取正号,反之取负号。

由图 2-14 可以看出,力对点的矩还可以用以矩心为顶点,以力矢量为底边所构成的三角形的面积的两倍来表示,计算公式为

$$M_O(F) = \pm 2\triangle OAB_{面积} \qquad (2\text{-}7)$$

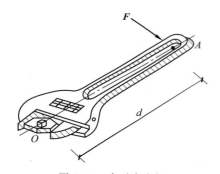

图 2-13 力对点之矩

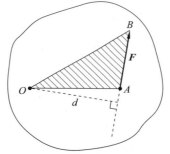

图 2-14 力矩

在平面力系中,力矩或为正值,或为负值。因此,力矩可视为代数量。

显然,力矩在下列两种情况下等于零:①力等于零;②力臂等于零,即力的作用线通过矩心。

力矩的单位是牛顿·米(N·m)或千牛顿·米(kN·m)。

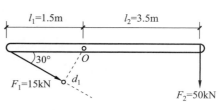

图 2-15 应用案例 2-2 图

【应用案例 2-2】 分别计算图 2-15 所示的 F_1、F_2 对 O 点的力矩。

【解】

$$M_O(F_1) = F_1 d_1 = 15 \times 1.5 \times \sin 30° = 11.25 (\text{kN·m})$$
$$M_O(F_2) = -F_2 d_2 = -50 \times 3.5 = -175 (\text{kN·m})$$

2.3.2 合力矩定理

平面汇交力系的作用效应可以用它的合力来代替。作用效应包括移动效应和转动效

应,而力使物体绕某点的转动效应由力对点的矩来度量。

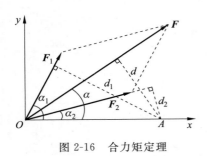

图 2-16　合力矩定理

由此可得,平面汇交力系的合力对平面内任一点的矩等于该力系中的各分力对同一点之矩的代数和,这就是平面汇交力系的合力矩定理。

证明: 如图 2-16 所示,设物体 O 点作用有平面汇交力系 F_1、F_2,其合力为 F。在力系的作用面内取一点 A,点 A 到 F_1、F_2、合力 F 三力作用线的垂直距离分别为 d_1、d_2 和 d,以 OA 为 x 轴,建立直角坐标系,F_1、F_2、合力 F 与 x 轴的夹角分别为 α_1、α_2、α,则

$$M_A(F) = -Fd = -F \cdot OA \sin\alpha$$
$$M_A(F_1) = -F_1 d_1 = -F_1 \cdot OA \sin\alpha_1$$
$$M_A(F_2) = -F_2 d_2 = -F_2 \cdot OA \sin\alpha_2$$

微课:合力矩
定理

因

$$F_y = F_{1y} + F_{2y}$$

即

$$F \sin\alpha = F_1 \sin\alpha_1 + F_2 \sin\alpha_2$$

等式两边同时乘以长度 OA 得

$$F \cdot OA \sin\alpha = F_1 \cdot OA \sin\alpha_1 + F_2 \cdot OA \sin\alpha_2$$
$$M_A(F) = M_A(F_1) + M_A(F_2)$$

上式表明,汇交于某点的两个分力对 A 点的力矩的代数和等于其合力对 A 点的力矩。上述证明可推广到 n 个力组成的平面汇交力系,即

$$M_A(F) = M_A(F_1) + M_A(F_2) + \cdots + M_A(F_n) = \sum M_A(F_i) \qquad (2\text{-}8)$$

式(2-8)就是平面汇交力系的合力矩定理的表达式。利用合力矩定理可以简化力矩的计算。

2.4　力　　偶

2.4.1　力偶的概念

在生产实践中,为了使物体发生转动,常常在物体上施加两个大小相等、方向相反、不共线的平行力。例如,钳工用丝锥攻丝时两手加力在丝杠上,如图 2-17 所示。

由此得出力偶的定义:大小相等、方向相反且不共线的两个平行力称为力偶,用符号 (F, F') 表示。两个相反力之间的垂直距离 d 称为力偶臂,如图 2-18 所示。两个力的作用平面称为力偶作用面。

力偶矩用来度量力偶对物体转动效果的大小,它等于力偶中的任一个力与力偶臂的乘积,用符号 $M(F, F')$ 表示,或简写为 m,即

$$M = \pm Fd \qquad (2\text{-}9)$$

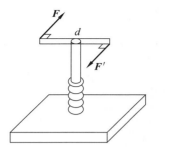

图 2-17　力偶应用实例

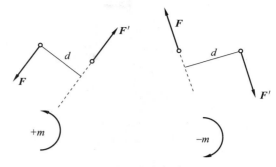

图 2-18　力偶臂

力偶矩与力矩一样,也是以数量式中正负号表示力偶矩的转向。通常规定:若力偶使物体作逆时针方向转动,则力偶矩为正,反之为负。

力偶矩的单位和力矩的单位相同,是牛顿·米($N\cdot m$)或千牛顿·米($kN\cdot m$)。作用在某平面的力偶使物体转动的效应是由力偶矩来衡量的。

力偶矩的作用效果取决于以下 3 个要素。

(1) 构成力偶的力的大小。

(2) 力偶臂的大小。

(3) 力偶的转向。

2.4.2　力偶的性质

(1) 力偶没有合力,所以不能用一个力来代替,也不能用一个力来与之平衡。

微课:力偶及其性质

力偶中的两个力大小相等、方向相反、作用线平行,如图 2-19 所示,设力与轴 x 的夹角为 α,可得

$$\sum F_x = F\cos\alpha - F'\cos\alpha$$

由此得出,力偶中的二力在其作用面内的任意坐标轴上的投影的代数和恒为零,所以力偶对物体只有转动效应,而一个力在一般情况下对物体有移动和转动两种效应。因此,力偶与力对物体的作用效应不同,不能用一个力代替,即力偶不能和一个力平衡,力偶只能和转向相反的力偶平衡。

(2) 力偶对其所在平面内任一点的矩恒等于力偶矩,与矩心位置无关。

力偶的作用是使物体产生转动效应,所以力偶对物体的转动效应可以用力偶的两个力对其作用面某一点的力矩的代数和来度量。如图 2-20 所示,一力偶($\boldsymbol{F}$,$\boldsymbol{F}'$)作用于某物体上,其力偶臂为 d,逆时针转向,其力偶矩为 $M = Fd$,在该力偶作用面内任选一点 O 为矩心,设矩心与 $\boldsymbol{F}'$ 的垂直距离为 x。

力偶对 O 点的力矩为

$$M_O(F, F') = M_O(F) + M_O(F') = F(d+x) - F'x = Fd = M$$

(3) 同一平面的两个力偶,如果它们的力偶矩大小相等,转向相同,则这两个力偶等效,称为力偶的等效性。

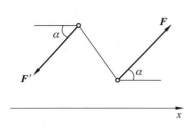 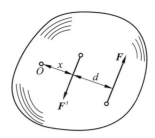

图 2-19　力偶的性质一　　　　　图 2-20　力偶的性质二

由力偶的等效性质可以得到以下两个推论。

推论 3　只要保持力偶矩的大小和转向不变,力偶可以在其作用平面内任意转移,而不改变它对刚体的作用效应,即力偶对刚体的作用效应与力偶在其作用平面内的位置无关。

推论 4　只要保持力偶矩的大小和转向不变,就可以同时改变组成力偶的力的大小和力偶臂的大小,而不改变力偶对刚体的作用效应。

此外,还可以证明:要保持力偶矩的大小和转向不变,力偶可以从一个平面移至另一个与之平行的平面,而不会改变对刚体的效应。

关于力偶等效的性质和推论,不难通过实践加以验证。例如,钳工用丝锥加工螺纹和司机转动方向盘,只要保持力偶矩大小和转向不变,双手施力的位置可以任意调整,其效果相同。

由力偶的性质可知,在平面问题中,力偶对刚体的转动效应完全取决于力偶矩。因此,分析与力偶有关的问题时,不需知道组成力偶的力的大小和力偶臂的长度,只需知道力偶矩的大小和转向即可,故可以用带箭头的弧线表示力偶,如图 2-21 所示。图中弧线所在的平面代表力偶的作用面,箭头表示力偶的转向,M 表示力偶矩的大小。

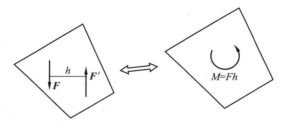

图 2-21　力偶的表示

2.5　约束与约束反力

微课:约束力
及约束反力

力学中通常把物体分为自由体和非自由体两类。

在空间中能自由做任意方向运动的物体称为自由体,如在空中飞行的飞机、炮弹和宇宙飞船等。某些方向的运动受到限制的物体称为非自由体,如在钢轨上行驶的火车、安装在轴承中的转子等。工程构件的运动大都会受到某些限制,因而都是非自由体。

由此可知,自由体和非自由体两者的主要区别是:自由体可以自由位移,不受任何其他物体的限制,它可以任意地移动和转动;非自由体则不能自由位移,其某些位移受到其他物体的限制而不能发生。

将限制阻碍非自由运动的物体称为约束物体,简称约束。约束总是通过物体之间的直接接触形成的,如钢轨是对火车的约束、轴承是对转子的约束等。

约束体在限制其他物体运动时,所施加的力称为约束反力或约束力,简称反力。约束反力的方向总是与它所限制的物体的运动或运动趋势的方向相反。如图 2-22(b)所示的柔体约束中,柔绳拉住小球以限制其下落的张力 **T** 便是约束反力。约束反力的作用点就是约束与被约束物体的接触点。约束反力的特点是,它们的大小不能预先独立地确定。约束反力的大小与被约束物体的运动状态和作用于其上的其他力有关,应当通过力学规律(包括平衡条件)确定。

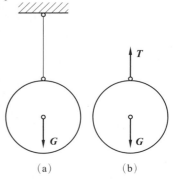

图 2-22 柔体约束

与约束反力相对应,凡能主动使物体运动或使物体有运动趋势的力称为主动力,如重力、电磁力、水压力、土压力。主动力在工程上也称为荷载,其特点是其大小可以预先独立地测定。在一般情况下,约束反力是由主动力引起的,所以它是一种被动力。

工程上的物体,一般同时受到主动力和约束反力的作用。对它们进行受力分析,就是要分析这两方面的力。通常主动力是已知的,约束反力是未知的,所以问题的关键在于正确分析约束反力。

约束反力除了与主动力有关外,还与约束性质有关。下面介绍工程中常见的几种约束及其约束反力。

微课:常见的
约束类型及其
约束反力

1. 柔体约束

由柔软且不计自重的绳索、胶带、链条等形成的约束称为柔体约束。柔体约束的约束反力为拉力,沿着柔体的中心线背离被约束的物体,用符号 F_T 或 T 表示,如图 2-22 所示。

2. 光滑接触面约束

物体之间光滑接触,只能限制物体沿接触面的公法线方向并指向接触面的运动,而不能限制物体沿着接触面切线方向的运动或运动趋势。所以,光滑接触面约束的约束反力为压力,通过接触点,方向沿着接触面的公法线指向被约束的物体,通常用 F_N 或 **N** 表示,如图 2-23 所示。

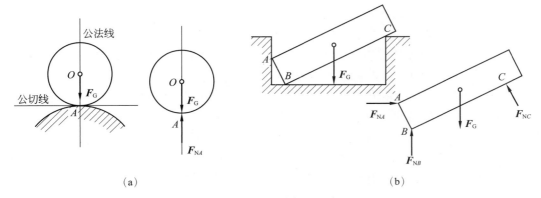

图 2-23 光滑接触面约束

3. 光滑圆柱铰链约束

由一个圆柱形销钉插入两个物体的圆孔所构成的,且认为销钉和圆孔的表面都是完全光滑的约束称为光滑的圆柱铰链约束,如图 2-24(a)所示。

这种约束力可以用图 2-24(b)所示的力学简图表示,其特点是只限制两物体在垂直于销钉轴线的平面内沿任意方向的相对移动,而不能限制物体绕销钉轴线的相对转动和沿其轴线方向的相对滑动。因此,铰链的约束反力作用在与销钉轴线垂直的平面内,并通过销钉中心,但方向待定,如图 2-24(c)所示的 F_C。工程中常用通过铰链中心的相互垂直的两个分力 F_{Cx}、F_{Cy} 表示,如图 2-24(d)所示。

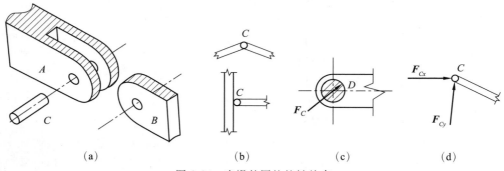

图 2-24 光滑的圆柱铰链约束

4. 链杆约束

两端各以铰链与其他物体相连且中间不受力(包括物体本身的自重)的直杆称为链杆,如图 2-25(a)中的 AB 杆即为链杆。链杆只限制物体沿链杆轴线方向的运动。因此,链杆的约束反力是沿着链杆中心线,指向待定,常用符号 F 表示。简图如图 2-25(b)所示,约束反力的表示如图 2-25(c)所示的 F_A(指向假设)。

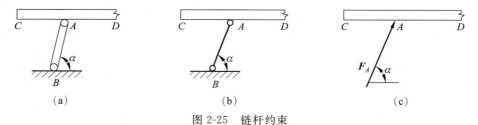

图 2-25 链杆约束

5. 固定铰支座

将结构物或构件连接在墙、柱、基础等支承物上的装置称为支座。用光滑圆柱铰链把结构物或构件与支承底板连接,并将底板固定在支承物上而构成的支座称为固定铰支座。图 2-26(a)所示为其构造示意,其结构简图如图 2-26(b)所示。为避免在构件上穿孔而影响构件的强度,通常在构件上固结另一穿孔的物体称为上摇座,而将底板称为下摇座,如图 2-26(c)所示。

固定铰支座与光滑圆柱铰链约束不同的是,两个被约束的构件,其中一个是完全固定的。但同样只有一个通过铰链中心且方向不定的约束反力,也用正交的两个未知分力 F_{Ax}、F_{Ay} 表示,如图 2-26(d)所示。

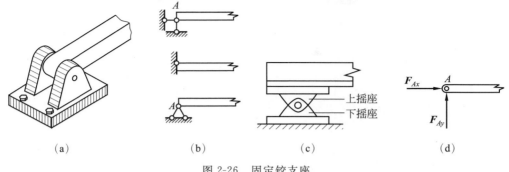

(a)　　　　　(b)　　　　　(c)　　　　　(d)

图 2-26　固定铰支座

6. 可动铰支座

可动铰支座约束又称辊轴支座约束。在固定铰支座下面安装几个辊轴支承在平面上,但支座的连接使它不能离开支承面,就构成了可动铰支座,如图 2-27(a)所示。可动铰支座的计算简图如图 2-27(b)所示。这种支座只限制构件在垂直于支承面方向上的移动,而不能限制构件绕销钉轴线的转动和沿支承面方向上的移动。所以,可动铰支座的支座反力通过销钉中心,并垂直于支承面,但指向未定,常用符号 F 表示,作用点位置用下标注明,如图 2-27(c)所示的 F_A。

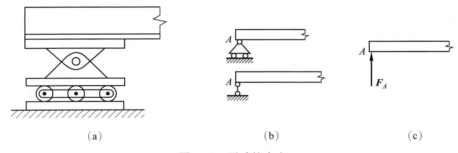

(a)　　　　　　　　(b)　　　　　　　　(c)

图 2-27　可动铰支座

在桥梁、屋架等结构中常采用可动铰支座,以保证在温度变化等因素作用下,结构沿其跨度方向能自由伸缩,不致引起结构的破坏。例如,在房屋建筑中,常在某些构件支承处垫上沥青杉板之类的柔性材料,这样,当构件受到荷载作用时,它的 A 端可以在水平方向做微小的移动,又可绕 A 点做微小的转动,这种情况也可看成可动铰支座,如图 2-28 所示。

7. 固定端支座

固定端支座也是工程结构中常见的一种约束。图 2-29(a)所示为钢筋混凝土柱与基础整体浇筑时柱与基础的连接端;图 2-29(b)所示为嵌入墙体一定深度的悬臂梁的嵌入端,这两者都属于固定端支座;图 2-29(c)所示为其结构简图。这种约束的特点是:在连接处具有较大的刚性,被约束物体在该处被完全固定,即不允许被约束物体在连接处发生任何相对移动和转动。

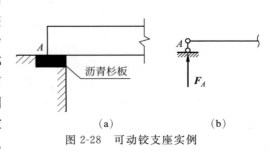

(a)　　　　　　(b)

图 2-28　可动铰支座实例

固定端支座的约束反力分布比较复杂,但在平面问题中可简化为一个水平反力 F_{Ax}、一个铅垂反力 F_{Ay} 和一个反力偶 M_A,如图 2-29(d)所示。

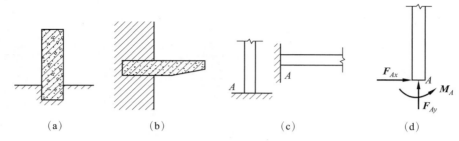

(a) (b) (c) (d)

图 2-29 固定端支座

例如,图 2-30(a)所示为预制钢筋混凝土柱,在基础杯口内用细石混凝土浇灌填实。当柱插入杯口深度符合一定要求时,可认为柱脚固定在基础内,限制了柱脚的水平移动、竖向移动和转动。当结构受到荷载作用时,为了分析方便,其反力可简化为水平反力 F_{Ax}、竖向反力 F_{Ay} 和反力偶 M_A,如图 2-30(b)所示。图 2-31(a)所示为常见的房屋雨篷,在荷载作用下 A 端的水平、竖向移动和转动均受到限制,因此 A 端可视为固定端支座,有 2 个方向的反力和一个力偶矩,其简图如图 2-31(b)所示。

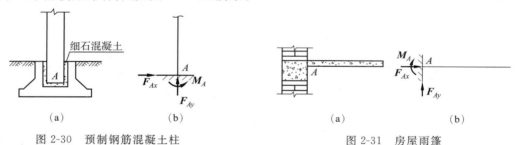

细石混凝土

(a) (b)

图 2-30 预制钢筋混凝土柱

(a) (b)

图 2-31 房屋雨篷

8. 滑移支座(定向支座)

滑移支座只允许构件沿某一方向移动,如图 2-32(a)所示。这种支座的约束反力可分解为一个竖向力 F_y 和一个力偶矩 M,计算简图如图 2-32(b)所示。

以上介绍的几种约束都是理想约束。工程结构中的约束形式多种多样,有些约束与理想约束极为接近,有些则不然。因此,在选取结构计算简图时,应根据约束对被约束物体运动的限制情况做适当简化,使之成为某种相应的理想约束。如图 2-33 所示,木梁的端部与预埋在混凝土垫块中的锚栓相连接,梁在该端的水平位移和竖向位移都被阻止,但梁端可以做微小的转动,故应将其简化为固定铰支座。

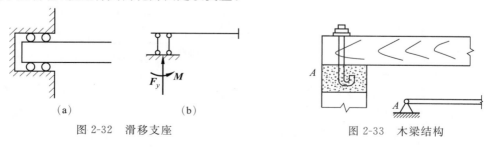

(a) (b)

图 2-32 滑移支座

图 2-33 木梁结构

2.6 物体的受力分析与受力图

在工程中常常将若干构件通过某种连接方式组成机构或结构,用以传递运动或承受荷载,这些机构或结构统称为物体系统。

在求解静力平衡问题时,一般首先要分析物体的受力情况,了解物体受到哪些力的作用,其中哪些力是已知的,哪些力是未知的,这个过程称为对物体进行受力分析。

在工程实际中,一般都是几个构件或杆件相互联系在一起的情况。因此,需要首先明确对哪一个物体进行受力分析,即明确研究对象。把该研究对象从与它相联系的周围物体(包括约束)中分离出来,这个被分离出来的研究对象称为分离体。

在脱离体上面画出周围物体对它的全部作用力(包括主动力和约束反力),这种表示物体所受全部作用力情况的图形称为分离体的受力图,简称受力图。

画受力图的步骤如下。

(1)选取研究对象,画分离体图。根据题意,选择合适的物体作为研究对象,研究对象可以是一个物体,也可以是几个物体的组合或整个系统。

(2)画分离体所受的主动力。

(3)画约束反力。根据约束的类型和性质画出相应的约束反力作用的位置和作用方向。

微课:画受力图的步骤

画物体受力图是求解静力学问题的一个重要步骤。下面举例说明受力图的画法。

【应用案例 2-3】 具有光滑表面、重力为 F_W 的圆柱体,放置在刚性光滑墙面与刚性凸台之间,接触点分别为 A 和 B,如图 2-34(a)所示。试画出圆柱体的受力图。

【解】 (1)选择研究对象。本例中要求画出圆柱体的受力图,所以只能以圆柱体作为研究对象。

(2)取分离体,画受力图。将圆柱体从图 2-34(a)所示的约束中分离出来,即得到分离体——圆柱体。作用在圆柱体上的力有如下两种。

① 主动力:圆柱体所受的重力 F_W 铅垂方向向下,作用点在圆柱体的重心处。

② 约束力:因为墙面和圆柱体表面都是光滑的,所以在 A、B 两处均为光滑面约束,约束力垂直于墙面,指向圆柱体中心;圆柱与凸台间接触也是光滑的,也属于光滑面约束,约束力作用线沿两者的公法线方向,即沿 B 点与 O 点的连线方向指向 O 点。于是,可以画出圆柱体的受力图,如图 2-34(b)所示。

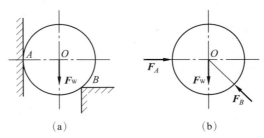

(a)   (b)

图 2-34 应用案例 2-3 图

【应用案例 2-4】 梁 A 端为固定铰支座,B 端为辊轴支座,支承平面与水平面夹角为 30°。梁中点 C 处作用有集中力,如图 2-35(a)所示。如不计梁的自重,试画出梁的受力图。

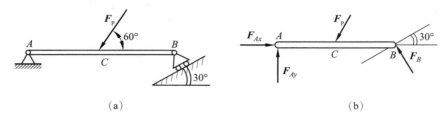

(a) (b)

图 2-35 应用案例 2-4 图

【解】 (1)选择研究对象。本例中只有 AB 梁一个构件,所以 AB 梁就是研究对象。

(2)解除约束,取分离体,将 A、B 两点的约束解除,即将 AB 梁从原来图 2-35(a)所示的系统中分离出来。

(3)分析主动力与约束力,画出受力图。首先,在梁的中点 C 处画出主动力 F_P。然后,根据约束性质,画出约束力:A 端为固定铰支座,其约束力可以用一个水平分力 F_{Ax} 和一个垂直分力 F_{Ay} 表示;B 端为辊轴支座,其约束力垂直于支承平面并指向 AB 梁,用 F_B 表示。画出的梁的受力图如图 2-35(b)所示。

【应用案例 2-5】 管道支架如图 2-36(a)所示。重力为 F_G 的管子放置在杆 AC 上。A、B 处为固定铰支座,C 为铰链连接。不计各杆自重,试分别画出杆 BC 和 AC 的受力图。

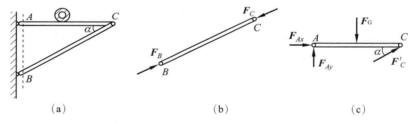

(a) (b) (c)

图 2-36 应用案例 2-5 图

【解】 (1)取 BC 杆为研究对象。因不计杆重,BC 为二力杆件,所以所受 B、C 铰链的约束反力必沿两铰链中心连线方向,受力图如图 2-36(b)所示。

(2)取杆 AC 为研究对象。它所受的主动力为管道的压力 F_G,A 处为固定铰支座,约束反力方向未知,可用 F_{Ax} 和 F_{Ay} 两正交分力表示。在铰链 C 处受有二力杆 BC 的约束反力 F_C,根据作用与反作用定律,$F_C = -F'_C$,杆 AC 的受力图如图 2-36(c)所示。

【应用案例 2-6】 三铰刚架受力如图 2-37(a)所示。试分别画出杆 AC、BC 和整体的受力图。各部分自重均不计。

【解】 (1)取右半刚架杆 BC 为研究对象。由于不计自重,且只在 B、C 两处受铰链的约束反力作用而平衡,因此 BC 为二力构件,其约束力 F_B、F_C 必沿 B、C 两铰链中心连线方向,且 $F_B = -F_C$,受力图如图 2-37(b)所示。

(2)取左半刚架杆 AC 为研究对象。AC 所受的主动力为荷载 F。在铰链 C 处受有右半拱的约束反力 F_C,且 $F_C = -F'_C$;在 A 处受固定铰支座的约束反力,可用正交分力 F_{Ax}、F_{Ay} 表示,受力图如图 2-37(c)所示。

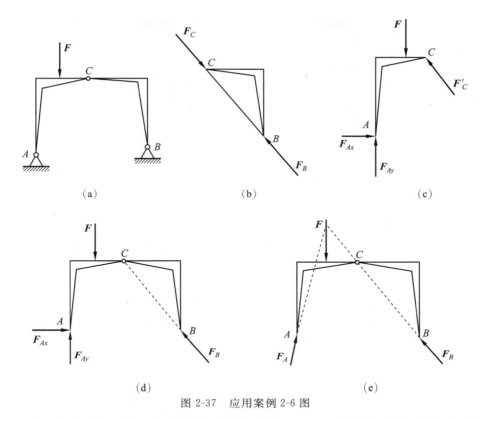

图 2-37 应用案例 2-6 图

（3）取整体为研究对象。它所受的力有主动力 F，A、B 处固定铰支座约束反力 F_{Ax}、F_{Ay} 和 F_B，受力图如图 2-37(d)所示。整体的受力图也可表示为图 2-37(e)所示的形式，在此不再赘述。

微课：画受力图
的注意问题

　　需要注意的是，在对整个系统（或系统中几个物体的组合）进行受力分析时，系统内物体间相互作用的力称为系统的内力，如本例中杆 AC 和杆 BC 在铰 C 处相互作用的力 F_C 和 F'_C。系统的内力成对出现，并且互为作用力与反作用力关系，它们对系统的作用效应互相抵消，除去它们并不影响系统的平衡，故系统的内力在受力图上不必画出。在受力图上只需画出系统以外物体对系统的作用力，这种力称为系统的外力，如本例中荷载 F 和约束反力 F_A、F_B 都是作用于系统的外力。还应注意，力与外力是相对于所选的研究对象而言的。例如，当取 AC 为研究对象时，F'_C 为外力；但取整体为研究对象时，F'_C 又成为内力。可见，内力与外力的区分，只有相对于某一确定的研究对象才有意义。

　　通过以上例题分析，现将画受力图的注意要点归纳如下。

　　（1）必须明确研究对象，即明确对哪个物体进行受力分析，并取出分离体。

　　（2）正确确定研究对象受力的个数。由于力是物体间相互的机械作用，因此每画一个力都应明确它是哪一个物体施加给研究对象的，绝不能凭空产生，也不可漏画任何一个力。凡是研究对象与周围物体相接触的地方，都一定存在约束反力。

　　（3）要根据约束的类型分析约束反力，即根据约束的性质确定约束反力的作用位置和方向，绝不能主观臆测。有时可利用二力杆或三力平衡汇交定理确定某些未知力的方向。

（4）在分析物体系统受力时应注意：①当研究对象为整体或为其中某几个物体的组合时，研究对象内各物体间相互作用的内力不要画出，只画研究对象以外物体对研究对象的作用力。②分析两物体间相互作用的力时，应遵循作用力与反作用力的关系，作用力方向一经确定，则反作用力方向必与之相反，不可再假设指向。③同一个力在不同的受力图上表示要完全一致。同时，注意在画受力图时不要运用力的等效变换或力的可传性改变力的作用位置。

模 块 小 结

1. 知识体系

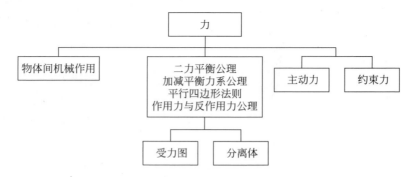

2. 能力培养

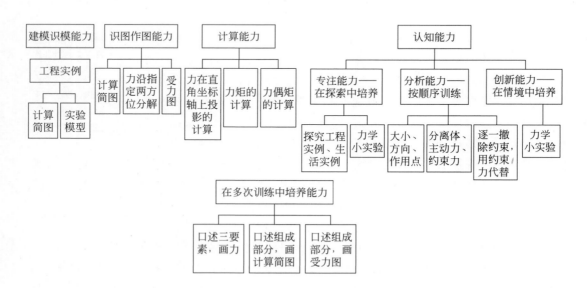

实验与讨论

1. 你能找一个物体放在桌面上,比较作用与反作用公理与二力平衡公理吗?

2. 在二力平衡公理和作用与反作用定律中,作用于物体上的二力都是等值、反向、共线的,其区别是什么?

3. 用力的平行四边形模型演示图 2-38 所示的分力与合力的关系。你能回答"合力大还是分力大"的问题吗?

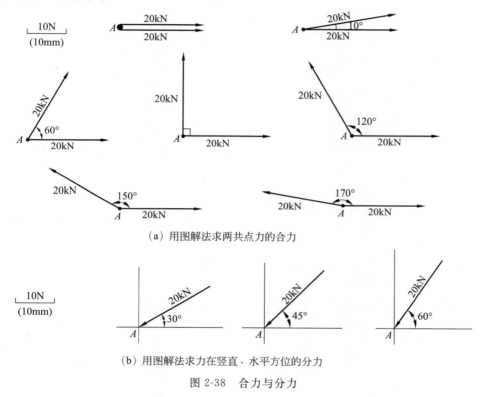

（a）用图解法求两共点力的合力

（b）用图解法求力在竖直、水平方位的分力

图 2-38　合力与分力

4. 平面中的力矩与力偶矩有什么异同?

5. 既然一个力偶不能和一个力平衡,那么图 2-39 中的轮子为什么能够平衡?

6. 图 2-40 所示各梁的支座反力是否相同? 为什么?

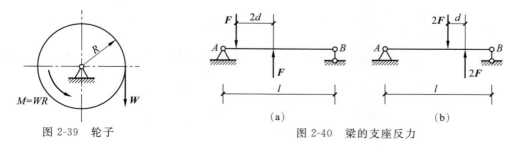

图 2-39　轮子

图 2-40　梁的支座反力

7. 试判断图 2-41 中所画受力图是否正确？若有错误，请改正。假定所有接触面都是光滑的，图 2-41 中凡未标出自重的物体，自重不计。

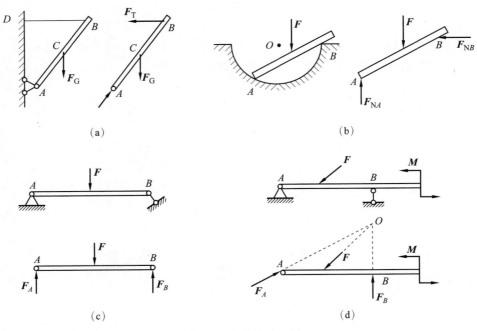

(a)　　　　　　　　　　　　　　　　(b)

(c)　　　　　　　　　　　　　　　　(d)

图 2-41　物体的受力图

习　　题

1. 在图 2-42 中画出力在坐标轴上的投影，并计算力在坐标轴上的投影。

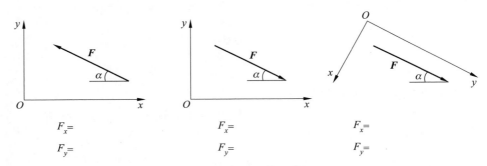

$F_x=$
$F_y=$

$F_x=$
$F_y=$

$F_x=$
$F_y=$

图 2-42　力在坐标轴上的投影

2. 试计算各力在坐标轴上的投影，并求力系各力在该坐标轴上投影的代数和，填入表 2-1 中。

表 2-1 习题 2 力在直角坐标轴上的投影

力	F_x	F_y
$F_1=10\text{kN}$		
$F_2=10\text{kN}$		
$F_3=10\text{kN}$		
$F_4=10\text{kN}$		
	$\sum F_x=$	$\sum F_y=$
力	F_x	F_y
$F_1=10\text{kN}$		
$F_2=20\text{kN}$		
$F_3=30\text{kN}$		
$F_4=40\text{kN}$		
	$\sum F_x=$	$\sum F_y=$

3. 计算图 2-43 所示各图中力 $\boldsymbol{F}$ 对 O 点之矩。

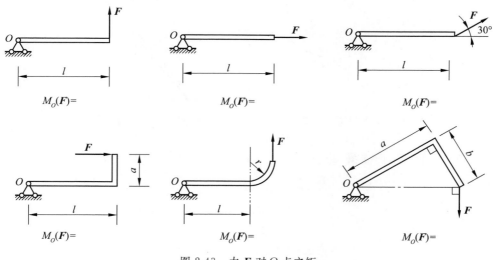

图 2-43 力 $\boldsymbol{F}$ 对 O 点之矩

4. 重力为 $\boldsymbol{G}$ 的小球用绳索系于光滑的墙面上,如图 2-44 所示,试画出小球的受力图。

5. 图 2-45 所示结构中,AB 为一横梁,其上的 C 处安装一个滑轮,绳子绕过滑轮吊一重物。绳的另一端系于 BD 杆的 E 点。A、B、D 均为铰链,AB 梁及 BD 杆质量不计。试画出重物、滑轮、AB 梁、BD 杆及整体的受力图。

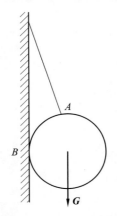

图 2-44　小球的受力图

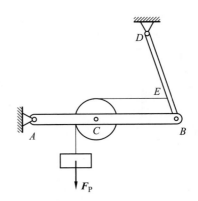

图 2-45　重物、滑轮、AB 梁、BD 杆及整体的受力图

6. 重力为 F_P 的小球 A 由光滑曲面及绳子支承，如图 2-46 所示。试画出小球 A 的受力图。

7. 图 2-47 所示为一排水孔闸门的计算简图。闸门重力为 F_G，作用于其重心 C。F 为闸门所受的总水压力，F_T 为启门力。试画出：

（1）F_T 不够大，未能启动闸门时，闸门的受力图。

（2）力 F_T 刚好将闸门启动时，闸门的受力图。

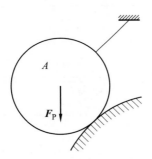

图 2-46　小球 A 的受力图

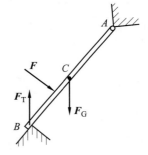

图 2-47　闸门的受力图

8. 如图 2-48 所示简支梁，跨中受集中力 F 的作用，A 端为固定铰支座约束，B 端为可动铰支座约束。试画出梁的受力图。

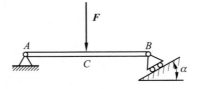

图 2-48　梁的受力图

9. 挡土墙如图 2-49 所示，已知单位长墙重力 $F_G = 95\text{kN}$，墙背土压力 $F = 66.7\text{kN}$。试

计算各力对前趾点 A 的力矩,并判断墙是否会倾倒。

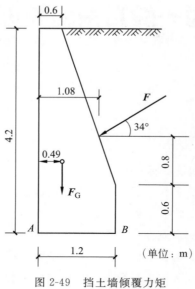

图 2-49 挡土墙倾覆力矩

习题参考答案

参考答案

模块 3 平面一般力系的简化与平衡

微课:学习指导

课件:模块 3 PPT

学习目标

知识目标:

1. 了解平面一般力系的概念和分类;
2. 掌握平面一般力系的简化与合成;
3. 掌握力的平移定理;
4. 掌握平面一般力系的平衡及平衡条件;
5. 熟练应用平衡方程求物体和物体系统的平衡问题。

能力目标:

1. 能够进行力系的简化与合成;
2. 能够利用力系的平衡条件进行求解未知力;
3. 能够利用平衡方程求解物体和物体系统的平衡问题。

学习内容

　　本模块主要介绍平面一般力系的基本知识,使学生具备进行力系的简化与合成、利用力系的平衡条件进行求解未知力和利用平衡方程求解物体和物体系统的平衡问题的能力。本模块共分为3个学习任务,学生应沿着如下流程进行学习:

　　平面一般力系的简化→平面一般力系的平衡→简单刚体系统的平衡问题。

教学方法建议

　　1. 要对平面力系的简化方法及简化结果进行着重思考,看懂、理解透彻。

　　2. 通过典型例题着重了解在物体系统平衡问题中如何选取恰当的研究对象和平衡方程,并进行归纳总结。

3.1　平面一般力系的简化

3.1.1　力系等效与简化的概念

1. 力系的主矢与主矩

由若干个力组成的力系($F_1,F_2,\cdots,F_n$)中所有力的矢量和称为力系的主矢量,简称为主矢,用 F_R 表示,即

$$F_R = \sum_{i=1}^{n} F_i \tag{3-1}$$

力系中所有力对于同一点(O)之矩的矢量和称为力系对这一点的主矩,用 M_O 表示,即

$$M_O = \sum_{i=1}^{n} M_O(F_i) \tag{3-2}$$

需要指出的是,主矢只有大小和方向,并未涉及作用点;主矩却是针对确定点的。因此,对于一个确定的力系,主矢是唯一的,主矩并不是唯一的,同一个力系对于不同的点,其主矩一般不相同。

2. 等效

如果两个力系的主矢和对同一点的主矩分别对应相等,两者对同一刚体就会产生相同的运动效应,则称这两个力系为等效力系。

3. 简化

将由若干个力和力偶所组成的力系变为一个力或一个力偶或者一个力和一个力偶等简单而等效的过程就称为力系的简化。

3.1.2　力的平移定理

作用在刚体上的一个力 F,可以平移到同一刚体上的任一点 O,而不改变它对刚体的作用效应,但平移后必须同时附加一个力偶,其力偶矩等于原力 F 对新作用点 O 的矩,这就是力的平行移动定理,简称力的平移定理。

下面对该定理进行论证。首先,设在刚体 A 点上作用有一力 F,如图 3-1(a)所示,然后在刚体上任取一点 B,现要将力 F 从 A 点平移到刚体 B 点。

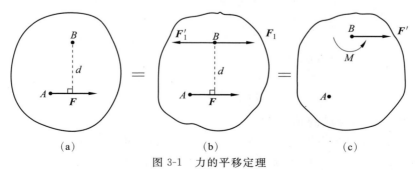

$$
\begin{array}{ccc}
\text{(a)} & \text{(b)} & \text{(c)}
\end{array}
$$

图 3-1　力的平移定理

在 B 点加一对平衡力系 F_1 与 F_1',其作用线与力 F 的作用线平行,并使 $F_1 = F_1' = F$,如图 3-1(b) 所示。由加减平衡力系公理可知,这与原力系的作用效果完全相同,此三力可看作一个作用在 B 点的力 F_1 和一个力偶 (F, F'),其力偶矩 $M = M_B(F) = Fd$,如图 3-1(c) 所示。

这表明,作用于刚体上的力可平移至刚体内任一点,但不是简单的平移,平移时必须附加一个力偶,该力偶的矩等于原力对平移点之矩。

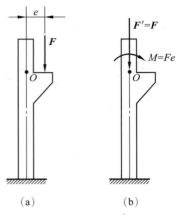

图 3-2　偏心受压柱

根据力的平移定理可说明一个力可以和一个力加上一个力偶等效。因此,也可将同平面内的一个力和一个力偶合为另一个力。应该注意,力的平移定理只适用于刚体,而不适用于变形体,并且只能在同一刚体上平行移动。

力的平移定理是力系简化的基本依据,不仅是分析力对物体作用效应的一个重要手段,而且还可以用来解释一些实际问题。例如,图 3-2(a) 所示的厂房柱子受到吊车梁传来的荷载 F 的作用,为分析 F 的作用效应,可将力 F 平移到柱子轴线上的 O 点上,根据力的平移定理得一个力 F' 同时必须附加一个力偶 M,如图 3-2(b) 所示。力 F 经平移后,它对柱子的变形效果就可以很明显地看出,力 F' 使柱子轴向受压,力偶使柱子弯曲。

3.1.3　平面汇交力系的简化

1. 两个共点力合成的几何法

两个共点力的合力的大小和方向可以由力的平行四边形法则求出 [图 3-3(a)],也可以用力的三角形规则来求出,如图 3-3(b) 所示。

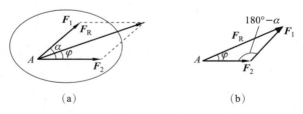

图 3-3　两个共点力合成的几何法

由余弦定理确定合力的大小:

$$F_R = \sqrt{F_1^2 + F_2^2 + 2F_1F_2\cos\alpha} \tag{3-3}$$

由正弦定理确定合力方向:

$$\frac{F_1}{\sin\varphi} = \frac{F_R}{\sin(180° - \alpha)} \tag{3-4}$$

2. 任意个共点力合成的几何法

运用力的多边形法则求合力。如图 3-4(a) 所示,设有平面共点力系 F_1、F_2、F_3、F_4 作用于 O 点,求力系的合力。为此,连续应用力的平行四边形法则,可将平面共点力系合成为一个力。在图 3-4(b)中,先合成力 F_1 与 F_2(图中力平行四边形不再画出),可得力 F_{R1},即 $F_{R1}=F_1+F_2$;再将 F_{R1} 与 F_3 合成为力 F_{R2},即 $F_{R2}=F_{R1}+F_3$。以此类推,最后可得

$$F_R=F_1+F_2+\cdots+F_n=\sum_{i=1}^{n}F_i \tag{3-5}$$

式中:F_R 即是该力系的合力。

所以,平面汇交力系的合力等于各分力的矢量和,合力的作用线通过各力的汇交点。

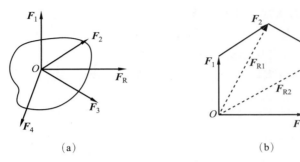

(a)　　　　　　　　　　　(b)

图 3-4　任意个共点力合成的几何法

 注意

(1) 任意改变各分力的相接次序,可以得到不同形状的力多边形,但合力的大小和方向保持不变。

(2) 几何法作图时,必须按比例、按各力的方向,所得结果也按原比例和所得方向。

(3) 力多边形矢序规则:各分力矢必须首尾相接,并绕同一方向;而合力则与各分力矢相反转向。

3.1.4　平面力偶系的简化

作用在物体上同一平面内的若干力偶总称为平面力偶系。假设在刚体某平面上有力偶 M_1、M_2 的作用,如图 3-5(a)所示,现求其合成的结果。

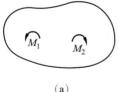　　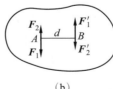　　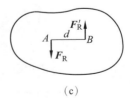

(a)　　　　　　　　(b)　　　　　　　　(c)

图 3-5　平面力偶系的简化

在平面上任取一线段 $AB=d$ 作为公共力偶臂,并把每个力偶化为一组作用在 A、B 两点的反向平行力,如图 3-7(b)所示。根据力系等效条件,有

$$F_1=\frac{M_1}{d},\quad F_2=\frac{M_2}{d}$$

于是在 A、B 两点各得一组共线力系,其合力为 F_R 与 F_R',如图 3-5(c)所示,且有

$$F_R = F_R' = F_1 - F_2$$

F_R 与 F_R' 为一对等值、反向、不共线的平行力,它们组成的力偶即为合力偶,所以有

$$M = F_R d = (F_1 - F_2)d = M_1 - M_2$$

若在刚体上有若干个力偶作用,采用上述方法叠加,可得合力偶矩为

$$M = M_1 + M_2 + \cdots + M_n = \sum M_i \tag{3-6}$$

式(3-6)表明,平面力偶系合成的结果为一合力偶,合力偶矩为各分力偶矩的代数和。

【应用案例 3-1】 如图 3-6 所示,在物体的某平面内受到 3 个力偶作用。$F_1 = 200\text{N}$,$F_2 = 600\text{N}$,$M = 100\text{N} \cdot \text{m}$,求其合成结果。

【解】 3 个共面力偶合成的结果是一个合力偶。各分力偶矩为

$$M_1 = F_1 d_1 = 200 \times 1 = 200(\text{N} \cdot \text{m})$$

$$M_2 = F_2 d_2 = 600 \times \frac{0.25}{\sin 30°} = 300(\text{N} \cdot \text{m})$$

$$M_3 = -M = -100\text{N} \cdot \text{m}$$

由式(3-6)得合力偶矩为

$$M = \sum_{i=1}^{3} M_i = M_1 + M_2 + M_3$$
$$= 200 + 300 - 100 = 400(\text{N} \cdot \text{m})$$

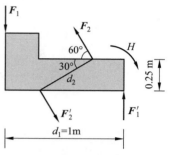

图 3-6 应用案例 3-1 图

即合力偶矩的大小等于 400N·m,为逆时针转向,作用面与原力偶系共面。

3.1.5 平面一般力系的简化

各力的作用线在同一平面内任意分布的力系称为平面一般力系。如 微课:平面一般
图 3-7(a)所示,屋架受重力荷载 F_1、风荷载 F_2 以及支座反力 F_{Ax}、F_{Ay}、F_B 力系的简化
的作用,这些力的作用线都在屋架的平面内,组成一个平面力系,如图 3-7(b)所示。

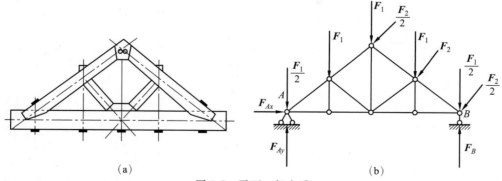

(a)   (b)

图 3-7 平面一般力系

假设刚体上作用一平面一般力系($F_1, F_2, \cdots, F_n$),如图 3-8(a)所示。在力系所在平面内选一点 O 作为简化中心。根据力的平移定理,将力系中各力向简化中心 O 点平移,同时附加相应的力偶,于是原力系就等效地变换为作用于简化中心 O 点的平面汇交力系 F_1',

$F_2', \cdots, F_n'$ 和力偶矩分别为 $M_1, M_2, \cdots, M_n$ 的附加平面力偶系,如图 3-8(b)和(c)所示。其中,$F_1' = F_1, F_2' = F_2, \cdots, F_n' = F_n$;$M_1 = M_O(F_1), M_2 = M_O(F_2), \cdots, M_n = M_O(F_n)$。分别将这两个力系合成,如图 3-8(d)所示。

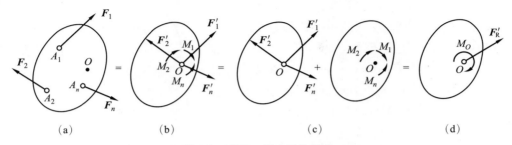

(a)   (b)   (c)   (d)

图 3-8 平面一般力系的简化

1. 主矢

作用在简化中心的平面汇交力系可以简化为一个合力:

$$F_R' = F_1' + F_2' + \cdots + F_n' = \sum_{i=1}^{n} F_i' = \sum_{i=1}^{n} F_i$$

即合力矢等于原力系所有各力的矢量和。力矢 F_R' 称为原力系的主矢,其大小和方向可用解析法计算。主矢 F_R' 在直角坐标轴上的投影为

$$F_{Rx}' = F_{1x}' + F_{2x}' + \cdots + F_{nx}' = \sum_{i=1}^{n} F_{ix}' = \sum_{i=1}^{n} F_{ix} \left.\begin{array}{c} \\ \\ \end{array}\right\}$$

$$F_{Ry}' = F_{1y}' + F_{2y}' + \cdots + F_{ny}' = \sum_{i=1}^{n} F_{iy}' = \sum_{i=1}^{n} F_{iy}$$

则

$$F_R' = \sqrt{F_{Rx}'^2 + F_{Ry}'^2} = \sqrt{\left(\sum_{i=1}^{n} F_{ix}\right)^2 + \left(\sum_{i=1}^{n} F_{iy}\right)^2} \left.\begin{array}{c} \\ \\ \\ \end{array}\right\}$$

$$\tan\alpha = \left|\frac{F_{Ry}'}{F_{Rx}'}\right|$$

(3-7)

2. 主矩

附加平面力偶系可以简化为一个合力偶,合力偶矩为

$$M_O = M_1 + M_2 + \cdots + M_n = M_O(F_1) + M_O(F_2) + \cdots + M_O(F_n) = \sum_{i=1}^{n} M_O(F_i)$$

即合力偶矩等于原力系所有各力对简化中心 O 点力矩的代数和。M_O 称为原力系对简化中心的主矩。

3.1.6 平面一般力系的简化结果分析

平面一般力系向作用面内任一点 O 简化,可以得到一个力和一个力偶,这个力矢等于力系中各力的矢量和,称为原力系的主矢;这个力偶的力偶矩等于力系中各力对简化中心 O 的矩的代数和,称为原力系对 O 点的主矩。

微课:平面一般
力系的简化
结果分析

主矢 F'_R 的大小和方向均与简化中心的位置无关，而主矩 M_O 则一般与简化中心的位置有关，所以凡是提到力系的主矩，都必须标明简化中心。

【应用案例 3-2】 如图 3-9 所示，刚性圆轮上所受复杂力系可以简化为一摩擦力 F 和一力偶矩为 M、方向已知的力偶。已知力 F 的数值为 $F=2.4\text{kN}$。如果要使力 F 和力偶向 B 点简化，简化结果只是沿水平方向的主矢 F_R，而主矩等于零。B 点到轮心 O 的距离 $\overline{OB}=12\text{mm}$（图中长度单位为 mm）。求作用在圆轮上的力偶的力偶矩 M 的大小。

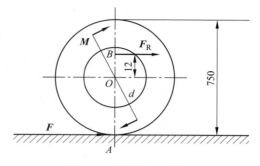

图 3-9 应用案例 3-2 图

【解】 由题意可知：

$$M_B = \sum_{i=1}^{n} M_i = -M + F \times \overline{AB} = 0$$

$$\overline{AB} = \frac{750}{2} + 12 = 387(\text{mm}) = 0.387(\text{m})$$

$$M = F \times \overline{AB} = 2.4 \times 0.387 = 0.93(\text{kN} \cdot \text{m})$$

3.2　平面一般力系的平衡

3.2.1　平面一般力系的平衡条件与平衡方程

1. 基本形式

平面一般力系向平面内任一点简化，若主矢 F'_R 和主矩 M_O 同时等于零，表明作用于简化中心 O 点的平面汇交力系和附加平面力偶系都自成平衡，则原力系一定是平衡力系；反之，如果主矢 F'_R 和主矩 M_O 中有一个不等于零或两个都不等于零，则平面一般力系就可以简化为一个合力或一个力偶，原力系就不能平衡。因此，平面一般力系平衡的必要与充分条件是，力系的主矢和力系对平面内任一点的主矩都等于零，即 $F'_R=0$，$M_O=0$。

平面一般力系平衡的必要与充分解析条件是：力系中所有各力在任意选取的两个坐标轴中的每一轴上投影的代数和分别等于零，力系中所有各力对平面内任一点之矩的代数和等于零，即

$$F'_R = \sqrt{F'^2_{Rx} + F'^2_{Ry}} = \sqrt{\left(\sum_{i=1}^{n} F_{ix}\right)^2 + \left(\sum_{i=1}^{n} F_{iy}\right)^2} = 0$$

$$M_O = \sum M_O(F_i) = 0$$

将上式改写为力的投影形式，得到

$$\sum_{i=1}^{n} F_{ix} = 0, \quad \sum_{i=1}^{n} F_{iy} = 0, \quad \sum_{i=1}^{n} M_O(F_i) = 0 \tag{3-8}$$

这一组方程称为平面力系的平衡方程。通常将平衡方程中的前两式称为力平衡投影方

程,第 3 式称为力矩平衡方程。通常将平面力系的平衡方程写为

$$\sum F_x = 0, \quad \sum F_y = 0, \quad \sum M_O(F) = 0 \tag{3-9}$$

式(3-9)表明,平面一般力系处于平衡的必要与充分条件是:力系中所有各力分别在 x 轴和 y 轴上的投影的代数和等于零,力系中各力对任意一点的力矩的代数和等于零。式(3-9)又称为平面一般力系的平衡方程基本形式,3 个方程是彼此独立的,利用它可以求解出 3 个未知量。

2. 二力矩式平衡方程

在力系作用面内任取两点 A、B 及 x 轴,可以证明平面一般力系的平衡方程基本形式中两个投影方程中的某一个用力矩式方程代替,则可得到下列二力矩式平衡方程,即

$$\sum F_x = 0, \quad \sum M_A(F) = 0, \quad \sum M_B(F) = 0 \tag{3-10}$$

附加条件:A、B 连线不能垂直投影轴 x。否则,式(3-10)就只能是平面任意力系平衡的必要条件,而不是充分条件。

3. 三力矩式平衡方程

若将式(3-9)和式(3-10)中的两个投影方程都用力矩式方程代替,则可得三力矩式平衡方程,即

$$\sum M_A(F) = 0, \quad \sum M_B(F) = 0, \quad \sum M_C(F) = 0 \tag{3-11}$$

附加条件:A、B、C 三点不共线。否则,式(3-10)就只能是平面任意力系平衡的必要条件,而不是充分条件。

综上所述,平面一般力系共有 3 种不同形式的平衡方程,即式(3-9)~式(3-11),在解题时可以根据具体情况选取某一种形式。无论采用哪种形式,都只能写出 3 个独立的平衡方程,求解 3 个未知数。任何第 4 个方程都不是独立的,但可以利用该方程来校核计算的结果。

【应用案例 3-3】 某悬臂式起重机如图 3-10(a)所示,A、B、C 处都是铰链连接。梁 AB 自重 $F_G = 1\text{kN}$,作用在梁的中点,提升重力 $F_P = 8\text{kN}$,杆 BC 自重不计。试求支座 A 的反力和杆 BC 所受的力。

微课:应用
案例 3-3 和 3-4

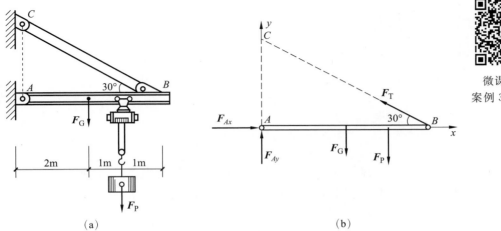

(a)　　　　　　　　　(b)

图 3-10　应用案例 3-3 图

【解】 (1) 取梁 AB 为研究对象,画其受力图,并选取坐标轴 x 轴和 y 轴,如图 3-10(b)所示。其反力用两个分力 $\boldsymbol{F}_{Ax}$、$\boldsymbol{F}_{Ay}$ 表示;杆 BC 为二力杆,它的约束反力 $\boldsymbol{F}_T$ 沿 BC 轴线,并假定为拉力。

(2) 列出 3 个平衡方程并求解。

由

$$\sum M_A(F)=0, \quad -F_G\times 2-F_P\times 3+F_T\sin 30°\times 4=0$$

得

$$F_T=(2F_G+3F_P)/(4\times \sin 30°)=(2\times 1+3\times 8)/(4\times 0.5)=13(\text{kN})$$

由

$$\sum M_B(F)=0, \quad -F_{Ay}\times 4+F_G\times 2+F_P\times 1=0$$

得

$$F_{Ay}=(2F_G+F_P)/4=(2\times 1+8)/4=2.5(\text{kN})$$

由

$$\sum F_x=0, \quad F_{Ax}-F_T\times \cos 30°=0$$

得

$$F_{Ax}=F_T\times \cos 30°\approx 13\times 0.866\approx 11.26(\text{kN})$$

(3) 校核。

$$\sum F_y=F_{Ay}-F_G-F_P+F_T\times \sin 30°=2.5-1-8+13\times 0.5=0$$

说明计算无误。

【应用案例 3-4】 如图 3-11(a)所示刚架,B 处为刚性结点,A 处为固定铰支座,C 处为辊轴支座。若图中 F_P 和 l 均为已知,求 A、C 两处的约束力。

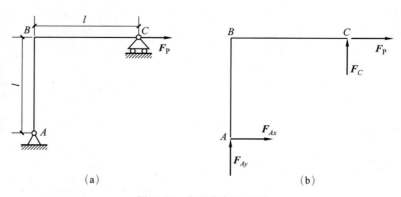

(a)   (b)

图 3-11 应用案例 3-4 图

【解】 (1) 取刚架 ABC 为研究对象,解除 A、C 两处的约束,画其受力图,如图 3-11(b)所示。A 处为固定铰支座,其反力用两个分力 $\boldsymbol{F}_{Ax}$、$\boldsymbol{F}_{Ay}$ 表示;C 处为辊轴支座,只有一个约束力 $\boldsymbol{F}_C$。

(2) 列出 3 个平衡方程并求解。

$$\sum M_A(F)=0, \quad F_C\times l-F_P\times l=0, \quad F_C=F_P$$

$$\sum F_x = 0, \quad F_{Ax} + F_P = 0, \quad F_{Ax} = -F_P$$

$$\sum F_y = 0, \quad F_{Ay} + F_C = 0, \quad F_{Ay} = -F_C = -F_P$$

（3）校核。

$$\sum M_C(F) = F_{Ax} \times l - F_{Ay} \times l = -F_P \times l - (-F_P) \times l = 0$$

说明计算无误。

3.2.2　几种特殊平面力系的平衡方程

平面一般力系是平面力系的一般情况。除前面介绍的平面汇交力系、平面力偶系外，还有平面平行力系都可以看作平面一般力系的特殊情况，它们的平衡方程都可以从平面一般力系的平衡方程得到，现讨论如下。

1. 平面汇交力系

对于平面汇交力系，可取力系的汇交点作为坐标的原点，图 3-12(a)所示，因各力的作用线均通过坐标原点 O，故各力对 O 点的矩必为零，即恒有 $\sum M_O = 0$。因此，只剩下两个投影方程：

$$\sum F_x = 0, \quad \sum F_y = 0 \tag{3-12}$$

即为平面汇交力系的平衡方程。

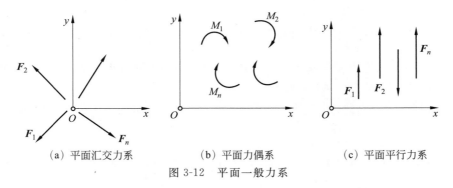

（a）平面汇交力系　　　　（b）平面力偶系　　　　（c）平面平行力系

图 3-12　平面一般力系

2. 平面力偶系

平面力偶系如图 3-12(b)所示，因构成力偶的两个力在任何轴上的投影必为零，故恒有 $\sum F_x = 0$ 和 $\sum F_y = 0$，只剩下第 3 个力矩方程。但因为力偶对某点的矩等于力偶矩，则力矩方程可改写为

$$\sum M_O = 0 \tag{3-13}$$

即平面力偶系的平衡方程。

3. 平面平行力系

平面平行力系是指其各力作用线在同一平面上并相互平行的力系，如图 3-12(c)所示。选 Oy 轴与力系中的各力平行，则各力在 x 轴上的投影恒为零，则平衡方程只剩下两个独立的方程：

$$\sum F_y = 0, \quad \sum M_O(F) = 0 \tag{3-14}$$

【应用案例 3-5】 图 3-13 所示为塔式起重机。已知轨距 $b=4\mathrm{m}$，机身重力 $F_{G1}=260\mathrm{kN}$，其作用线到右轨的距离 $e=1.5\mathrm{m}$，起重机平衡重力 $F_{G3}=80\mathrm{kN}$，其作用线到左轨的距离 $a=6\mathrm{m}$，荷载 F_{G2} 的作用线到右轨的距离 $L=12\mathrm{m}$。

（1）试证明空载时（$F_{G2}=0$ 时）起重机不会向左倾倒。

（2）求出起重机不向右倾倒的最大荷载 F_{G2}。

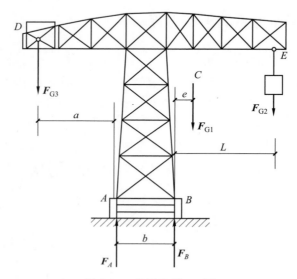

图 3-13　应用案例 3-5 图

【解】 以起重机为研究对象，作用于起重机上的力有主动力 F_{G1}、F_{G2}、F_{G3} 及约束力 F_A 和 F_B，它们组成一个平行力系（见图 3-13）。

（1）使起重机不向左倾倒的条件是 $F_B \geqslant 0$，当空载时，取 $F_{G2}=0$，列平衡方程：

$$\sum M_A = 0, \quad F_{G3} \times a + F_B \times b - F_{G1} \times (e+b) = 0$$

$$F_B = \frac{1}{b}[F_{G1} \times (e+b) - F_{G3} \times a] = \frac{1}{4}[260 \times (1.5+4) - 80 \times 6] = 237.5(\mathrm{kN}) > 0$$

所以起重机不会向左倾倒。

（2）使起重机不向右倾倒的条件是 $F_A \geqslant 0$，列平衡方程：

$$\sum M_B = 0, \quad F_{G3} \times (a+b) - F_A \times b - F_{G1} \times e - F_{G2} \times l = 0$$

$$F_A = \frac{1}{b}[F_{G3} \times (a+b) - F_{G1} \times e - F_{G2} \times l]$$

欲使 $F_A \geqslant 0$，则需

$$F_{G3} \times (a+b) - F_{G1} \times e - F_{G2} \times l \geqslant 0$$

$$F_{G2} \leqslant \frac{1}{l}[F_{G3} \times (a+b) - F_{G1} \times e] = \frac{1}{12}[80 \times (6+4) - 260 \times 1.5] \approx 34.2(\mathrm{kN})$$

当荷载 $P \leqslant 34.2\mathrm{kN}$ 时，起重机是稳定的。

微课:简单刚体
系统的平衡
问题

3.3 简单刚体系统的平衡问题

前面研究了平面力系单个物体的平衡问题。但是在工程结构中往往是由若干个物体通过一定的约束来组成一个系统,这种系统称为物体系统。例如,图 3-14(a)所示的组合梁就是由梁 AB 和梁 BC 通过铰 B 连接,并由 A、C 支座支承而组成的一个物体系统。

在一个物体系统中,一个物体的受力与其他物体是紧密相关的,整体受力又与局部紧密相关。物体系统的平衡是指组成系统的每一个物体及系统的整体都处于平衡状态。

在研究物体系统的平衡问题时,不仅要知道外界物体对这个系统的作用力,同时还应分析系统内部物体之间的相互作用力。通常将系统以外的物体对这个系统的作用力称为外力,系统内各物体之间的相互作用力称为内力。例如,图 3-14(b)的组合梁的受力图,荷载及 A、C 支座的反力就是外力,而在铰 B 处左右两段梁之间的互相作用的力就是内力。

应当注意,外力和内力是相对的概念,是对一定的考察对象而言的。例如,图 3-14(b)组合梁在铰 B 处两段梁的相互作用力对组合梁的整体来说就是内力;而对图 3-14(c)和(d)左段梁或右段梁来说,B 点处的约束反力被暴露出来,成为外力。

当物体系统平衡时,组成该系统的每个物体都处于平衡状态,因此对于每一个物体一般可写出 3 个独立的平衡方程。如果该物体系统有 n 个物体,而每个物体又都在平面一般力系作用下,则就有 $3n$ 个独立的平衡方程,可以求出 $3n$ 个未知量。但是,如果系统中的物体受平面汇交力系或平面平行力系的作用,则独立的方程将相应减少,而所能求的未知量数目也相应减少。当整个系统中未知量的数目不超过独立的平衡方程数目时,则未知量可由平衡方程全部求出,这样的问题称为静定问题;当未知量的数目超过了独立平衡方程数目时,则未知量就不能由平衡方程全部求出,这样的问题则称为超静定问题。在静力学中,我们不考虑超静定问题。

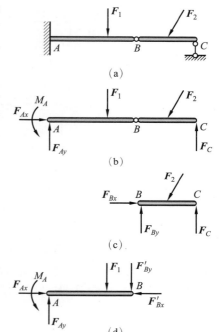

图 3-14 组合梁的平衡问题

在解答物体系统的平衡问题时,可以选取整个物体系统作为研究对象,也可以选取物体系统中某部分物体(一个物体或几个物体组合)作为研究对象,以建立平衡方程。由于物体系统的未知量较多,应尽量避免从总体的联立方程组中解出,通常可选取整个系统为研究对象,看能否从中解出一或两个未知量,然后分析每个物体的受力情况,判断选取哪个物体为研究对象,使之建立的平衡方程中包含的未知量少,以简化计算。

下面举例说明求解物体系统平衡问题的方法。

【应用案例 3-6】 图 3-15(a)所示为多跨静定梁,由 AB 和 BC 梁在 B 处用中间铰连接而成。其中 C 处为辊轴支座，A 处为固定端。DE 段梁上承受均布荷载作用，荷载集度为 q；E 处作用有外加力偶，其力偶矩为 M。若 q、M、l 等均为已知，试求支座 A、C 的反力。

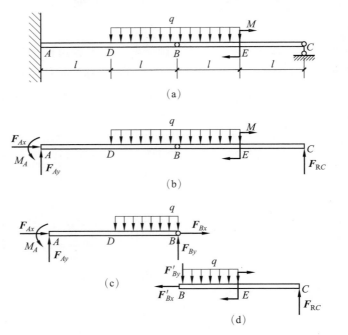

微课：应用
案例 3-6

图 3-15　应用案例 3-6 图

【解】　（1）考虑整体平衡。首先取整个梁为研究对象，受力图如图 3-15(b)所示，其上作用有 4 个未知约束力。而平面力系独立的平衡方程只有 3 个，因此仅仅考虑整体平衡不能求得全部未知约束力，但是可以求得其中某些未知量。由整体平衡方程得

$$\sum F_x = 0, \quad F_{Ax} = 0$$

（2）考虑局部平衡。其余 3 个未知量 $\boldsymbol{F}_{Ay}$、M_A、$\boldsymbol{F}_{RC}$，无论怎样选取投影轴和矩心，都无法求出其中任何一个，因此必须将 AB 梁和 BC 梁分开考虑。现取 BC 梁为研究对象，受力图如图 3-15(d)所示。

$$\sum M_B(F) = 0, \quad F_{RC} \times 2l - M - ql \times \frac{l}{2} = 0$$

$$F_{RC} = \frac{M}{2l} + \frac{ql}{4}$$

(3-15)

再考虑整体平衡，将 DE 段的分布荷载简化为作用于 B 处的集中力，其值为 $2ql$。建立平衡方程有

$$\sum F_y = 0, \quad F_{Ay} - 2ql + F_{RC} = 0$$

(3-16)

$$\sum M_A(F) = 0, \quad M_A - 2ql \times 2l - M + F_{RC} \times 4l = 0$$

(3-17)

将式(3-15)代入式(3-16)和(3-17)后，得到

$$F_{Ay} = \frac{7}{4}ql - \frac{M}{2l}, \quad M_A = 3ql^2 - M$$

（3）校核。对整个多跨静定梁，列出

$$\sum M_B = M_A - F_{Ay} \times 4l + 2ql \times 2l - M$$

$$= 3ql^2 - M - \left(\frac{7}{4}ql - \frac{M}{2l}\right) \times 4l + 4ql^2 - M = 0$$

可见计算无误。

模 块 小 结

1. 知识体系

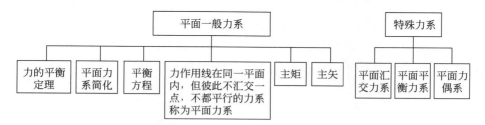

2. 能力培养

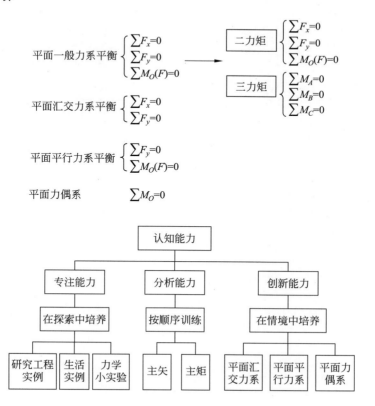

实验与讨论

1. 求解力系平衡问题的方法和步骤如下：

（1）选取研究对象；

（2）分析研究对象受力，画受力图；

（3）根据力系的类型列平衡方程，选取适当的坐标轴和矩心，使方程中未知量个数最少；

（4）求未知量，分析和讨论计算结果。

求解刚体在空间力系作用下的平衡问题，其分析方法和解题步骤与平面问题基本相同。空间力系的平衡方程除基本形式外，还有其他形式。投影方程可部分或全部由力矩方程代替，但所写的平衡方程必须都是彼此独立的。和平面问题不同的是，求解空间问题要有清晰的空间概念，明确力与坐标间的空间关系，熟练计算力在空间 3 个坐标轴上的投影和力对轴之矩。

2. 图 3-16 所示为炼钢电炉的电极提升装置。设电极 HI 与支架总重 G，重心在 C 点，支架上 3 个导轮 A、B、E 可沿固定立柱滚动，提升钢丝绳系在 D 点。电极被支架缓慢提升时，钢丝绳的拉力及 A、B、E 3 处的约束力如何求解呢？

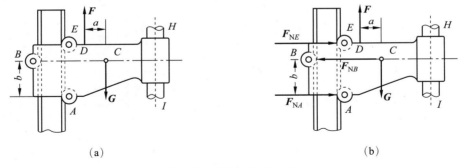

(a)　　　　　　　　　(b)

图 3-16　实验与讨论 2 图

讨论：研究电极与支架组成的整体，并画出受力图，如图 3-16(b)所示。

由于提升缓慢，则有

$$\sum F_y = 0, \quad F = G$$

$$\sum F_x = 0, \quad F_{NB} = F_{NA} + F_{NE}$$

F 与 G 构成一力偶，大小为 $m = Ga$，顺时针，故 F_{NA}、F_{NB}、F_{NE} 简化后应为一力偶且 $m' = m = Ga$，但方向相反。

由分析可知

$$F_{NE} = 0, \quad F_{NB} = F_{NA}$$

$$bF_{NB} = Ga, \quad F_{NB} = \frac{Ga}{b} = F_{NA}$$

习　题

1. 均质杆 AB 重力为 F_P，长为 l，两端置于相互垂直的两光滑斜面上，如图 3-17 所示。已知一斜面与水平面呈 α 角，求平衡时杆与水平面所成的角 φ 及距离 OA。

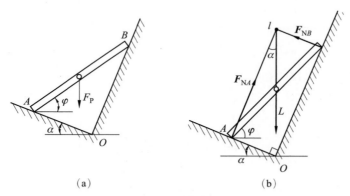

(a)　　　　　　　　　　(b)

图 3-17　习题 1 图

2. 如图 3-18 所示，已知 $r=1\text{m}$，绳 EK 水平，$F_P=4\text{kN}$，$L=4\text{m}$，不计直杆及滑轮的重力。求铰链 B 的约束力和圆柱销钉 C 作用于 CA 杆的力。

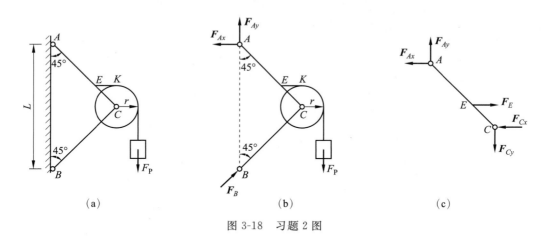

(a)　　　　　　　(b)　　　　　　　(c)

图 3-18　习题 2 图

3. 重力坝受力如图 3-19 所示，设坝的自重分别是 $G_1=4\,800\text{kN}$，$G_2=10\,800\text{kN}$，上游水压力 $F=5\,060\text{kN}$。试将力系向坝底 O 点简化，并求其最后的简化结果。

4. 如图 3-20 所示，刚架自重不计。已知 $q=2\text{kN/m}$，$M=10\sqrt{2}\,\text{kN}\cdot\text{m}$，$L=2\text{m}$，$C$、$D$ 为光滑铰链。试求支座 A、B 的约束反力。

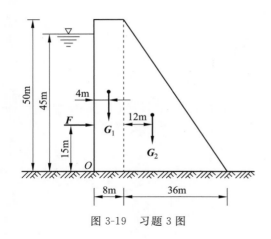

图 3-19 习题 3 图

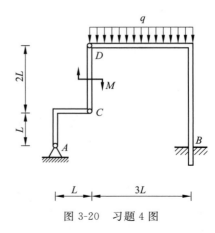

图 3-20 习题 4 图

习题参考答案

参考答案

模块 4 平面图形的几何性质

微课:学习指导

课件:模块 4 PPT

学习目标

知识目标:

1. 理解平面图形形心、面积矩和惯性矩的概念;

2. 掌握组合截面形心位置的计算;

3. 掌握矩形、圆形等简单平面图形对其形心轴的惯性矩;

4. 掌握组合截面图形对其形心轴的惯性矩的计算。

能力目标:

1. 能够计算组合截面形心位置;

2. 能够计算矩形、圆形等简单平面图形对其形心轴的惯性矩;

3. 能够计算组合截面图形对其形心轴的惯性矩。

学习内容

本模块主要介绍平面图形的几何性质,使学生具备对组合截面进行几何性质的计算的能力。本模块分为 5 个学习任务,学生应沿着如下流程学习:

平面图形的形心计算→面积矩与形心位置坐标的关系→面积矩的计算→简单图形对形心轴的惯性矩→组合截面的惯性矩的计算。

教学方法建议

采用"教、看、学、做"一体化进行教学,教师利用相关多媒体进行理论讲解和图片动画展示,让学生对平面图形有一个直观的感性认识,为以后的学习奠定理论和实践基础。在教师的指导下,让学生对某一组合截面图形案例进行几何性质的计算,从实做中提高学生学习的能力。

4.1　计算平面图形的形心

对于平面图形,其形心坐标公式可以表示为

$$y_C = \frac{\sum A_i y_i}{A}, \quad z_C = \frac{\sum A_i z_i}{A} \tag{4-1}$$

工程中常用的建筑构件常见的截面形状有矩形、圆形、"工"字形、T 形等,如图 4-1 所示。

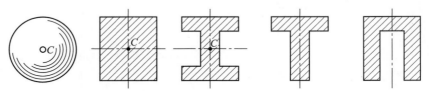

图 4-1　建筑构件常见截面形状

对于有两个或两个以上对称轴的平面图形,其形心位置就在对称轴的交点上。对截面只有一个对称轴或没有对称轴的组合图形,可先将其分割为若干个简单图形,然后按式(4-1)求得其形心的坐标。简单图形的形心如表 4-1 所示。

拓展:中心
与形心

表 4-1　简单图形的形心

图　形	形心坐标及面积(体积)	图　形	形心坐标及面积(体积)
三角形	$x_C = \frac{1}{3}(a+c)$　$y_C = \frac{b}{3}$　$A = \frac{1}{2}ab$	抛物线形	$x_C = \frac{3a}{8}$　$y_C = \frac{2b}{5}$　$A = \frac{2}{5}ab$
梯形	$y_C = \frac{h(2a+b)}{3(a+b)}$　$A = \frac{h}{2}(a+b)$	半球体	$z_C = \frac{3}{8}r$　$V = \frac{2}{3}\pi r^3$
扇形	$x_C = \frac{4r}{3\alpha}\sin\frac{\alpha}{2}$　$A = \frac{1}{2}\alpha r^2$　半圆:$x_C = \frac{4r}{3\alpha}$	半圆柱体	$z_C = -\frac{4r}{3\pi}$　$V = \frac{1}{2}\pi r^2 l$

续表

图　形	形心坐标及面积（体积）	图　形	形心坐标及面积（体积）
部分圆环 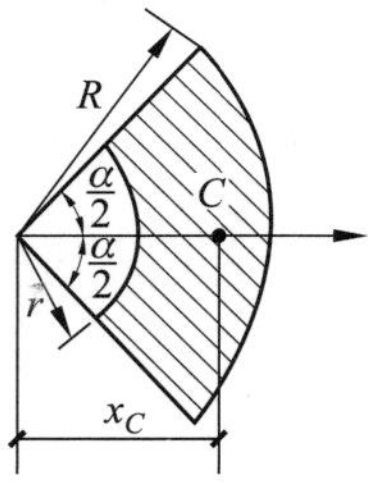	$x_C = \dfrac{2(R^3 - r^3)\sin\alpha}{3(R^2 - r^2)\alpha}$	锥体 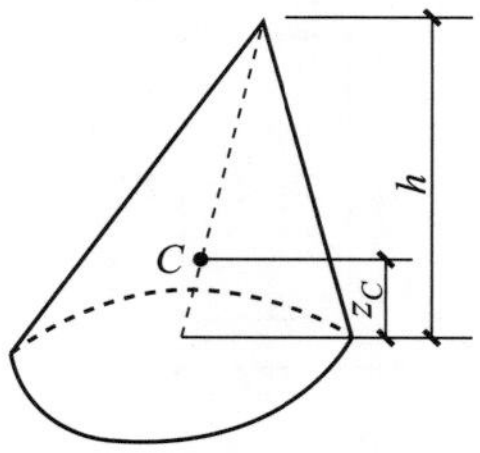	在锥顶与底面形心的连线上 $z_C = \dfrac{h}{4}$ $V = \dfrac{1}{3}Ah$ （A 为底面积）
圆弧 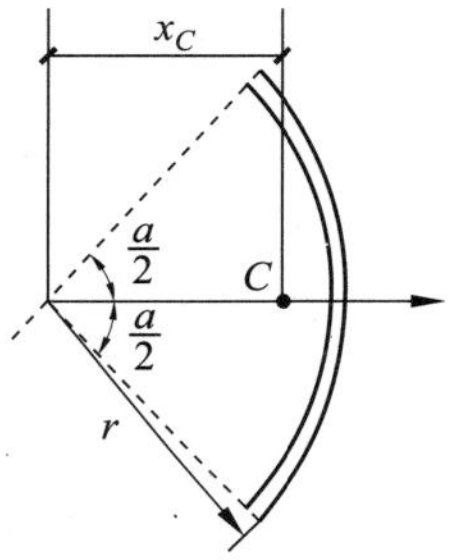	$x_C = \dfrac{2r}{\alpha}\sin\dfrac{\alpha}{2}$	三角棱柱体 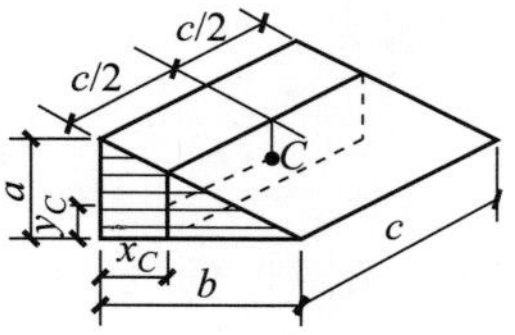	$x_C = \dfrac{b}{3}$ $y_C = \dfrac{a}{3}$　$A = \dfrac{1}{2}abc$
抛物线形 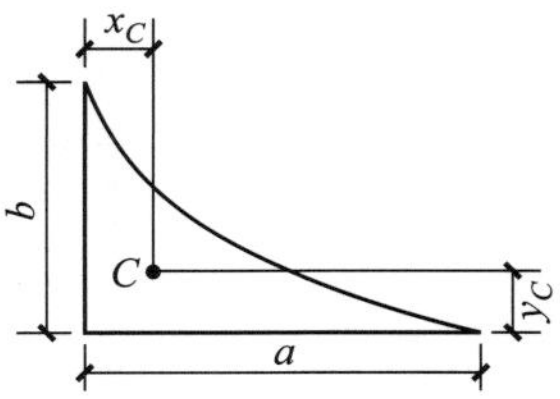	$x_C = \dfrac{a}{4}$ $y_C = \dfrac{3b}{10}$ $A = \dfrac{1}{3}ab$	正四面体 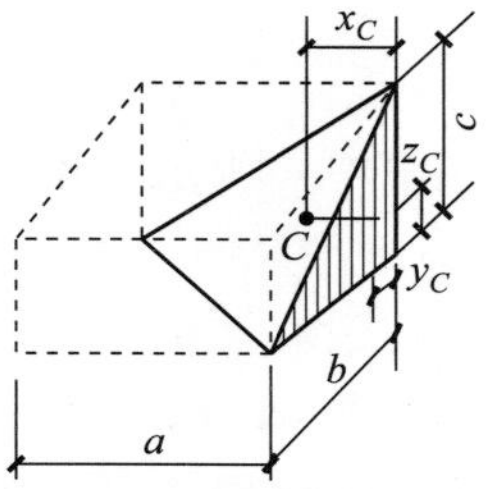	$x_C = \dfrac{a}{4}$ $y_C = \dfrac{b}{4}$ $z_C = \dfrac{c}{4}$ $V = \dfrac{1}{6}abc$

下面以例题说明形心的计算。

【应用案例 4-1】　试求图 4-2 所示"工"字形截面的形心坐标（单位：mm）。

【解】　组合截面有一条对称轴 y 轴，形心在该轴上。为确定形心在该轴的位置，将平面图形分割为 3 个矩形，求截面相对于截面底边的形心坐标。如图 4-2 所示，每个矩形的面积及形心坐标为

$$A_1 = 60 \times 20\text{mm}^2, \quad y_1 = 20 + 100 + 10 = 130(\text{mm})$$
$$A_2 = 100 \times 20\text{mm}^2, \quad y_2 = 20 + 50 = 70(\text{mm})$$
$$A_3 = 80 \times 20\text{mm}^2, \quad y_3 = 10\text{mm}$$

由式（4-1）可求得"工"字形截面的形心坐标为

$$y_C = \frac{60 \times 20 \times 130 + 100 \times 20 \times 70 + 80 \times 20 \times 10}{60 \times 20 + 100 \times 20 + 80 \times 20} = 65(\text{mm})$$

$$x_C = 0$$

【应用案例 4-2】　试求图 4-3 所示平面图形的形心坐标。

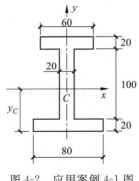

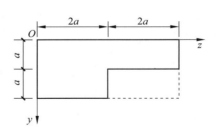

图 4-2　应用案例 4-1 图　　　　　图 4-3　应用案例 4-2 图

【解】　将平面图形分割为两个矩形，如图 4-3 所示，每个矩形的面积及形心坐标为

$$A_1 = 2a \times 4a = 8a^2, \quad z_1 = 2a, \quad y_1 = a$$

$$A_2 = -a \times 2a = -2a^2, \quad z_2 = 3a, \quad y_2 = 1.5a$$

由式(4-1)可求得平面图形的形心坐标为

$$y_C = \frac{\sum A_i y_i}{A} = \frac{8a^2 \times a - 2a^2 \times 1.5a}{8a^2 - 2a^2} = \frac{5}{6}a$$

$$z_C = \frac{\sum A_i z_i}{A} = \frac{8a^2 \times 2a - 2a^2 \times 3a}{8a^2 - 2a^2} = \frac{5}{3}a$$

【应用案例 4-3】　图 4-4 所示为振动器中的偏心块。已知 $R = 100\,\mathrm{mm}, r = 17\,\mathrm{mm}, b = 13\,\mathrm{mm}$。求偏心块形心。

【解】　将偏心块看成由 3 部分组成，即半径为 R 的半圆 A_1、半径为 $(r+b)$ 的半圆 A_2 及半径为 r 的圆 A_3，但 A_3 应取负值，因为该圆是被挖去的部分。取图 4-4 所示坐标轴，y 轴为对称轴，故 $x_C = 0$。各部分的面积及形心坐标为

图 4-4　应用案例 4-3 图

$$A_1 = \frac{1}{2}\pi R^2, \quad y_1 = \frac{4R}{3\pi}$$

$$A_2 = \frac{1}{2}\pi (r+b)^2, \quad y_2 = -\frac{4(r+b)}{3\pi}$$

$$A_3 = -\pi r^2, \quad y_3 = 0$$

$$y_C = \frac{A_1 y_1 + A_2 y_2 + A_3 y_3}{A_1 + A_2 + A_3} = \frac{\dfrac{\pi}{2} \times 100^2 \times \dfrac{4 \times 100}{3\pi} + \dfrac{\pi}{2}(17+13)^2 \times \left[-\dfrac{4(17+13)}{3\pi} \right] + 0}{\dfrac{\pi}{2} \times 100^2 + \dfrac{\pi}{2}(17+13)^2 - \pi \times 17^2}$$

$$= 40(\mathrm{mm})$$

本例图形中的孔、洞面积取负值进行计算，这种方法也称负面积法。

4.2　面　积　矩

微课:计算
面积矩

4.2.1　面积矩的定义

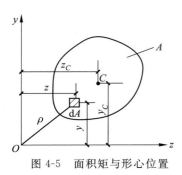

图 4-5　面积矩与形心位置

任意平面图形上所有微面积 dA 与其坐标 y（或 z）乘积的总和称为该平面图形对 z 轴（或 y 轴）的面积矩,如图 4-5 所示,用 S_z（或 S_y）表示,即

$$S_z = \int y \, dA, \quad S_y = \int z \, dA \tag{4-2}$$

4.2.2　面积矩与形心位置坐标的关系

在图 4-5 中,C 为图形的形心,y_C、z_C 是形心位置坐标。若将图形设想为均质薄板,则薄板重心在平面内的坐标即是图形的形心坐标。根据静力学中的力矩定理可知:

$$y_C = \frac{\sum A_i y_i}{A} = \frac{\int y \, dA}{A} = \frac{S_z}{A}$$

即

$$S_z = A y_C \tag{4-3}$$

$$z_C = \frac{\sum A_i z_i}{A} = \frac{\int z \, dA}{A} = \frac{S_y}{A}$$

即

$$S_y = A z_C \tag{4-4}$$

4.2.3　计算面积矩

对于简单图形,如方形、圆形,图形的面积和形心位置很容易确定,面积矩可直接采用式(4-2)计算。

对于组合图形,可以将其看作由若干简单图形(如矩形、圆形、三角形等)组合而成,各组成部分图形的面积为 A_i,形心坐标分别为 y_i 和 z_i,面积矩可采用下式计算:

$$S_z = \sum A_i y_i, \quad S_y = \sum A_i z_i \tag{4-5}$$

截面图形对通过截面形心的坐标轴的面积矩为零,面积矩是代数量,可正可负,常用单位为 m^3 或 mm^3。

【应用案例 4-4】　如图 4-6 所示,计算 T 形截面对坐标轴的面积矩,并确定 T 形截面的形心位置(单位:mm)。

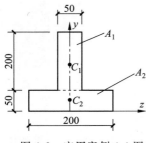

图 4-6　应用案例 4-4 图

【解】　（1）确定 T 形截面对 y、z 轴的面积矩。将 T 形截面分为两个矩形,其面积和形心坐标分别为

$$A_1=50\times200=10\ 000(\text{mm}^2)$$
$$z_{c_1}=0,\quad y_{c_1}=150\text{mm}$$
$$A_2=50\times200=10\ 000(\text{mm}^2)$$
$$z_{c_2}=0,\quad y_{c_2}=25\text{mm}$$

截面对 y、z 轴的面积矩分别为

$$S_z=\sum A_iy_{C_i}=10\ 000\times150+10\ 000\times25=1.75\times10^6(\text{mm}^3)$$
$$S_y=\sum A_iz_{C_i}=0$$

（2）确定 T 形截面的形心坐标位置为

$$y_C=\frac{S_z}{A}=\frac{1.75\times10^6}{2\times10\ 000}=87.5(\text{mm})$$
$$z_C=0$$

4.3　惯　性　矩

微课:计算
惯性矩

4.3.1　惯性矩的定义

如图 4-7 所示,任意平面图形上所有微面积 $\text{d}A$ 与其坐标 y（或 z）平方乘积的总和称为该平面图形对 z 轴（或 y 轴）的惯性矩,用 I_z（或 I_y）表示,即

$$I_z=\int y^2\text{d}A,\quad I_y=\int z^2\text{d}A \tag{4-6}$$

常用单位为 m⁴ 或 mm⁴。

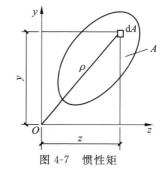

图 4-7　惯性矩

4.3.2　简单图形对形心轴的惯性矩

如图 4-8 所示,矩形、圆形、环形对形心轴的惯性矩的计算分别如下。

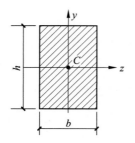
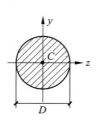

图 4-8　简单图形

矩形：

$$I_z = \frac{bh^3}{12}, \quad I_y = \frac{hb^3}{12}$$

圆形：

$$I_z = I_y = \frac{\pi D^4}{64}$$

环形：

$$I_z = I_y = \frac{\pi(D^4 - d^4)}{64}$$

表 4-2 给出了常见截面的面积、形心和惯性矩的计算公式，以便查用。工程中使用的型钢截面，如"工"字钢、槽钢、角钢等，其几何性质可从型钢表中查取。

表 4-2　常见截面的面积、形心和惯性矩计算公式

序号	图　　形	面积	形心	惯　性　矩
1		$A = bh$	$z_C = \dfrac{b}{2}$ $y_C = \dfrac{h}{2}$	$I_z = \dfrac{bh^3}{12}$ $I_y = \dfrac{hb^3}{12}$
2		$A = \dfrac{1}{2}bh$	$z_C = \dfrac{b}{3}$ $y_C = \dfrac{h}{3}$	$I_z = \dfrac{bh^3}{36}$ $I_{z1} = \dfrac{bh^3}{12}$
3		$A = \dfrac{\pi D^2}{4}$	$z_C = \dfrac{D}{2}$ $y_C = \dfrac{D}{2}$	$I_z = I_y = \dfrac{\pi D^4}{64}$

续表

序号	图　形	面积	形心	惯　性　矩
4	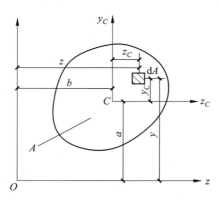	$A=\dfrac{\pi(D^2-d^2)}{4}$	$z_C=\dfrac{D}{2}$ $y_C=\dfrac{D}{2}$	$I_z=I_y=\dfrac{\pi(D^4-d^4)}{64}$
5		$A=\dfrac{\pi R^2}{2}$	$y_C=\dfrac{4R}{3\pi}$	$I_z=\left(\dfrac{1}{8}-\dfrac{8}{9\pi^2}\right)\pi R^4$ $I_y=\dfrac{\pi R^4}{8}$

4.4　平行移轴公式和组合截面的惯性矩

4.4.1　平行移轴公式

同一平面图形对不同坐标轴的惯性矩是不相同的,但它们之间存在着一定的关系,如图 4-9 所示。平面图形对平行于形心轴的坐标轴的惯性矩为

$$\left.\begin{array}{l} I_z=I_{z_C}+a^2A \\ I_y=I_{y_C}+b^2A \end{array}\right\} \tag{4-7}$$

式(4-7)称为惯性矩的平行移轴公式。它表明平面图形对任一轴的惯性矩,等于平面图形对与该轴平行的形心轴的惯性矩再加上其面积与两轴间距离平方的乘积。

图 4-9　惯性矩的平行移轴

微课:组合
截面惯性矩

4.4.2 组合截面的惯性矩

组合截面对某坐标轴的惯性矩应等于各组成部分图形对同一坐标轴的惯性矩之和,即

$$I_z = \sum I_{zi}, \quad I_y = \sum I_{yi} \tag{4-8}$$

工程中常用的组合截面图形如图 4-10 所示。如果组合图形的形心轴与各简单分图形的形心轴重合,则应用式(4-8)可简单地计算出组合截面图形对其形心轴的惯性矩[图 4-10(a)];如果组合图形的形心轴与各简单分图形的形心轴有时并不重合[图 4-10(b)],则为计算组合截面图形对形心轴的惯性矩,可以将组合图形划分为若干简单图形,使用平行移轴公式(4-7)和组合截面惯性矩的计算公式(4-8)联立求解。

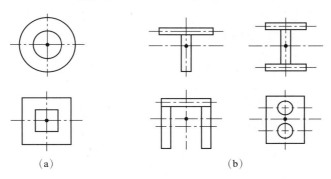

图 4-10 组合截面图形

组合截面图形对形心轴惯性矩的计算步骤如下。

(1)选取参考坐标系。

(2)根据各组成部分图形的面积和形心位置,确定组合图形的形心坐标。

(3)确定组合图形的形心轴 y_C 与 z_C。

(4)利用平行移轴公式(4-7)分别计算各部分图形对组合图形形心轴的惯性矩。

(5)根据式(4-8)计算组合截面图形对形心轴的惯性矩。

下面以例题说明组合截面惯性矩的计算。

【应用案例 4-5】 试计算图 4-11 所示图形对其形心轴 z_C 的惯性矩 Iz_C(单位:mm)。

【解】 把图形看作由两个矩形 A_1 和 A_2 组成,图形的形心必然在对称轴上。为了确定 z_C,取通过矩形 A_2 的形心且平行于底边的参考轴为 z 轴:

$$y_C = \frac{\sum A_i y_i}{A} = \frac{20 \times 140 \times 80 + 100 \times 20 \times 0}{140 \times 20 + 100 \times 20}$$

$$\approx 46.7 (\text{mm})$$

形心位置确定后,使用平行移轴公式,分别计算出矩形 A_1 和 A_2 对 z_C 轴的惯性矩:

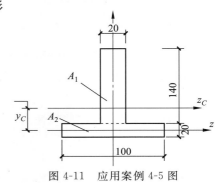

图 4-11 应用案例 4-5 图

$$I_{1z_C} = \frac{1}{12} \times 20 \times 140^3 + (80-46.7)^2 \times 20 \times 140$$

$$\approx 7.68 \times 10^6 (\text{mm}^4)$$

$$I_{2z_C} = \frac{1}{12} \times 100 \times 20^3 + 46.7^2 \times 20 \times 100 \approx 4.43 \times 10^6 (\text{mm}^4)$$

整个图形对 z_C 轴的惯性矩为

$$I_{z_C} = I_{1z_C} + I_{2z_C} = 7.68 \times 10^6 + 4.43 \times 10^6 = 12.11 \times 10^6 (\text{mm}^4)$$

【应用案例 4-6】 在图 4-12 所示的矩形中挖去两直径为 d 的圆形,求余下部分图形（阴影部分）对 z 轴的惯性矩。

【解】 此平面图形对称轴的惯性矩为

$$I_z = I_{z矩} - 2I_{z圆}$$

z 轴通过矩形的形心,故 $I_{z矩} = \dfrac{bh^3}{12}$;但 z 轴不通过圆形的形心,故求 $I_{z圆}$ 时,需要应用平行移轴公式。由式(4-7)得,一个圆形对 z 轴的惯性矩为

$$I_{z圆} = I_{z_C} + a^2 A = \frac{\pi d^4}{64} + \left(\frac{d}{2}\right)^2 \times \frac{\pi d^2}{4} = \frac{5\pi d^4}{64}$$

最后得到

$$I_z = \frac{bh^3}{12} - 2 \times \frac{5\pi d^4}{64} = \frac{bh^3}{12} - \frac{5\pi d^4}{32}$$

【应用案例 4-7】 试计算图 4-13 所示由两根 No20 槽钢组成的截面对形心轴 z、y 的惯性矩(单位:mm)。

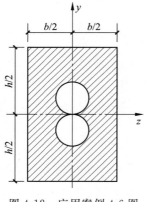

图 4-12 应用案例 4-6 图

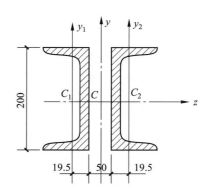

图 4-13 应用案例 4-7 图

【解】 由型钢表查得每根 No20 槽钢的形心 C_1 或 C_2 到腹板边缘的距离为 19.5mm,每根槽钢截面积为

$$A_1 = A_2 = 3.283 \times 10^3 \text{mm}^2$$

每根槽钢对本身形心轴的惯性矩为

$$I_{1z} = I_{2z} = 19.173 \times 10^6 \text{mm}^4$$

$$I_{1y1} = I_{2y2} = 1.436 \times 10^6 \text{mm}^4$$

整个截面对形心轴的惯性矩应等于两根槽钢对形心轴的惯性矩的代数和,故有

$$I_z = I_{1z} + I_{2z} = 19.137 \times 10^6 + 19.137 \times 10^6 = 38.3 \times 10^6 (\text{mm}^4)$$

$$I_y = I_{1y} + I_{2y} = 2I_{1y} = 2(I_{1y1} + a^2 A_1)$$

$$= 2 \times \left[1.436 \times 10^6 + \left(19.5 + \frac{50}{2}\right)^2 \times 3.283 \times 10^3 \right]$$

$$\approx 15.87 \times 10^6 (\text{mm}^4)$$

模 块 小 结

1. 知识体系

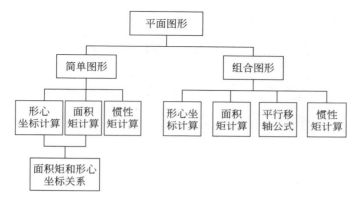

2. 能力培养

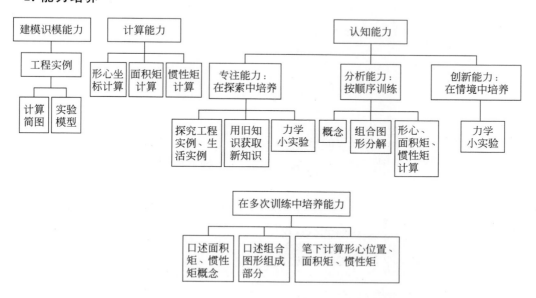

实验与讨论

1. 试凭直觉描出图 4-14 所列图形的形心,并标出字符 C。

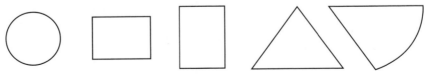

图 4-14　实验与讨论 1 图

2. 形心与面积矩之间的关系是什么?

3. 为什么截面图形对形心轴的 S_z 一定等于零,而 I_z 一定不等于零?

4. 如图 4-15 所示面积差不多大的截面,通过计算或者查表,将截面面积、对中性轴的惯性矩 I_z 标在图中。试比较标出的数据,口述其原因。

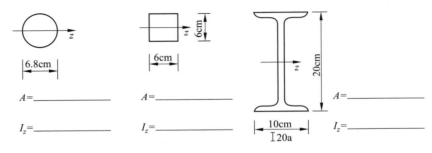

图 4-15　实验与讨论 4 图

习　　题

1. 试求图 4-16 所示平面图形的形心。

2. 确定图 4-17 所示图形的形心位置,并求对 y、z 轴的面积矩。

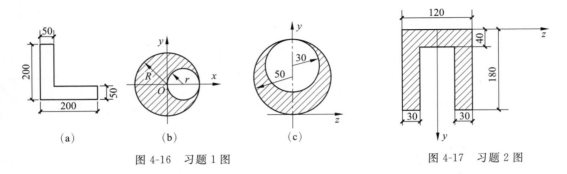

(a)　　　　(b)　　　　(c)

图 4-16　习题 1 图　　　　　　　　　　图 4-17　习题 2 图

3. 试计算图 4-18 所示组合截面对形心轴 y、z 的惯性矩。

4. 试求图 4-19 所示平面图形的形心坐标及对形心轴的惯性矩。

5. 试求图 4-20 所示平面组合图形对形心轴 x、y 的惯性矩。

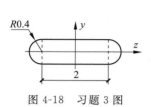

图 4-18 习题 3 图

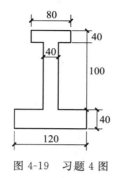

图 4-19 习题 4 图

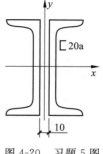

图 4-20 习题 5 图

习题参考答案

参考答案

模块 5 分析杆件的内力

微课:学习指导

课件:模块 5 PPT

学习目标

知识目标:

1. 了解杆件变形的基本形式和特点、内力的概念;
2. 掌握杆件在拉压、扭转及弯曲时的内力计算;
3. 掌握内力图(轴力图、扭矩图、剪力图和弯矩图)的绘制方法。

能力目标:

1. 能够计算杆件变形;
2. 能够计算杆件在拉压、扭转及弯曲时的内力;
3. 能够绘制杆件的轴力图、扭矩图、剪力图和弯矩图。

学习内容

本模块主要介绍杆件基本变形的内力计算和内力图的绘制方法,使学生具备对基本杆件求解内力的能力。本模块分为 5 个学习任务,学生应沿着如下流程学习:

杆件的基本变形及其特点→内力与截面法→轴向拉伸和压缩杆件的内力分析→扭转轴的内力分析→梁的内力分析。

教学方法建议

采用"教、看、学、做"一体化进行教学,教师利用相关多媒体进行理论讲解和图片动画展示,同时可结合本校的实训基地和周边施工现场进行参观学习,让学生对杆件的变形和内力有一个直观的感性认识,为以后的学习奠定理论和实践基础。在教师的指导下,能够进行杆件的内力分析与计算,从实做中提高学生学习的能力。

5.1 杆件的基本变形及其特点

进行结构的受力分析时,只考虑力的运动效应,可以将结构看作刚体;但进行结构的内力分析时,要考虑力的变形效应,必须把结构作为变形固体处理。所研究的杆件受到的其他构件的作用统称为杆件的外力,外力包括荷载(主动力)及荷载引起的约束反力(被动力)。广义地说,对构件产生作用的外界因素除荷载及荷载引起的约束反力之外,还有温度改变、支座移动、制造误差等。杆件在外力作用下的变形可分为 4 种基本变形及其组变形。

5.1.1　轴向拉伸与压缩

1. 受力特点

杆件受到与杆轴线重合的外力作用。

2. 变形特点

杆轴沿外力方向伸长或缩短。产生轴向拉伸与压缩变形的杆件称为拉压杆。图 5-1 所示屋架中的弦杆、斜拉桥的拉索和桥塔、闸门启闭机的螺杆等均为拉压杆。

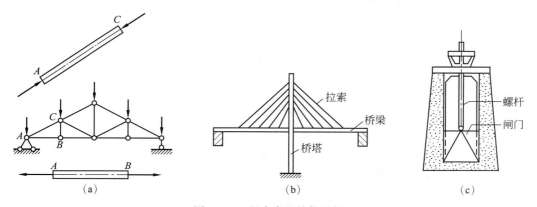

图 5-1　工程中常见的拉压杆

5.1.2　剪切

1. 受力特点

杆件受到垂直杆轴方向的一组等值、反向、作用线相距极近的平行力作用。

2. 变形特点

二力之间的横截面产生相对错动变形。

产生剪切变形的杆件通常为拉压杆的联结件。如图 5-2 所示，螺栓联结、销轴联结中的螺栓和销钉均产生剪切变形。

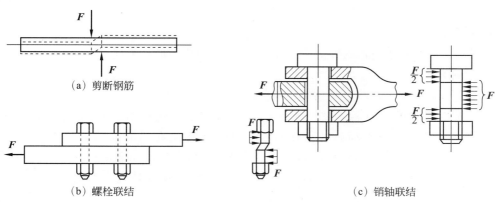

图 5-2　剪切变形

5.1.3　扭转

1. 受力特点

杆件受到垂直杆轴平面内的力偶作用。

2. 变形特点

相邻横截面绕杆轴产生相对扭转变形。产生扭转变形的杆件多为传动轴,房屋的雨篷梁等也有扭转变形,如图 5-3 所示。

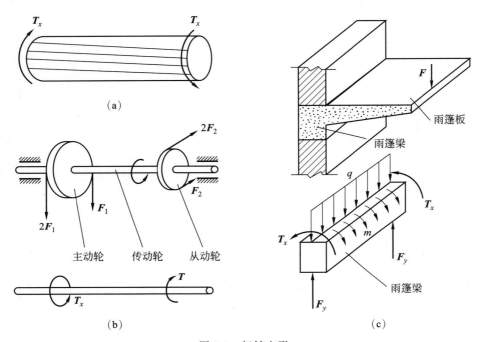

图 5-3　扭转变形

5.1.4　平面弯曲

1. 受力特点

杆件受到垂直杆轴方向的外力,或杆轴所在平面内作用的外力偶。

2. 变形特点

弯曲变形的典型变形特点就是构件的杆轴由直变弯。

产生弯曲变形的杆件称为梁。工程中常见梁的横截面都有一根对称轴,各截面对称轴形成一个纵向对称平面。若荷载与约束反力均作用在梁的纵向对称平面内,梁的轴线也在该平面内弯成一条曲线,这样的弯曲称为平面弯曲,如图 5-4 所示。平面弯曲是最简单的弯曲变形,是一种基本变形。单跨静定梁的基本形式主要有 3 种,如图 5-5 所示。

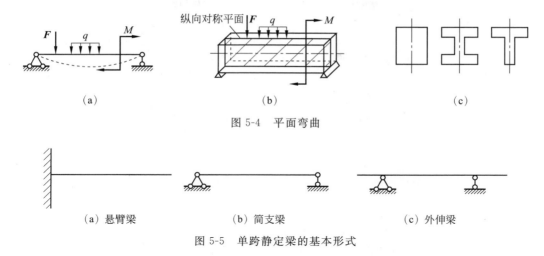

图 5-4　平面弯曲

（a）悬臂梁　　　　　　　（b）简支梁　　　　　　（c）外伸梁

图 5-5　单跨静定梁的基本形式

5.2　内力与截面法

微课:内力
与截面法

5.2.1　内力的概念

构件的材料是由许多质点组成的。构件不受外力作用时,材料内部质点之间保持一定的相互作用力,使构件具有固定形状。当构件受到外力作用产生变形时,其内部质点之间相互位置改变,原有内力也发生变化。这种由于外力作用而引起的受力构件内部质点之间相互作用力的改变量称为附加内力,简称内力。工程力学所研究的内力是由外力引起的,内力随外力的变化而变化,外力增大,内力也增大;外力撤销后,内力也随之消失。

构件中的内力是与构件的变形相联系的,内力总是与变形同时产生。构件的内力随着变形的增加而增加,但对于确定的材料,内力的增加则有一定的限度,超过这一限度,构件将发生破坏。因此,内力与构件的强度和刚度都有密切的联系。在研究构件的强度、刚度等问题时,必须知道构件在外力作用下某截面上的内力值。

5.2.2　截面法

确定构件任一截面上内力值的基本方法是截面法。图 5-6(a)所示为一受平衡力系作用的构件。为了显示并计算某一截面上的内力,可在该截面处用一假想的截面将构件一分为二并弃去其中一部分。将弃去部分对保留部分的作用以力的形式表示,此即为该截面上的内力。

根据变形固体均匀、连续的基本假设,截面上的内力是连续分布的。通常将截面上的分布内力用位于该截面形心处的合力(简化为主矢和主矩)来代替。尽管内力的合力是未知的,但总可以用其 6 个内力分量(空间任意力系)F_{Nx}、F_{Qy}、F_{Qz} 和 M_x、M_y、M_z 来表示,如图 5-6(b)所示。因为构件在外力作用下处于平衡状态,所以截开后的保留部分也应保持平

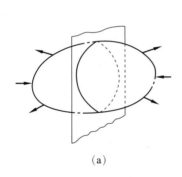

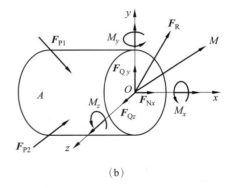

| (a) | (b) |

图 5-6 截面上内力

衡。由此根据空间任意力系所列的 6 个平衡方程为

$$
\begin{cases}
\sum F_x = 0, & \sum F_y = 0, & \sum F_z = 0 \\
\sum M_x(F) = 0, & \sum M_y(F) = 0, & \sum M_z(F) = 0
\end{cases}
$$

即可求出 F_{Nx}、F_{Qy}、F_{Qz} 和 M_x、M_y、M_z 等各内力分量。

用截面法研究保留部分的平衡时,各内力分量均相当于平衡体上的外力。截面上的内力并不一定都同时存在上述 6 个内力分量,一般可能仅存在其中的一个或几个。

随着外力与变形形式的不同,截面上存在的内力分量也不同,如拉压杆横截面上的内力只有与外力平衡的轴向内力 F_{Nx}。

截面法求内力的步骤可归纳为以下 3 步。

(1) 截开。在欲求内力截面处,用一假想截面将构件一分为二。

(2) 代替。弃去任一部分,并将弃去部分对保留部分的作用以相应内力代替(显示内力)。

(3) 平衡。根据保留部分的平衡条件,确定截面内力值。

根据截面法求内力与取分离体由平衡条件求约束反力的方法实质是完全相同的。求约束反力时,去掉约束,代之以约束反力;求内力时,去掉一部分杆件,代之以该截面的内力。

 注意

在研究变形体的内力和变形时,对"等效力系"的应用应该慎重。例如,在求内力时,截开截面之前,力的合成、分解及平移,力和力偶沿其作用线和作用面的移动等定理均不可使用,否则将改变构件的变形效应;但在考虑研究对象的平衡问题时,仍可应用等效力系简化计算。

5.3 分析轴向拉伸和压缩杆件内力

轴向拉伸或压缩变形是杆件的基本变形之一。当杆件两端受到背离杆件的轴向外力作用时,产生沿轴线方向的伸长变形。这种变形称为轴向拉

微课:分析
轴向拉伸和
压缩杆件内力

伸,杆件称为拉杆,所受外力为拉力。反之,当杆件两端受到指向杆件的轴向外力作用时,产生沿轴线方向的缩短变形。这种变形称为轴向压缩,杆件称为压杆,所受外力为压力,如图 5-7 所示。

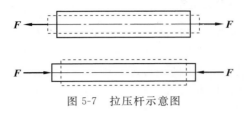

图 5-7　拉压杆示意图

5.3.1　计算轴力

用截面法求图 5-8(a)所示中拉杆 m—m 截面上的内力的步骤如下。

(1) 截开。假想用 m—m 截面将杆件分为Ⅰ、Ⅱ两部分,并取Ⅰ为研究对象。

(2) 代替。将Ⅱ部分对Ⅰ部分的作用以截面上的分布内力代替。由于杆件平衡,所取Ⅰ部分也应保持平衡,因此 m—m 截面上与轴向外力 F_P 平衡的内力的合力也是轴向力,这种内力称为轴力,记为 F_N,如图 5-8(b)所示。

(3) 平衡。根据共线力系的平衡条件

$$\sum F_x = 0, \quad F_N - F_P = 0$$

求得

$$F_N = F_P$$

所得结果为正值,说明轴力 F_N 与假设方向一致,为拉力。

若取Ⅱ部分为研究对象,如图 5-8(c)所示,用同样方法可得 $F'_N = F_P$。显然,F_N 与 F'_N 是一对作用力与反作用力,其大小相等,方向相反,也为拉力。

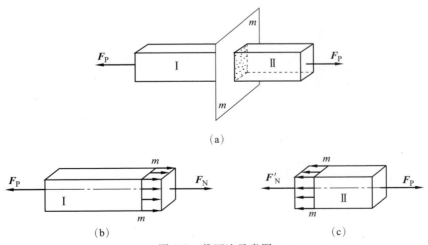

(a)

(b)　　　　　　　(c)

图 5-8　截面法示意图

为了截取不同研究对象计算同一截面内力时所得结果一致,规定:当轴力为拉力时,F_N 取正值;反之,当轴力为压力时,F_N 取负值,即轴力"拉为正,压为负"。

5.3.2 轴力图

工程上杆件有时会受到多个沿轴线作用的外力,这时,杆在不同杆段的横截面上将产生不同的轴力。为了直观地反映出杆的各横截面上轴力沿杆长的变化规律,并找出最大轴力及其所在横截面的位置,取与杆轴平行的横坐标 x 表示各截面位置,取与杆轴垂直的纵坐标 F_N 表示各截面轴力的大小,画出的图形即为轴力图。画轴力图时,规定正的轴力画在横坐标轴的上方,负的轴力画在横坐标轴的下方,并标明正负符号。

【应用案例 5-1】 求图 5-9(a)所示杆的轴力并画轴力图。

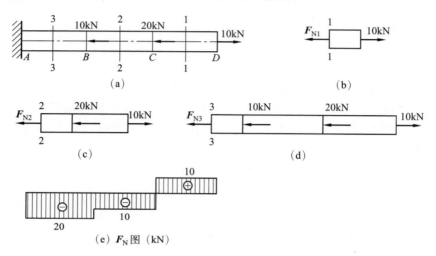

图 5-9 应用案例 5-1 图

【解】 (1)求轴力。

CD 段:沿任意横截面 1—1 处假想将杆截开,为计算方便,取右段杆为研究对象,如图 5-9(b)所示。假定 F_{N1} 为拉力,由平衡方程 $\sum F_x = 0$ 求得

$$F_{N1} = 10 \text{kN}$$

结果为正,说明原先假定 F_{N1} 为拉力是正确的。

BC 段:假想沿横截面 2—2 处将杆截开,取右段为研究对象,如图 5-9(c)所示。由平衡方程求得

$$F_{N2} = 10 - 20 = -10 (\text{kN})$$

结果为负,说明 F_{N2} 为压力。

AB 段:假想沿横截面 3—3 处将杆截开,取右段为研究对象,如图 5-9(d)所示。由平衡方程求得

$$F_{N3} = 10 - 20 - 10 = -20 (\text{kN})$$

结果为负,说明 F_{N3} 也是压力。

在求上述各截面的轴力时,也可取左段杆为研究对象,这时需首先由全杆的平衡方程求出左端的约束反力 F_A,再计算轴力。

(2)画轴力图。杆的轴力图如图 5-9(e)所示。由该图可知,最大轴力为

$$|F_N|_{max} = 20kN$$

是产生在 AB 段内的各横截面上的。由轴力图还可以看出，在杆中两个作用力(10kN 和 20kN)作用处的左右两侧的横截面上轴力有突变，这是因为假设外力是作用在一点的集中力。

【应用案例 5-2】 如图 5-10(a)所示的杆，除 A 端和 D 端各有一集中力作用外，在 BC 段作用有沿杆长均匀分布的轴向外力，集度为 2kN/m。作杆的轴力图。

【解】 用截面法不难求出 AB 段和 CD 段杆的轴力分别为 3kN(拉力)和 1kN(压力)。

为了求 BC 段杆的轴力，假想在距 B 点为 x 处将杆截开，取左段杆为研究对象，如图 5-10(b)所示。由平衡方程，可求得 x 截面的轴力为

$$F_N(x) = 3 - 2x$$

由此可见，在 BC 段内，$F_N(x)$ 沿杆长线性变化。当 $x=0$ 时，$F_N=3kN$；当 $x=2m$ 时，$F_N=-1kN$。全杆的轴力图如图 5-10(c)所示。

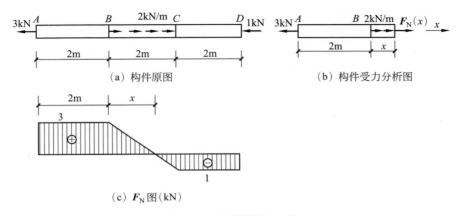

(a) 构件原图

(b) 构件受力分析图

(c) F_N 图(kN)

图 5-10 应用案例 5-2 图

总结截面法求指定截面轴力的计算结果可知，由外力可直接计算截面上的内力，而不必取研究对象画受力图。根据轴力与外力的平衡关系，以及杆段受力图上轴力与外力的方向，由外力直接计算截面轴力时，某一横截面上的轴力在数值上等于该截面一侧杆上所有轴向外力的代数和，即由外力直接判断为离开截面的外力(拉力)产生正轴力，指向截面的外力(压力)产生负轴力，仍可记为轴力"拉为正，压为负"。这种计算指定截面轴力的方法称为直接法。

轴力的物理意义：轴力是杆受轴向拉伸和压缩时横截面上的内力，是抵抗轴向拉伸和压缩变形的一种抗力。

【应用案例 5-3】 试作图 5-11(a)所示等截面直杆的轴力图。

【解】 悬臂杆件可不求支座反力，直接从自由端依次取研究对象求各杆段截面轴力。

(1) 求各杆段轴力，如图 5-11(b)所示。

AB 段：

$$F_{N1} = 10kN$$

BC 段：

$$F_{N2} = 50kN$$

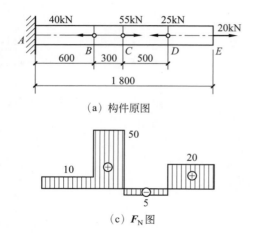

（a）构件原图　　　　　　　　（b）构件受力分析图

（c）F_N图

图 5-11　应用案例 5-3 图

CD 段：

$$F_{N3} = -5\text{kN}$$

DE 段：

$$F_{N4} = 20\text{kN}$$

（2）作轴力图，如图 5-11（c）所示，由图可见：

$$|F_N|_{\max} = 50\text{kN}$$

5.4　分析扭转轴的内力

微课：分析扭
转轴的内力

5.4.1　功率、转速与外力偶矩之间的关系

　　研究扭转轴的内力，首先必须确定作用在轴上的外力偶矩。工程中传递转矩的动力机械往往仅标明轴的转速和传递的功率。根据轴每分钟传递的功与外力偶矩所做的功相等，可换算出功率、转速与外力偶矩之间的关系为

$$T = 9550\frac{P}{n} \tag{5-1}$$

式中：P 为轴传递的功率，kW；n 为轴的转速，r/min；T 为外力偶矩，N•m。

5.4.2　扭矩和扭矩图

　　扭转轴横截面的内力计算仍采用截面法。设圆轴在外力偶矩 T_1、T_2、T_3 的作用下产生扭转变形，如图 5-12（a）所示，求其横截面Ⅰ—Ⅰ的内力。

　　（1）将圆轴用假想的截面Ⅰ—Ⅰ截开，一分为二。

　　（2）取左段为研究对象，画其受力图，如图 5-12（b）所示，去掉的右段对保留部分的作用以截面上的内力 M_x 代替。

　　（3）由保留部分的平衡条件确定截面上的内力。

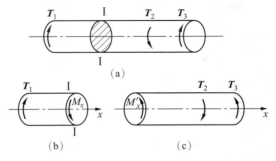

图 5-12　扭转变形

由圆轴的平衡条件可知,横截面上与外力偶平衡的内力必为一力偶,该内力偶矩称为扭矩,用 M_x 表示。由平衡条件

$$\sum M_x = 0, \quad T_1 - M_x = 0$$

得

$$M_x = T_1$$

若取右段轴为研究对象,如图 5-12(c)所示,由平衡条件

$$\sum M_x = 0, \quad T_2 - T_3 - M'_x = 0$$

得

$$M'_x = T_2 - T_3 = M_x$$

为了取不同的研究对象计算同一截面的扭矩时结果相同,扭矩的符号规定为:按右手螺旋法则,以右手四指顺着扭矩的转向,若拇指指向与截面外法线方向一致,扭矩为正,如图 5-13(a)所示;反之为负,如图 5-13(b)所示。

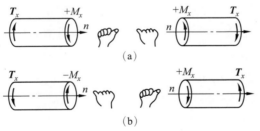

图 5-13　右手螺旋法则

对于多个外力偶作用的扭转轴,计算横截面上的扭矩仍采用截面法。任一截面上的扭矩等于该截面一侧轴上的所有外力偶矩的代数和: $M_x = \sum T$。扭矩的符号仍用右手螺旋法则判断:凡拇指离开截面的外力偶矩在截面上产生正扭矩,反之产生负扭矩。

显然,不同轴段的扭矩不相同。为了直观地反映扭矩随截面位置变化的规律,以便确定危险截面,与轴力图相仿,可绘出扭矩图。绘制扭矩图的要求是:选择合适比例,将正值的扭矩纵坐标画在横坐标轴的上方,负值的扭矩纵坐标画在横坐标轴下方,图中标明截面位置、截面的扭矩值、单位和正负号。

【应用案例 5-4】　如图 5-14(a)所示,圆轴受有 4 个绕轴线转动的外加力偶,各力偶的力偶矩的大小和方向均示于图中,其中力偶矩的单位为 N·m,轴尺寸单位为 mm。试画出圆轴的扭矩图。

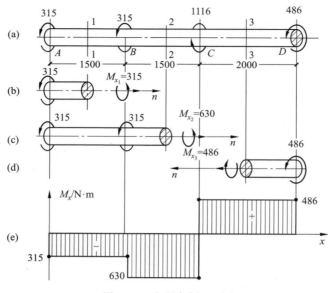

图 5-14　应用案例 5-4 图

【解】（1）确定控制面。从圆轴所受的外加力偶分布可以看出，外加力偶处截面 A、B、C、D 均为控制面。这表明 AB 段、BC 段、CD 段圆轴各分段横截面上的扭矩互不相同，但每一段内的扭矩却是相同的。为了计算简便，可以在 AB 段、BC 段、CD 段圆轴内任意选取一横截面，如 1—1、2—2、3—3 截面，这 3 个横截面上的扭矩即为对应 3 段圆轴上所有横截面上的扭矩。

（2）应用截面法确定各段圆轴内的扭矩。用 1—1、2—2、3—3 截面将圆轴截开，所截开的横截面上假设扭矩为正方向，分别如图 5-14(b)～(d)所示。考察这些截面左侧或右侧部分圆轴的平衡，由平衡方程 $\sum M_x = 0$ 求得 3 段圆轴内的扭矩分别为

$$M_{x1} + 315 = 0，\quad M_{x1} = -315\text{N} \cdot \text{m}$$

$$M_{x2} + 315 + 315 = 0，\quad M_{x2} = -630\text{N} \cdot \text{m}$$

$$M_{x3} - 486 = 0，\cdot\quad M_{x3} = 486\text{N} \cdot \text{m}$$

在上述计算过程中，由于假定横截面上的扭矩为正方向，因此结果为正者表示假设的扭矩正方向是正确的；若结果为负，说明截面上的扭矩与假定方向相反，即扭矩为负。

（3）建立 M_x-x 坐标系，画出扭矩图。建立坐标系，其中 x 轴平行于圆轴的轴线，M_x 轴垂直于圆轴的轴线。将所求得的各段的扭矩值标在 M_x-x 坐标系中，得到相应的点，过这些点作 x 轴的平行线，即得到所需要的扭矩图，如图 5-14(e)所示。

5.5　分析梁的内力

5.5.1　梁的内力

以图 5-15(a)所示的简支梁为例，梁上作用有荷载 F_1 和 F_2 后，根据平

微课：梁的
内力

衡方程,可求得支座反力 F_A 和 F_B,然后用截面法分析和计算任一横截面上的内力。

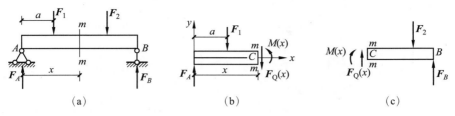

图 5-15 简支梁内力图

(1) 取 xOy 直角坐标系,假想用距 O 点为 x 的 m—m 截面将梁分为两段。

(2) 取左段为研究对象,如图 5-15(b)所示。在该段梁上作用有支座反力 F_A 和荷载 F_1。由梁段的平衡可知,横截面 m—m 上必有与该截面平行的内力,通常用 F_Q 表示,称为剪力。因外力对横截面 m—m 的形心 C 有一合力矩,故该截面上必有一内力偶,其矩常用 M 表示,称为弯矩。

F_Q(剪力):限制梁段沿截面方向移动的内力,单位为 N 或 kN。

M(弯矩):限制梁段绕截面形心 O 转动的内力矩,单位为 N·m 或 kN·m。

由梁段的平衡方程求得横截面 m—m 上的剪力和弯矩。

由

$$\sum F_y = 0, \quad F_A - F_1 - F_Q(x) = 0 \tag{5-2}$$

得

$$F_Q(x) = F_A - F_1$$

由

$$\sum M_C = 0, \quad F_A x - F_1(x-a) - M(x) = 0 \tag{5-3}$$

得

$$M(x) = F_A x - F_1(x-a)$$

横截面 m—m 上的剪力和弯矩也可由右段梁的平衡方程求出,其大小与由左段梁求得的相同,但转向相反,如图 5-15(c)所示。

为了由左、右梁段求得的同一横截面上的内力有相同的正负号,现对剪力和弯矩的正负号作如下规定。

F_Q:使截面邻近的微量段有顺时针转动趋势的剪力为正值,反之为负值,如图 5-16(a)所示。

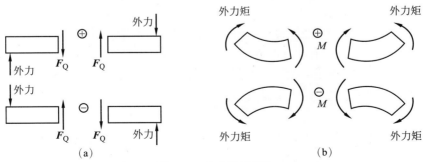

图 5-16 内力符号规定

M：使截面邻近的微量段产生下边凸出，上边凹进变形的弯矩为正值，反之为负值，如图 5-16(b)所示。

按照上述正负号的规定，由式(5-2)和式(5-3)计算得到的横截面 m—m 上的剪力与弯矩为正。

因为剪力和弯矩是由横截面一侧的外力计算得到的，所以在实际计算时，也可直接根据外力的方向规定剪力和弯矩的正负号：当横截面左侧的外力向上或右侧的外力向下时，该横截面的剪力为正，反之为负；当横截面左侧的外力向上或右侧的外力向上时（无论在横截面的左侧还是右侧），截面上的弯矩为正，反之为负。当梁上作用外力偶时，由它引起的横截面上的弯矩正负号仍需由梁的凸起方向决定。

由式(5-2)或式(5-3)可知：任一横截面上的剪力在数值上等于该截面一侧（左侧或右侧）所有外力的代数和，任一横截面上的弯矩在数值上等于该截面一侧（左侧或右侧）所有外力对该截面形心力矩的代数和。此外，剪力和弯矩的正负号只需由每个外力的方向决定。

要求熟练掌握剪力和弯矩的计算方法和正负号规定计算任一横截面剪力和弯矩的方法。

【应用案例 5-5】 求图 5-17(a)所示简支梁截面 Ⅰ 及 Ⅱ 的剪力和弯矩。

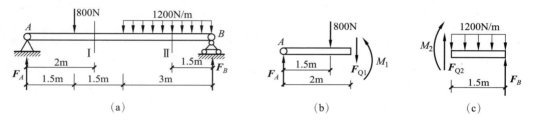

图 5-17 应用案例 5-5 图

【解】 （1）计算支座反力。由

$$\sum M_A = 0, \quad \sum M_B = 0$$

得

$$F_A = 1\,500\text{N}, \quad F_B = 2\,900\text{N}$$

校核 $\sum F_y = 0$，故计算正确。

（2）计算 Ⅰ 截面的内力，取左段梁分析，如图 5-17(b)所示。

$$F_{Q1} = F_A - 800 = 1\,500 - 800 = 700(\text{N})$$
$$M_1 = F_A \times 2 - 800 \times 0.5 = 2\,600(\text{N} \cdot \text{m})$$

（3）计算 Ⅱ 截面的内力，取右段梁分析，如图 5-17(c)所示。

$$F_{Q2} = -F_B + 1\,200 \times 1.5 = 1\,100(\text{N})$$
$$M_2 = -1\,200 \times 1.5 \times 0.75 + F_B \times 1.5 = 3\,000(\text{N} \cdot \text{m})$$

【应用案例 5-6】 如图 5-18 所示梁，已知 $F = 7\text{kN}$，$q = 2\text{kN/m}$，$M = 5\text{kN} \cdot \text{m}$。试求 C、E 两截面的内力。

【解】 （1）计算 A、B 反力。由

$$\sum M_A = 0, \quad \sum M_B = 0$$

得

$$F_A = 7\text{kN}, \quad F_B = 4\text{kN}$$

校核 $\sum F_y = 0$，故计算正确。

（2）计算截面 C 的内力。由于截面 C 作用集中力 $\boldsymbol{F}$，因此计算横截面 C 的剪力时必须区分截面 $C_{左}$ 和截面 $C_{右}$。

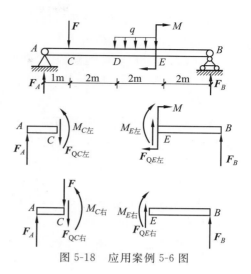

截面 $C_{左}$：

$$F_{QC左} = F_A = 7\text{kN}$$

$$M_{C左} = F_A \times 1 = 7 \times 1 = 7(\text{kN} \cdot \text{m})$$

截面 $C_{右}$：

$$F_{QC右} = F_A - F = 7 - 7 = 0$$

$$M_{C右} = F_A \times 1 - F \times 0 = 7 \times 1 = 7(\text{kN} \cdot \text{m})$$

（3）计算截面 E 的内力。同理，截面 E 作用集

图 5-18　应用案例 5-6 图

中力偶矩，计算截面 E 的弯矩时也必须区分截面 $E_{左}$ 和截面 $E_{右}$。

截面 $E_{左}$：

$$F_{QE左} = -F_B = -4\text{kN}$$

$$M_{E左} = -M + F_B \times 2 = -5 + 4 \times 2 = 3(\text{kN} \cdot \text{m})$$

截面 $E_{右}$：

$$F_{QE右} = -F_B = -4\text{kN}$$

$$M_{E右} = F_B \times 2 = 4 \times 2 = 8(\text{kN} \cdot \text{m})$$

计算表明：

（1）集中力作用处，左右两侧无限接近的截面上，弯矩相同（$M_{C左} = M_{C右}$），剪力值有突变，且突变值等于集中力的大小。

（2）集中力偶作用处，左右两侧无限接近的截面上，剪力相同（$F_{QE左} = F_{QE右}$），弯矩值有突变，且突变值等于集中力偶矩的大小。

5.5.2　剪力图和弯矩图

一般梁的不同截面上的剪力 $\boldsymbol{F}_Q$ 和弯矩 $\boldsymbol{M}$ 随截面位置的不同而变化，横截面位置用沿梁轴线的坐标 x 表示（一般取梁的左端为坐标原点），则有

微课：剪力图
与弯矩图

剪力方程：

$$F_Q = F_Q(x)$$

弯矩方程：

$$M = M(x)$$

把剪力方程、弯矩方程分别用图形表示出来，这种图形称为梁的剪力图或弯矩图。

为一目了然地表示剪力和弯矩沿梁长度方向的变化规律，以便确定危险截面位置和相应的最大剪力和最大弯矩（绝对值）的数值，可仿照轴力图和扭矩图的做法，根据剪力方程和弯矩方程画出梁的剪力图和弯矩图。也就是说，以平行于梁轴线的坐标轴为横坐标轴，其上

各点表示横截面的位置,以垂直于杆轴线的纵坐标表示横截面上的剪力或弯矩,按选定的比例尺,在坐标系上画出的表示 $F_Q(x)$、$M(x)$ 的图形即为剪力图和弯矩图。

梁的 F_Q 图和 M 图是梁强度、刚度计算的重要依据,应熟练掌握其作法。

【应用案例 5-7】 图 5-19(a)所示为悬臂梁在集中力作用下的剪力图和弯矩图。已知 F、l,求作 F_Q 图、M 图。

【解】 (1)列剪力、弯矩方程。以梁左端为坐标原点,x 为任一截面,如图 5-19(a)所示,则有

$$F_Q(x) = -F \quad (0 \leqslant x \leqslant l)$$
$$M(x) = -Fx \quad (0 \leqslant x \leqslant l)$$

(2)作剪力图,如图 5-19(b)所示。

$$|F_Q|_{max} = F$$

(3)作弯矩图,如图 5-19(c)所示。

$$|M|_{max} = Fl(在固定端处)$$

【应用案例 5-8】 图 5-20(a)所示为简支梁在均布荷载作用下的剪力图和弯矩图。已知 q、l,求作 F_Q 图、M 图。

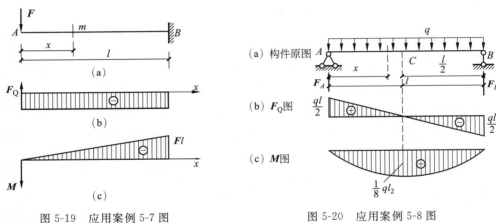

图 5-19 应用案例 5-7 图   图 5-20 应用案例 5-8 图

【解】 (1)计算 A、B 支座反力:

$$F_A = F_B = \frac{ql}{2}$$

(2)列剪力方程和弯矩方程:

$$F_Q(x) = F_A - qx = \frac{ql}{2} - qx \quad (0 \leqslant x \leqslant l)$$

$$M(x) = F_A x - \frac{qx^2}{2} = \frac{ql}{2}x - \frac{qx^2}{2} \quad (0 \leqslant x \leqslant l)$$

(3)作剪力图,如图 5-20(b)所示。

$$|F_Q|_{max} = \frac{ql}{2}$$

(4) 作弯矩图,如图 5-20(c)所示。

$$|M|_{\max}=\frac{ql^2}{8}(在中截面处)$$

【应用案例 5-9】　图 5-21(a)所示为简支梁在集中力作用下的剪力图和弯矩图。已知 $\boldsymbol{F}$、a、b、l,求作 $\boldsymbol{F}_{Q}$ 图、M 图。

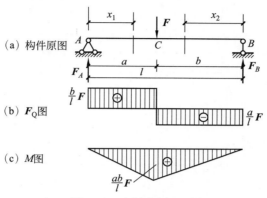

图 5-21　应用案例 5-9 图

【解】　(1) 计算 A、B 支座反力:

$$F_A=\frac{Fb}{l},\quad F_B=\frac{Fa}{l}$$

(2) 分段列剪力方程和弯矩方程。

AC 段($0\leqslant x\leqslant a$):

$$F_Q(x)=F_A=\frac{Fb}{l}$$

$$M(x)=F_A x=\frac{Fb}{l}x$$

CB 段($a\leqslant x\leqslant l$):

$$F_Q(x)=-F_B=-\frac{Fa}{l}$$

$$M(x)=F_B(l-x)=\frac{Fa}{l}(l-x)$$

(3) 作剪力图,如图 5-21(b)所示。

$$|F_Q|_{\max}=\frac{Fb}{l}$$

(4) 作弯矩图,如图 5-21(c)所示。

$$|M|_{\max}=\frac{Fab}{4}(在 \boldsymbol{F} 作用截面处)$$

若 $a=b=\dfrac{l}{2}$,则 $|M|_{\max}=\dfrac{Fl}{4}$。

由剪力图和弯矩图可以看出:在集中力作用处,剪力图有突变,突变值等于集中力 F 值;而弯矩图在 $\boldsymbol{F}$ 处有尖角。

【**应用案例 5-10**】 图 5-22(a)所示为简支梁在集中力偶作用下的剪力图和弯矩图。已知 M、a、b、l，求作 $\boldsymbol{F}_Q$ 图、M 图。设 $b>a$。

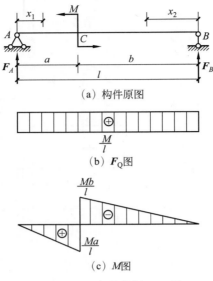

图 5-22 应用案例 5-10 图

【**解**】 （1）计算 A、B 支座反力：

$$F_A = -F_B = \frac{M}{l}$$

（2）分段列剪力方程和弯矩方程。

AC 段$(0 \leqslant x \leqslant a)$：

$$F_Q(x) = F_A = \frac{M}{l}$$

$$M(x) = F_A x = \frac{M}{l}x$$

CB 段$(a \leqslant x \leqslant l)$：

$$F_A = F_B = \frac{M}{l}$$

$$M(x) = -F_B(l-x) = -\frac{M}{l}(l-x)$$

（3）作剪力图，如图 5-22(b)所示。

（4）作弯矩图，如图 5-22(c)所示。

由剪力图和弯矩图可以看出：在集中力偶作用处，剪力图无变化；弯矩图有突变，突变值等于集中力偶矩 M 值。

【**应用案例 5-11**】 作图 5-23(a)所示外伸梁的剪力图和弯矩图。

【**解**】 （1）计算 A、B 支座反力。

由

$$\sum M_A = 0$$

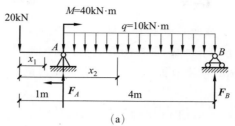

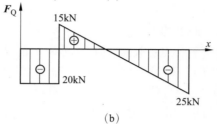

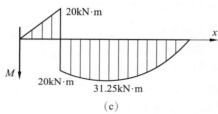

图 5-23 应用案例 5-11 图

得

$$F_A = 35\text{kN}$$

由

$$\sum M_B = 0$$

得

$$F_B = 25\text{kN}$$

校核 $\sum F_y = 0$，故计算正确。

（2）分段列剪力方程和弯矩方程。

CA 段（$0 \leqslant x \leqslant 1\text{m}$）：

$$F_Q(x) = -20\text{kN}$$
$$M(x) = -20x$$

AB 段（$0 \leqslant x \leqslant 4\text{m}$）：

$$F_Q(x) = -F_B + q(4-x) = -25 + 10(4-x)$$
$$M(x) = F_B(4-x) - \frac{q(4-x)^2}{2}$$
$$= 25(4-x) - 5(4-x)^2$$

（3）作剪力图，如图 5-23（b）所示。

$$|F_Q|_{\max} = 25\text{kN}（在 B 处）$$

（4）作弯矩图，如图 5-23（c）所示。

$$|M|_{\max} = 31.25\text{kN}（在 F_Q = 0 处）$$

由上述计算可以发现：

(1) 在集中力作用处（A 截面），剪力图有突变，且突变值 $F_A = 35\mathrm{kN}$。

(2) 在集中力偶作用处（A 截面），弯矩图有突变，突变值 $M = 40\mathrm{kN \cdot m}$。

(3) 剪力等于零的截面处弯矩有极值，此极值有可能为最大。

5.5.3　弯矩、剪力和载荷集度间的关系及其应用

1. 弯矩、剪力和载荷集度间的微分关系

如图 5-24 所示，梁上各段（不含控制截面）的荷载分两种情况：①存在分布荷载，$q(x) \neq 0$，如简支梁上的 DE 段；②无荷载作用，$q(x) = 0$，如梁上的 AC、CD、EB 段。$q(x) = 0$ 为 $q(x) \neq 0$ 的特殊情况，所以这里只讨论 $q(x) \neq 0$ 的情况。

由 5.5.2 小节的应用案例可以看出，剪力图和弯矩图的变化有一定的规律性。例如，在某段梁上如无分布荷载作用，则剪力图为一水平线，弯矩图为一斜直线，而且直线的倾斜方向和剪力的正负有关，见应用案例 5-7、应用案例 5-9；当梁的某段上有均布荷载作用时，剪力图为一斜直线，弯矩图为二次抛物线，见应用

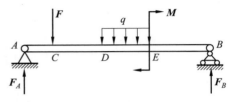

图 5-24　简支梁承受多种荷载情况

案例 5-8、应用案例 5-11。此外，从应用案例中还可以看到，弯矩有极值的截面上，剪力为零。这些现象表明，剪力、弯矩和荷载集度之间有一定的关系。下面导出这种关系。

设一梁及其所受荷载如图 5-25(a)所示。在分布荷载作用的范围内，假想截出一长为 $\mathrm{d}x$ 的微段梁，如图 5-25(b)所示。假定在 $\mathrm{d}x$ 长度上分布荷载集度为常量，并设 $q(x)$ 向上为正；在左、右横截面上存在有剪力和弯矩，并设它们均为正。在坐标为 x 的截面上，剪力和弯矩分别为 $F_Q(x)$ 和 $M(x)$；在坐标为 $x + \mathrm{d}x$ 的截面上，剪力和弯矩分别为 $F_Q(x) + \mathrm{d}F_Q(x)$ 和 $M(x) + \mathrm{d}M(x)$，即右边横截面上的剪力和弯矩比左边横截面上的多一个增量。因为微段处于平衡状态，所以由

$$\sum F_y = 0, \quad F_Q(x) + q(x)\mathrm{d}x - [F_Q(x) + \mathrm{d}F_Q(x)] = 0$$

得

$$\frac{\mathrm{d}F_Q(x)}{\mathrm{d}x} = q(x) \tag{5-4}$$

即横截面上的剪力对 x 的导数等于同一横截面上分布荷载的集度。式(5-4)的几何意义是：剪力图上某点的切线斜率等于梁上与该点对应处的荷载集度。

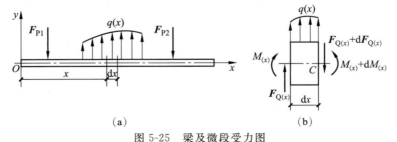

(a)　　　　　　　　　　　(b)

图 5-25　梁及微段受力图

由

$$\sum M_C = 0, \quad M(x) + F_Q(x)\mathrm{d}x + q(x)\mathrm{d}x\,\frac{\mathrm{d}x}{2} - [M(x) + \mathrm{d}M(x)] = 0$$

略去高阶微量后得

$$\frac{\mathrm{d}M(x)}{\mathrm{d}x} = F_Q(x) \tag{5-5}$$

即横截面上的弯矩对 x 的导数等于同一横截面上的剪力。式(5-5)的几何意义是：弯矩图上某点的切线斜率等于梁上与该点对应处的横截面上的剪力。

由式(5-4)和式(5-5)又可得

$$\frac{\mathrm{d}M^2(x)}{\mathrm{d}x^2} = \frac{\mathrm{d}F_Q(x)}{\mathrm{d}x} = q(x) \tag{5-6}$$

即横截面上的弯矩对 x 的二阶导数等于同一横截面上分布荷载的集度。用式(5-6)可判断弯矩图的凹凸方向。

2. 某段直梁在几种荷载作用下剪力图和弯矩图的特征

式(5-4)～式(5-6)即为剪力、弯矩和荷载集度之间的关系式，由这些关系式可以得到剪力图和弯矩图如下的一些规律特征。

(1) 梁的某段上如无分布荷载作用，即 $q(x) = 0$，则在该段内 $F_Q(x) =$ 常数。因此，剪力图为水平直线，弯矩图为斜直线，其倾斜方向由剪力的正负决定。

(2) 梁的某段上如有均布荷载作用，即 $q(x) =$ 常数，则在该段内 $F_Q(x)$ 为 x 的线性函数，而 $M(x)$ 为 x 的二次函数。因此该段内的剪力图为斜直线，其倾斜方向由 $q(x)$ 是向上作用还是向下作用决定；该段的弯矩图为二次抛物线。

(3) 由式(5-6)可知，当分布荷载向上作用时，弯矩图向上凸起；当分布荷载向下作用时，弯矩图向下凸起。

(4) 由式(5-6)可知，在分布荷载作用的一段梁内、$F_Q(x)$ 的截面上，弯矩具有极值，见应用案例5-8和应用案例5-11。

(5) 如分布荷载集度随 x 呈线性变化，则剪力图为二次曲线，弯矩图为三次曲线。

以上剪力图、弯矩图的规律变化特征如表5-1所示。

表 5-1　在几种荷载下剪力图与弯矩图的特征

一段梁上的外力情况	剪力图上的特征	弯矩图上的特征	最大弯矩所在截面的可能位置
向下的均布荷载 q	向下方倾斜的直线 ⊕　或　⊖	下凸的二次抛物线 或	在 $F_Q = 0$ 的截面
无荷载	水平直线，一般为 ⊕　或　⊖	一般为斜直线 或	端点位置

续表

一段梁上的 外力情况	剪力图上的特征	弯矩图上的特征	最大弯矩所在截面的 可能位置
集中力 F C	在C处有突变 C F	在C处有尖角 或　或	在剪力突变的截面
集中力偶 M_e C	在C处无变化 C	在C处有突变 C M_e	在紧靠C点的 某一侧的截面

　　利用上述规律,可以较方便地画出剪力图和弯矩图,而不需列出剪力方程和弯矩方程。其具体做法是:先求出支座反力(如果需要),再由左至右求出几个控制截面的剪力和弯矩,如支座处、集中荷载作用处、集中力偶作用处及分布荷载变化处的截面。注意,在集中力作用处,左右两侧截面上的剪力有突变;在集中力偶作用处,左右两侧截面上的弯矩有突变。在控制截面之间利用以上关系式,可以确定剪力图和弯矩图的线形,最后得到剪力图和弯矩图。如果梁上某段内有分布荷载作用,则需求出该段内剪力 $F_Q=0$ 截面上弯矩的极值。最后标出具有代表性的剪力值和弯矩值。

　　【应用案例 5-12】　画如图 5-26(a)所示外伸梁的剪力图和弯矩图。

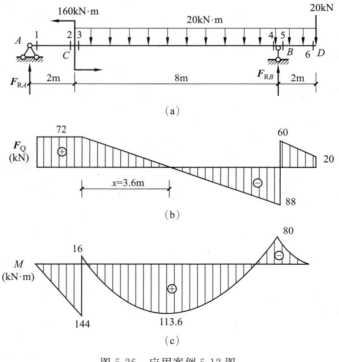

图 5-26　应用案例 5-12 图

【解】 （1）求支座反力。由平衡方程 $\sum M_A = 0$ 和 $\sum M_B = 0$ 求得

$$F_A = 72\text{kN}, \quad F_B = 148\text{kN}$$

（2）画 AC 段的剪力图和弯矩图。计算出控制截面 1 和 2 的剪力和弯矩为

$$F_{Q1} = F_{Q2} = 72\text{kN}$$

$$M_1 = M_A = 0$$

$$M_2 = 72 \times 2 = 144(\text{kN} \cdot \text{m})$$

在该段上没有分布荷载作用，故剪力图为水平直线；又因剪力为正值，故弯矩图为向下倾斜的直线。

（3）画 CB 段的剪力图和弯矩图。计算出控制截面 3 和截面 4 的剪力为

$$F_{Q3} = 72\text{kN}$$

$$F_{Q4} = 72 - 20 \times 8 = -88(\text{kN})$$

因为均布荷载 q 向下，所以剪力图是向下倾斜的直线；弯矩图是二次抛物线，需求出 3 个控制截面的弯矩。其中

$$M_3 = 72 \times 2 - 160 = -16(\text{kN} \cdot \text{m})$$

$$M_4 = M_B = -20 \times 2 - 20 \times 2 \times 1 = -80(\text{kN} \cdot \text{m})（由截面右侧外力计算）$$

此外，在 CB 段内有一截面上的剪力 $F_Q = 0$，在此截面上的弯矩有极值。可以用两种方法求出该截面的位置：①列出该段的剪力方程，令 $F_{Qx} = 0$，求出 x 的值；②在 CB 段内的剪力图上有两个相似三角形，由对应边成比例的关系求出 x。在该例中，由

$$F_Q(x) = 72 - 20x = 0$$

得

$$x = 3.6\text{m}$$

此即为 $F_Q = 0$ 的截面距 C 点的距离。该截面的弯矩可根据截面一侧的外力计算，得

$$M_{\max} = 72 \times (2 + 3.6) - 160 - 20 \times 3.6 \times \frac{3.6}{2} = 113.6(\text{kN} \cdot \text{m})$$

由于 q 向下，因此弯矩图向下凸起。

（4）画 BD 段的剪力图和弯矩图。计算出控制截面 5 和 6 的剪力和弯矩为

$$F_{Q5} = 20 + 20 \times 2 = 60(\text{kN})$$

$$F_{Q6} = 20\text{kN}$$

$$M_5 = M_B = -80\text{kN} \cdot \text{m}$$

$$M_6 = M_D = 0$$

在该段上的均布荷载集度 q 与 CB 段的相同，故剪力图为向下的斜直线，其斜率与 CB 段剪力图的斜率相同；弯矩图向下凸起。

全梁的剪力图和弯矩图如图 5-26（b）和（c）所示。由图可见，全梁的最大剪力产生在截面 4，最大弯矩产生在截面 2，其值分别为

$$|F_Q|_{\max} = 88\text{kN}$$

$$|M|_{\max} = 144\text{kN} \cdot \text{m}$$

以上导出的剪力、弯矩和荷载集度之间的关系只适用于坐标原点在左端，x 轴向右的情况。

5.5.4 用叠加法画弯矩图

1. 叠加原理

微课:用叠加
法画内力图

计算梁的内力时,因为梁的变形很小,所以不必考虑其跨长的变化。在这种情况下,内力和荷载呈线性关系。例如,如图 5-27(a)所示的简支梁,受到均布荷载 q 和集中力偶 M 作用时,梁的支座反力为

$$F_A = \frac{M}{l} + \frac{ql}{2}, \quad F_B = -\frac{M}{l} + \frac{ql}{2}$$

梁的任一截面上的弯矩为

$$M(x) = F_A x - M - qx\,\frac{x}{2} = \left(\frac{M}{l}x - M\right) + \left(\frac{ql}{2} - \frac{1}{2}q\,x^2\right)$$

由上式可见,弯矩 $M(x)$ 和 M、q 呈线性关系。因此,在 $M(x)$ 表达式中,弯矩 $M(x)$ 可以分为两部分:第一部分是荷载 M 单独作用在梁上所引起的弯矩,第二部分是荷载 q 单独作用在梁上所引起的弯矩。由此可知,在多个荷载作用下,梁的横截面上的弯矩等于各个荷载单独作用所引起的弯矩的叠加,这种求弯矩的方法称为叠加法。

一般而言,只要所求的量(如内力、位移等)是荷载的线性函数,就可先求该量在每一荷载单独作用下的值,然后叠加,即为几个荷载联合作用下该量的总值,此即叠加原理。

2. 用叠加法画内力图

由于弯矩可以叠加,因此弯矩图也可以叠加。用叠加法作弯矩图时,可先分别画出各个荷载单独作用的弯矩图,然后将各图对应处的纵坐标叠加,即得所有荷载共同作用的弯矩图。例如,如图 5-27(a)所示的简支梁,由集中力偶 M 作用引起的弯矩图如图 5-27(b)所示;由均布荷载作用的弯矩图如图 5-27(c)所示;将两个弯矩图的纵坐标叠加后,得到总的弯矩图,如图 5-27(d)所示。在叠加弯矩图时,也可以用图的斜直线,即图 5-27(d)所示的虚线为基线,画出均布荷载下的弯矩图。于是,两图的共同部分正负抵消,剩下的即为叠加后的弯矩图。

用叠加法画弯矩图,只有在单个荷载作用下梁的弯矩图可以比较方便地画出,且梁上所受荷载也不复杂时才适用。如果梁上荷载复杂,还是按荷载共同作用的情况画弯矩图比较方便。此外,在分布荷载作用的范围内,用叠加法不能直接求出最大弯矩;如果要求最大弯矩,还需用以前的方法。

剪力图也可用叠加法画出,但并不方便,所以通常只用叠加法画弯矩图。叠加法的应用范围很广,不限于求梁的剪力和弯矩。凡是作用因素(如荷载、变温等)和所引起的结果(如内力、应力、变形等)之间呈线性关系的情况,都可用叠加法。

用叠加法画内力图的步骤如下。

(1) 荷载分组。把梁上作用的复杂荷载分解为几组简单荷载单独作用的情况。

(2) 分别做出各简单荷载单独作用下梁的剪力图和弯矩图。各简单荷载作用下单跨静定梁的内力图可查表 5-2。

(3) 叠加各内力图上对应截面的纵坐标代数值,得原梁的内力图。

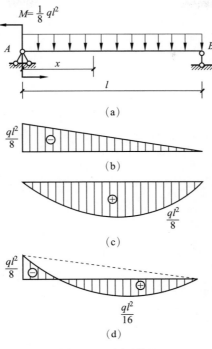

图 5-27 叠加原理

表 5-2 静定梁在简单荷载作用下的 F_Q 图、M 图

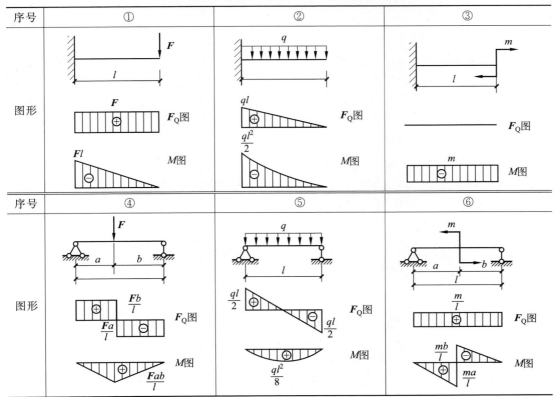

【应用案例5-13】 用叠加法画图 5-28 所示外伸梁的弯矩图。

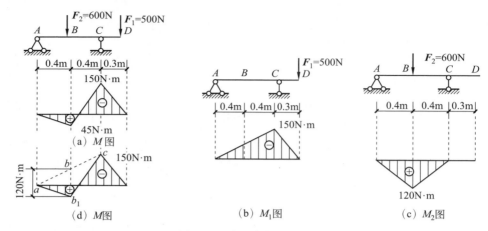

图 5-28　应用案例 5-13 图

【解】（1）分解荷载为 F_1、F_2 单独作用的情况。

（2）分别画二力单独作用下梁的弯矩图，如图 5-28(b)和(c)所示。

（3）叠加得梁最终的弯矩图，其有两种叠加方法。

第一种方法：叠加 A、B、C、D 各截面弯矩图的纵坐标，可得 0、45N·m、-150N·m、0；再按弯矩图特征连线（各段无均布荷载，均为直线），如图 5-28(a)所示。

第二种方法：在 M_1 图的基础上叠加 M_2 图，如图 5-28(d)所示。其中，画 AC 梁段的弯矩图时，将 ac 线作为基线，由斜线中点 b 向下量取 $bb_1 = 120$N·m，连 ab_1 及 cb_1，三角形 ab_1c 即为 M_2 图。这种方法也可以称为区段叠加法。

3. 用区段叠加法画梁的弯矩图

用区段叠加法画梁的弯矩图，对于复杂荷载作用下的梁、刚架及超静定结构的弯矩图绘制都是十分方便的。它是在控制截面法求内力的基础上应用叠加原理画出的。

微课：用区段叠加法画梁的弯矩图

图 5-29(a)所示的简支梁，两端受 M_A、M_B 集中力偶矩及梁上荷载 q 作用，利用叠加原理，图 5-29(a)可用图 5-29(b)和图 5-29(c)进行叠加。原结构的弯矩图如图 5-29(d)所示，也是图 5-29(e)和图 5-29(f)弯矩图的叠加。任一截面 K 的弯矩 $M_K(x)$ 也是两者的叠加，即

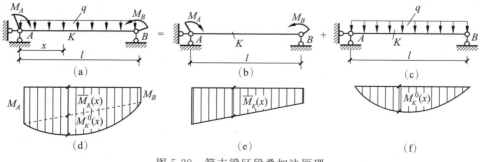

图 5-29　简支梁区段叠加法原理

$$M_K(x)=\overline{M}_K(x)+M^0_K(x) \tag{5-7}$$

式中：$\overline{M}_K(x)$ 为简支梁仅受两端力矩作用下 K 截面的弯矩值，kN·m；$M^0_K(x)$ 为简支梁仅受梁上荷载 q 作用下 K 截面的弯矩值，kN·m。

因此，图 5-29(a)所示结构弯矩图的画法如下。

（1）先求解并画出梁两端的弯矩值。

（2）把两端弯矩值连以直线，即为 $\overline{M}_K(x)$ 弯矩图。

（3）若梁上有外荷载，应在两端弯矩值连线的基础上再叠加上同跨度、同荷载的简支梁 $M^0_K(x)$ 弯矩图。

结论：任意梁段都可以看作简支梁，都可用简支梁弯矩图的叠加法画该梁段的弯矩图。

注意

叠加时是以两端弯矩值连线为基础逐点叠加，即把连线当成梁的轴线来看待。这种叠加方法推广到任意杆段也是非常适合的。要十分熟悉图 5-30(a)~(c)所示 3 种常见情况的弯矩图，因为这对今后绘制复杂荷载作用的弯矩图很有帮助。

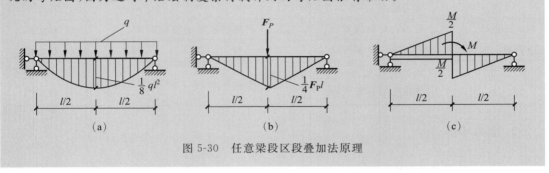

图 5-30　任意梁段区段叠加法原理

【应用案例 5-14】　用叠加法画图 5-31(a)所示外伸梁的弯矩图。

【解】　（1）求支座反力：

$$F_A=15\text{kN}(\uparrow)，\quad F_B=11\text{kN}(\uparrow)$$

（2）分段并确定各控制截面弯矩值，该梁分为 CA、AD、DB、BF 四段。

$$M_C=0$$
$$M_A=-6\times2=-12(\text{kN·m})$$
$$M_D=-6\times6+15\times4-2\times4\times2=8(\text{kN·m})$$
$$M_B=-2\times2\times1=-4(\text{kN·m})$$
$$M_F=0$$

（3）用区段叠加法绘制各梁段弯矩图。先按一定比例绘出各控制截面的纵坐标，再根据各梁段荷载分别画弯矩图。如图 5-31(b)所示，梁段 CA 无荷载，由弯矩图特征直接连线作图；梁段 AD、DB 有荷载作用，则把该段两端弯矩纵坐标连一虚线，称为基线，在此基线上叠加对应简支梁的弯矩图。其中，AD、DB 段中点的弯矩值分别为

$$M_{AD中}=\frac{-12+8}{2}+\frac{ql^2_{AD}}{8}=-2+\frac{2\times4^2}{8}=2(\text{kN·m})$$

$$M_{BD中} = \frac{8-4}{2} + \frac{Fl}{4} = 2 + \frac{8 \times 4}{4} = 10(\text{kN} \cdot \text{m})$$

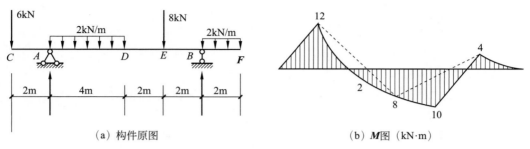

（a）构件原图　　　　　　　　　　（b）M图（kN·m）

图 5-31　应用案例 5-14 图

模 块 小 结

1. 知识体系

杆件类型	受力特点	变形	内力	内力图
轴向拉压杆	外力与杆轴线重合	杆轴伸长或缩短	F_N	轴力图
扭转轴	力偶垂直杆轴平面	扭转	M_x	扭矩图
梁	外力与约束反力都作用在梁的纵向对称平面内	平面弯曲	F_Q、M	剪力图、弯矩图

2. 能力培养

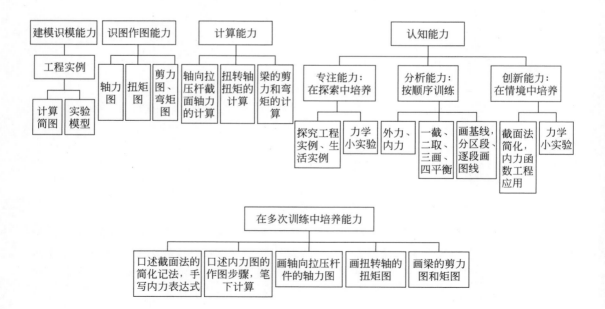

实验与讨论

1. 试述内力与外力的关系及计算内力的截面法的步骤。

2. 内力分量共有几种？其计算方法有几种？各内力分量的正负符号如何规定？各内力图如何绘制？

3. 两直径不同的钢轴和铜轴，若两轴上的外力偶矩相同，其扭矩图是否相同？

4. 判断题。

（1）作用分布荷载的梁，求其内力时可用静力等效的集中力代替分布荷载。　　（　　）

（2）无集中力偶和分布荷载的简支梁上仅作用若干个集中力，则最大弯矩必发生在最大集中力作用处。　　　　　　　　　　　　　　　　　　　　　　　　（　　）

（3）梁内最大剪力作用面上也必有最大弯矩。　　　　　　　　　　　　（　　）

5. 利用弯曲内力知识说明标准双杠的尺寸设计为 $a = \dfrac{l}{4}$ 的原因，如图 5-32 所示。

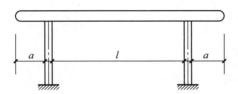

图 5-32　实验与讨论 5 图

习　　题

1. 试用截面法计算图 5-33 所示杆件各段的轴力，并画轴力图，力的单位为 kN。

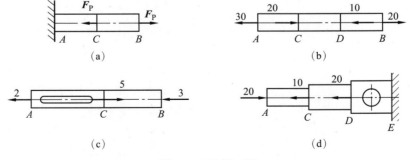

图 5-33　习题 1 图

2. 试绘制图 5-34 所示圆轴的扭矩图。

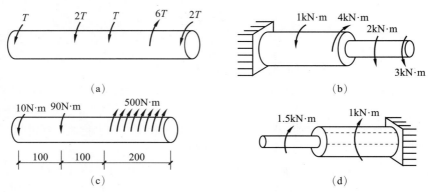

图 5-34 习题 2 图

3. 求图 5-35 所示各梁指定截面的剪力和弯矩。

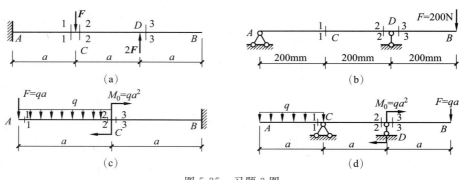

图 5-35 习题 3 图

4. 用简便方法画图 5-36 所示各梁的内力图，并确定 $|F_{Qmax}|$ 和 $|M_{max}|$。

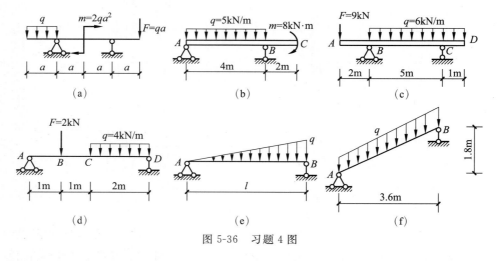

图 5-36 习题 4 图

5. 试根据弯矩、剪力与荷载集度之间的微分关系指出图 5-37 所示剪力图和弯矩图的错误。

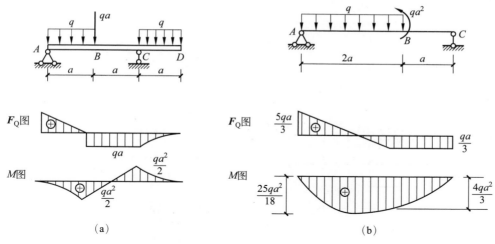

图 5-37 习题 5 图

6. 已知外伸梁的剪力图如图 5-38 所示，画荷载图和弯矩图（梁上无集中力偶）。

7. 已知简支梁的弯矩图如图 5-39 所示，画荷载图和剪力图。

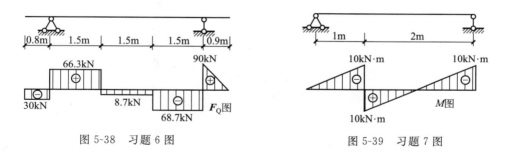

图 5-38 习题 6 图

图 5-39 习题 7 图

8. 试用叠加法画图 5-40 所示各梁的弯矩图。

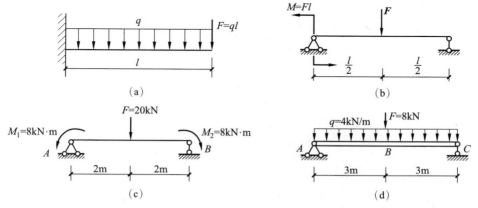

图 5-40 习题 8 图

9. 试用区段叠加法画图 5-41 所示各梁的弯矩图。

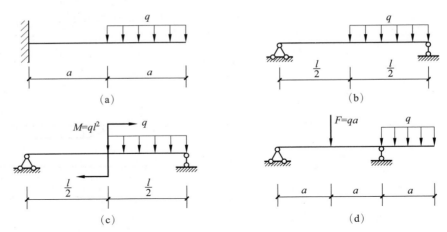

(a)

(b)

(c)

(d)

图 5-41 习题 9 图

习题参考答案

参考答案

模块 6 计算轴向拉（压）杆的强度与变形

微课:学习指导

课件:模块 6 PPT

学习目标

知识目标：

1. 掌握轴向拉（压）杆的变形规律；
2. 掌握材料在拉伸和压缩时的力学性能；
3. 掌握轴向拉（压）杆件的强度条件，了解计算方法；
4. 了解剪切和挤压的实用计算。

能力目标：

1. 能够进行轴向拉（压）杆的变形计算；
2. 能够进行轴向拉（压）杆的强度计算。

学习内容

本模块主要介绍轴向拉（压）杆的强度与变形的基本知识，使学生能够根据基本知识和公式进行轴向拉（压）杆的变形和强度计算，能够根据剪切变形的计算公式进行构件的剪切验算。本模块共分为 7 个学习任务，应沿着如下流程学习：

轴向受拉（压）构件的基本知识→轴向受拉（压）构件的应力→轴向受拉（压）构件的变形→材料在拉伸和压缩时的力学性质→轴向拉（压）杆件的强度条件→应力集中的概念→连接件的实用计算。

教学方法建议

1. 要善于发现生活中经常见到的轴向拉（压）杆构件；
2. 将理论知识体系与实际相结合，通过习题的练习加深对知识的理解。

6.1 工程中的轴向受拉（压）构件

轴向拉伸或压缩变形是杆件的基本变形之一。轴向拉伸或压缩变形的受力及变形特点是：杆件受一对平衡力 F 的作用，它们的作用线与杆件的轴线重合。若作用力 F 拉伸杆件则为轴向拉伸，此时杆被拉长；若作用力 F 压缩杆件则为轴向压缩，此时杆将缩短。轴向拉伸或压缩简称为拉伸或压缩。工程中许多构件,如单层厂房结构中的屋架杆(图 6-1)、各类网架结构的杆件等,其由荷载引起的内力其作用线与轴线重合,杆件发生轴向拉伸或压缩。

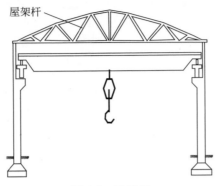

微课:工程中的
受拉(压)构件

图 6-1　屋架杆

轴向拉伸或压缩的杆件的端部可以有各种连接方式,如果不考虑其端部的具体连接情况,其计算简图均可简化为图 6-2 和图 6-3。

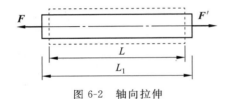

图 6-2　轴向拉伸

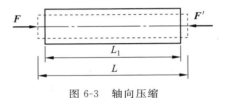

图 6-3　轴向压缩

建筑工程中,受拉构件主要有梁(部分受压,部分受拉),受压构件主要有柱、墙。构件承受的压力作用点与构件的轴心偏离,使构件产生既受压又受弯时即为偏心受压构件(也称压弯构件),常见于屋架的上弦杆、框架结构柱、砖墙及砖垛等。受拉结构或构件也比较多见,如屋架的下弦与受拉腹杆。钢筋混凝土结构中的受拉构件主要有轴心受拉和偏心受拉两类,轴心受拉构件是指拉力与轴线相重合的构件。

6.2　工程中的轴向受拉(压)构件的应力

微课:工程中的
轴向受拉(压)
构件的应力

图 6-4(a)所示为一等截面直杆,假定在未受力前在该杆侧面作相邻的两条横向线 ab 和 cd,然后使杆受拉力 $\boldsymbol{F}$ 作用发生变形,见图 6-4(b),可观察到两横向线平移到 $a'b'$ 和 $c'd'$ 的位置且仍垂直于轴线。这一现象说明,杆件的任一横截面上各点的变形是相同的,变形前是平面的横截面,变形后仍保持为平面且仍垂直于杆的轴线,这称为平面假设。

根据这一假设,横截面上所有各点受力相同,内力均匀分布,内力分布集度为常量,即横截面上各点处的正应力 σ 相等,如图 6-4(c)和(d)所示。由静力学求合力的方法,可得

$$F_{\mathrm{N}} = \int_A \sigma \mathrm{d}A = \sigma \int_A \mathrm{d}A = \sigma A \qquad (6\text{-}1)$$

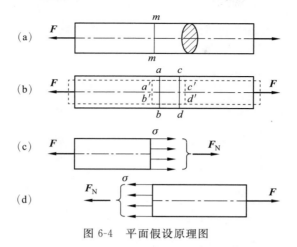

图 6-4 平面假设原理图

即拉（压）杆横截面上正应力 σ 计算公式为

$$\sigma = \frac{F_N}{A} \tag{6-2}$$

式中：F_N 为轴力；A 为杆的横截面面积。

由式（6-2）可知，正应力的正负号取决于轴力的正负号，若 F_N 为拉力，则 σ 为拉应力；若 F_N 为压力，则 σ 为压应力。规定拉应力为正，压应力为负。

【应用案例 6-1】 如图 6-5(a)所示，横截面为正方形的砖柱分上、下两段，柱顶受轴向压力 F 作用。上段柱重力为 G_1，下段柱重力为 G_2。已知 $F=10\text{kN}$，$G_1=2.5\text{kN}$，$G_2=10\text{kN}$，求上、下段柱的底截面 a—a 和 b—b 上的应力。

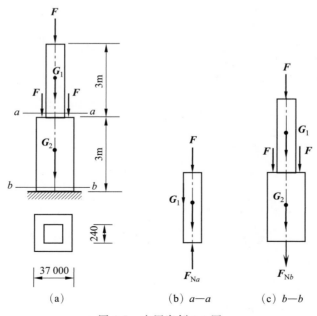

图 6-5 应用案例 6-1 图

【解】 （1）先分别求出截面 a—a 和 b—b 的轴力。应用截面法，假想用平面在截面 a—a 和 b—b 处截开，取上部为脱离体，如图 6-5(b)和(c)所示。根据平衡条件可求得截面 a—a 为

$$\sum F_y = 0, \quad F_{Na} = -F - G_1 = -10 - 2.5 = -12.5 \text{(kN)}$$

负号表示压力。

截面 b—b 为

$$\sum F_y = 0, \quad F_{Nb} = -3F - G_1 - G_2 = -3 \times 10 - 2.5 - 10 = -42.5 \text{(kN)}$$

负号表示压力。

（2）求应力：

$$\sigma = \frac{F_N}{A}$$

分别将截面 a—a 和 b—b 的轴力 $\boldsymbol{F}_{Na}$、$\boldsymbol{F}_{Nb}$ 和面积 A_a、A_b 代入上式，得截面 a—a 为

$$\sigma_a = \frac{F_{Na}}{A_a} = \frac{-12.5 \times 10^3}{0.24 \times 0.24} = -2.17 \times 10^5 = -0.217 \text{(MPa)}$$

负号表示压应力。

截面 b—b 为

$$\sigma_b = \frac{F_{Nb}}{A_b} = \frac{-42.5 \times 10^3}{0.37 \times 0.37} = -3.10 \times 10^5 \,\text{Pa} = -0.310 \text{(MPa)}$$

负号表示压应力。

6.3　轴向受拉(压)构件的变形

实验表明，杆件在轴向拉力或压力的作用下沿轴线方向将发生伸长或缩短，同时横向(与轴线垂直的方向)必发生伸长或缩短，如图 6-6 和图 6-7 所示，图中实线为变形前的形状，虚线为变形后的形状。

图 6-6　横向伸长

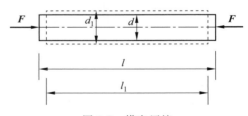

图 6-7　横向压缩

设 l 与 d 分别为杆件变形前的长度和直径，l_1 与 d_1 为变形后的长度与直径，则变形后的长度改变量 Δl 和直径改变量 Δd 将分别为

$$\Delta l = l_1 - l$$
$$\Delta d = d_1 - d$$

式中：Δl 和 Δd 为杆件的绝对纵向和横向伸长或缩短，即总的伸长量或缩短量，m 或 mm。

杆的变形程度用每单位长度的伸长来表示，即绝对伸长量除以杆件的初始尺寸，称为**线**

应变，并用符号 ε 表示。对轴力为常量的等直杆，其纵、横方向的线应变分别为

$$\varepsilon = \frac{\Delta l}{l} \tag{6-3}$$

$$\varepsilon' = \frac{\Delta d}{d} \tag{6-4}$$

式中：ε 为纵向线应变；ε' 为横向线应变。

ε 和 ε' 都是无量纲的量。

一般规定，Δl 和 Δd 伸长为正，缩短为负；ε 和 ε' 的正负号分别与 Δl 和 Δd 一致，因此规定拉应变为正，压应变为负。

实验表明，在弹性变形范围内，杆件的伸长 Δl 与力 F 及杆长 l 成正比，与截面面积 A 成反比，即

$$\Delta l \propto \frac{Fl}{A}$$

引进比例常数 E［材料的弹性模量，MPa 或 GPa（$1\text{GPa} = 10^3\text{MPa}$）］，则有

$$\Delta l = \frac{Fl}{EA} \tag{6-5}$$

由于 $F = F_N$，因此式（6-5）可改写为

$$\Delta l = \frac{F_N l}{EA} \tag{6-6}$$

这一关系式称为胡克定律。

式（6-6）中 EA 称为杆的抗拉（压）刚度，它表示杆件抵抗轴向变形的能力。当 F_N 和 l 不变时，EA 越大，则杆的轴向变形越小；EA 越小，则杆的轴向变形越大。

绝对变形 Δl 的大小与杆的长度 l 有关，不足以反映杆的变形程度。为了消除杆长的影响，将式（6-6）改写为

$$\frac{\Delta l}{l} = \frac{F_N}{A} \cdot \frac{1}{E}$$

式中：$\dfrac{\Delta l}{l} = \varepsilon$，称为轴向线应变。

ε 是相对变形（单位长度杆的伸长量），表示轴向变形的程度。又 $\sigma = \dfrac{F_N}{A}$，故

$$\varepsilon = \frac{\sigma}{E} \quad \text{或} \quad \sigma = E\varepsilon \tag{6-7}$$

式（6-7）表明，在弹性变形范围内，正应力与轴向线应变成正比。式（6-5）～式（6-7）均称为胡克定律。

实验结果表明，在弹性变形范围内，横向线应变与纵向线应变之间保持一定的比例关系，以 ν 表示它们的比值，为一常数，即

$$\nu = \left| \frac{\varepsilon'}{\varepsilon} \right| \quad \text{或} \quad \varepsilon' = -\nu\varepsilon \tag{6-8}$$

式中：ν 为泊松比，它是一个无量纲的量，其值随材料而异，可由实验测定。

弹性模量 E 和泊松比 ν 都是材料的弹性常数。

【应用案例 6-2】 图 6-8(a)所示为一等直钢杆,其材料的弹性模量 $E=210\mathrm{GPa}$。试计算:

(1) 每段的伸长;

(2) 每段的线应变;

(3) 全杆总伸长。

微课:应用
案例 6-2

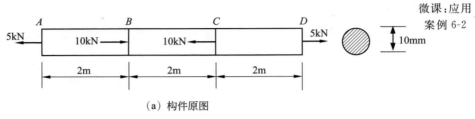

(a) 构件原图

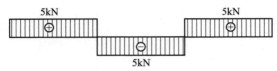

(b) 轴力图

图 6-8 应用案例 6-2 图

【解】 (1) 求出各段轴力,并作轴力图,如图 6-8(b)所示。

(2) AB 段的伸长 Δl_{AB}:

$$\Delta l_{AB}=\frac{F_{NAB}l_{AB}}{EA}=\frac{5\times10^{3}\times2}{210\times10^{9}\times\dfrac{\pi\times10^{2}\times10^{-6}}{4}}\approx0.000\ 607(\mathrm{m})=0.607(\mathrm{mm})$$

BC 段的伸长:

$$\Delta l_{BC}=\frac{F_{NBC}l_{BC}}{EA}=\frac{-5\times10^{3}\times2}{210\times10^{9}\times\dfrac{\pi\times10^{2}\times10^{-6}}{4}}\approx-6.07\times10^{-4}(\mathrm{m})=-0.607(\mathrm{mm})$$

CD 段的伸长:

$$\Delta l_{CD}=\frac{F_{NCD}l_{CD}}{EA}=\frac{5\times10^{3}\times2}{210\times10^{9}\times\dfrac{\pi\times10^{2}\times10^{-6}}{4}}\approx6.07\times10^{-4}(\mathrm{m})=0.607(\mathrm{mm})$$

(3) AB 段的线应变:

$$\varepsilon_{AB}=\frac{\Delta l_{AB}}{l_{AB}}=\frac{0.000\ 607}{2}=3.035\times10^{-4}$$

BC 段的线应变:

$$\varepsilon_{BC}=\frac{\Delta l_{BC}}{l_{BC}}=\frac{-0.000\ 607}{2}=-3.035\times10^{-4}$$

CD 段的线应变:

$$\varepsilon_{CD}=\frac{\Delta l_{CD}}{l_{CD}}=\frac{0.000\ 607}{2}=3.035\times10^{-4}$$

（4）全杆总伸长：

$$\Delta l_{AD}=\Delta l_{AB}+\Delta l_{BC}+\Delta l_{CD}=0.607-0.607+0.607=0.607(\text{mm})$$

在轴力和横截面均沿轴线变化的情况下，拉(压)杆任意横截面上的应力 $\sigma(x)$ 和全杆的变形 Δl 可按下面的公式计算：

$$\sigma(x)=\frac{F_{N}(x)}{A(x)} \tag{6-9}$$

$$\Delta l=\int_{0}^{l}\frac{F_{N}(x)}{EA}\mathrm{d}x \tag{6-10}$$

6.4 材料在拉伸和压缩时的力学性质

6.4.1 材料在拉伸时的力学性质

1. 试件

把低碳钢制成一定尺寸的杆件，称为试件。在进行拉伸试验时，应将材料做成标准试件，如图 6-9 所示，取试件中间 l 长的一段(应是等直杆)作为测量变形的计算长度(或工作长度)，称为标矩。通常对圆截面标准试件的标距 l 与其横截面直径 d 的比值加以规定，$l=10d$ 或 $l=5d$。

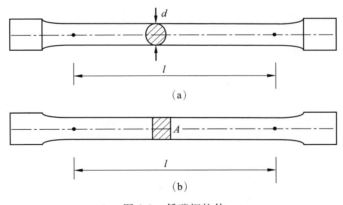

(a)

(b)

图 6-9 低碳钢拉伸

2. 试验设备

通常使用的设备称为万能试验机，其基本工作原理是通过试验机夹头或承压平台的位移，使放在其中的试件发生变形，在试验机的示力盘上则指示出试件的抗力。

3. 低碳钢试件的应力—应变曲线及其力学性能

图 6-10 所示为低碳钢试件的拉伸图，描述了荷载与变形间的关系。

图 6-11 表示的 $\sigma\text{-}\varepsilon$ 曲线是根据图 6-10 而得的，其纵坐标实质上是名义应力，并不是横截面上的实际应力。

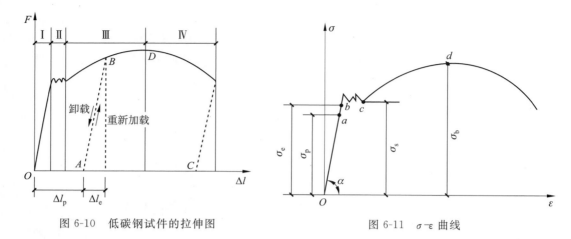

图 6-10　低碳钢试件的拉伸图　　　　　　图 6-11　σ-ε 曲线

对低碳钢拉伸试验所得到的 σ-ε 曲线(图 6-11)进行研究,大致可分为以下 4 个阶段。

第 I 阶段:弹性阶段。试件的变形完全是弹性的,全部卸除荷载后,试件将恢复其原长,因此称这一阶段为弹性阶段。

在弹性阶段内,a 点是应力与应变成正比即符合胡克定律的最高限,与之对应的应力则称为材料的比例极限,用 σ_p 表示。弹性阶段的最高点 b 是卸载后不发生塑性变形的极限,而与之对应的应力则称为材料的弹性极限,并以 σ_e 表示。

第 II 阶段:屈服阶段。超过弹性极限以后,应力 σ 有幅度不大的波动,应变急剧地增加,这一现象通常称为屈服或流动,这一阶段则称为屈服阶段或流动阶段。在此阶段,试件表面上将可看到大约与试件轴线呈 45°方向的条纹,它们是由于材料沿试件的最大切应力面发生滑移而出现的,故通常称为滑移线。

在屈服阶段内,其最高点(上屈服点)的应力很不稳定,而最低点 C(下屈服点)的应力比较稳定(图 6-11)。因此,通常将下屈服极限称为材料的屈服极限或流动极限,并以 σ_s 表示。

第 III 阶段:强化阶段。应力经过屈服阶段后,由于材料在塑性变形过程中不断发生强化,使试件主要产生塑性变形,且比在弹性阶段内变形大得多,可以较明显地看到整个试件的横向尺寸在缩小。因此,这一阶段称为强化阶段。σ-ε 曲线中的 d 是该阶段的最高点,即试件中的名义应力达到了最大值,d 点的名义应力称为材料的强度极限,以 σ_b 表示。

第 IV 阶段:局部变形阶段。当应力达到强度极限后,试件某一段内的横截面面积显著地收缩,形成了"颈缩"现象。颈缩出现后,使试件继续变形所需的拉力减小,σ-ε 曲线相应呈现下降,最后导致试件在颈缩处断裂。

4. 其他几种材料在拉伸时的力学性能

16 锰钢及另外一些高强度低合金钢等材料与低碳钢在 σ-ε 曲线上相似,它们与低碳钢相比,屈服极限和强度极限显著地提高了,而屈服阶段稍短且伸长率略低。

对于没有明显屈服阶段的塑性材料,国家标准规定,取塑性应变为 0.2%时所对应的应力值作为名义屈服极限,称为条件屈服极限,以 $\sigma_{0.2}$ 表示(图 6-12)。

图 6-13 所示的就是脆性材料灰口铸铁在拉伸时的 σ-ε 曲线。一般来

微课:材料在拉伸时的力学性质 2

说，脆性材料在受拉过程中没有屈服阶段，也不会发生颈缩现象。其断裂时的应力即为拉伸
强度极限，它是衡量脆性材料拉伸强度的唯一指标。

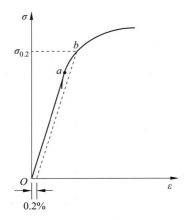

图 6-12　无明显屈服阶段的塑性材料 σ-ε 曲线

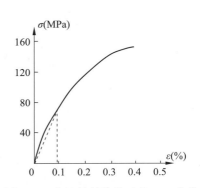

图 6-13　灰口铸铁拉伸时的 σ-ε 曲线

6.4.2　材料在压缩时的力学性质

1. 低碳钢及其他材料压缩时的力学性质

用金属材料做压缩试验时，试件一般采用圆柱形，长度为直径的 1.5～3
倍，如图 6-14(a)所示。

图 6-15 所示为低碳钢压缩时的 σ-ε 曲线。低碳钢试件的压缩强度极限
无法测定，如图 6-14(b)所示。

微课：材料在
压缩时的
力学性质

动画：低碳钢的
压缩试验

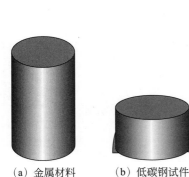

(a) 金属材料　　　(b) 低碳钢试件

图 6-14　金属材料做压缩试验图

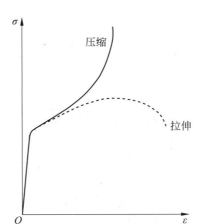

图 6-15　低碳钢压缩时的 σ-ε 曲线

图 6-16 所示为两种典型脆性材料——铸铁和混凝土压缩时的 σ-ε 曲线。

2. 木材在拉伸和压缩时的力学性质

木材的力学性能随应力方向与木纹方向间倾角的不同而有很大的差异，即木材属各向
异性材料。图 6-17 所示为木材的几项试验结果，由图可见，顺纹压缩的强度要比横纹压缩

的高,顺纹拉伸的强度要比横纹压缩的高得多。

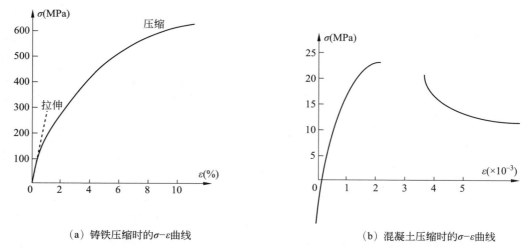

(a)铸铁压缩时的σ-ε曲线　　　　　　　　(b)混凝土压缩时的σ-ε曲线

图 6-16　铸铁和混凝土压缩时的 σ-ε 曲线

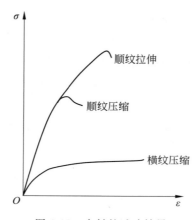

图 6-17　木材的试验结果

6.4.3　塑性材料和脆性材料的比较

微课:塑性材料
和脆性材料
的比较

对低碳钢来说,屈服极限 σ_s 和强度极限 σ_b 是衡量材料强度的两个重要指标。

衡量材料塑性性质的好坏,通常以试样断裂后标距的残余伸长量 Δl_1(即塑性伸长),与标距 l 的比值 δ(百分数)来表示,如下:

$$\delta = \frac{\Delta l}{l} = \frac{l_1 - l}{l} \times 100\%$$

式中:δ 为伸长率,低碳钢的 $\delta = 20\% \sim 30\%$。

此值的大小表示材料在拉断前能发生的最大的塑性变形程度,它是衡量材料塑性的一个重要指标。

工程上,一般将 $\delta < 5\%$ 的材料定为脆性材料。

另一个衡量塑性性质好坏的指标如下：

$$\Psi = \frac{A - A_1}{A} \times 100\%$$

式中：A_1 为拉断后颈缩处的截面面积；A 为变形前标距范围内的截面面积；Ψ 为断面收缩率，低碳钢的 $\Psi = 60\% \sim 70\%$。

如果卸载后立即重新加载，则应力-应变之间基本上仍遵循卸载时的同一直线关系，一直到开始卸载时的应力为止，然后则大体上遵循原来的应力—应变曲线关系。此时，其屈服极限得到提高，但其塑性变形将减少，这一现象通常称为材料的冷作硬化。

若试件拉伸至强化阶段后卸载，经过一段时间后再重新加载，则其屈服极限将进一步提高，强度极限也将提高，其伸长率将降低。这种现象称为材料的冷作时效。冷作时效使材料的强度提高，塑性降低。

变形比较：塑性材料有流动阶段，断裂前塑性变形明显；脆性材料没有流动阶段，并在不大的变形时就发生断裂。

强度比较：塑性材料在拉伸和压缩时有着基本相同的屈服极限，故既可用于受拉构件，也可以用于承压构件；脆性材料抗压强度远大于抗拉强度，因此适用于承压构件。

抗冲击比较：塑性材料能吸收较多的冲击变形能，故塑性材料的抗冲击能力要比脆性材料强，对承受冲击和振动的构件宜采用塑性材料。

对应力集中敏感性比较：塑性材料因为有着较长的屈服阶段，所以当杆件孔边最大应力到达屈服极限时，若继续加力，则孔边缘材料的变形将继续增长，而应力保持不变，所增加的外力只使截面上屈服区域不断扩展，这样横截面上的应力将逐渐趋于均匀，所以塑性材料对于应力集中并不敏感。而脆性材料则不然，随着外力的增加，孔边应力也急剧上升并始终保持最大值，当达到强度极限时，孔边首先产生裂纹，所以脆性材料对于应力集中十分敏感。塑性材料在常温静荷作用时可以不考虑应力集中的影响，而脆性材料则必须加以考虑。

值得指出的是，对于塑性材料和脆性材料的划分，通常是依据在常温、静载下对材料拉伸试验所得延伸率的大小来判别的。但是，试验的结果表明，材料的性质在很大程度上可以随外界条件而转化。例如，塑性很好的低碳钢，在低温、高速加载时也会发生脆性破坏；反而，高温也可以使脆性材料塑性化。

6.4.4　许用应力与安全系数

微课：许用应力
与安全系数

材料丧失正常工作能力时的应力称为极限应力，以 σ_u 表示。对于塑性材料，当应力达到屈服极限 σ_s 时，将发生较大的塑性变形，此时虽未发生破坏，但因变形过大将影响构件的正常工作，引起构件失效，所以把 σ_s 定为极限应力，即 $\sigma_u = \sigma_s$。对于脆性材料，因塑性变形很小，断裂就是破坏的标志，所以以强度极限作为极限应力，即 $\sigma_u = \sigma_b$。

为了保证构件有足够的强度，它在荷载作用下所引起的应力（称为工作应力）的最大值应低于极限应力。考虑到在设计计算时的一些近似因素，如荷载值的确定是近似的；计算简图不能精确地符合实际构件的工作情况；实际材料的均匀性不能完全符合计算时所做的理想均匀假设；公式和理论都是在一定的假设下建立起来的，所以有一定的近似性；结构在使用过程中偶尔会遇到超载的情况,即受到的荷载超过设计时所规定的标准荷载等诸多因素的影响,都会造成偏于不安全的后果。所以,为了安全应把极限应力打一折扣,即除以一个大于 1 的系数,以 n 表示,称为**安全因数**,所得结果称为许用应力,用 $[\sigma]$ 表示,即

$$[\sigma]=\frac{\sigma_{\mathrm{u}}}{n} \qquad (6\text{-}11)$$

对于塑性材料,有

$$[\sigma]=\frac{\sigma_{\mathrm{s}}}{n_{\mathrm{s}}} \qquad (6\text{-}12)$$

对于脆性材料,有

$$[\sigma]=\frac{\sigma_{\mathrm{b}}}{n_{\mathrm{b}}} \qquad (6\text{-}13)$$

式中:n_{s} 和 n_{b} 分别为塑性材料和脆性材料的安全因数。

6.5 轴向拉(压)杆件的强度条件

微课:轴向拉
(压)杆件的
强度条件

为了确保拉(压)杆件有足够的强度,把许用应力作为杆件实际工作应力的最高限度,即要求工作应力不超过材料的许用应力。对于等截面直杆,拉伸(压缩)时的强度条件如下:

$$\sigma_{\max}=\frac{F_{\mathrm{Nmax}}}{A}\leqslant[\sigma] \qquad (6\text{-}14)$$

根据上述强度条件,可以解决下列 3 种强度计算问题。

(1) 强度校核。已知荷载、杆件尺寸及材料的许用应力,根据式(6-14)校核杆件能否满足强度条件。

(2) 截面选择。已知荷载及材料的许用应力,按强度条件选择杆件的横截面面积或尺寸,即确定杆件所需的最小横截面面积。将式(6-14)改写为

$$A\geqslant\frac{F_{\mathrm{Nmax}}}{[\sigma]} \qquad (6\text{-}15)$$

(3) 确定许用荷载。已知杆件的横截面面积及材料的许用应力,确定许用荷载。先由式(6-16)确定最大轴力,即

$$F_{\mathrm{Nmax}}\leqslant[\sigma]A \qquad (6\text{-}16)$$

然后根据构件的最大轴力确定结构的许可荷载。

【应用案例 6-3】 如图 6-18(a)所示,屋架的上弦杆 AC 和 BC 承受竖向均布荷载 q 作用,$q=4.5\mathrm{kN/m}$。下弦杆 AB 为圆截面钢拉杆,材料为 Q235 钢,其长 $l=8.5\mathrm{m}$,直径 $d=16\mathrm{mm}$,屋架高度 $h=1.5\mathrm{m}$,Q235 钢的许用应力 $[\sigma]=170\mathrm{MPa}$。试校核拉杆的强度。

【解】 (1) 求支反力。由屋架整体的平衡条件可得

$$\sum M_{A}=0, \qquad F_{\mathrm{RB}}l-\frac{1}{2}ql^{2}=0$$

微课:应用
案例 6-3

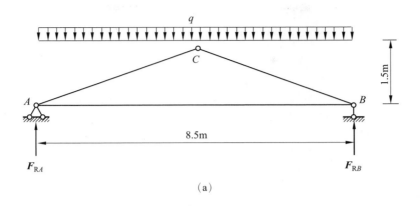

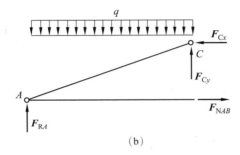

图 6-18　应用案例 6-3 图

得

$$F_{RB} = \frac{1}{2}ql = 0.5 \times 4.5 \times 8.5 = 19.125 \times 10^3 = 19.125(\text{kN})$$

根据结构对称有

$$F_{RA} = F_{RB} = 19.125\text{kN}$$

（2）求拉杆的轴力 F_{NAB}。用截面法，取半个屋架为脱离体［图 6-18(b)］，由平衡方程得

$$\sum M_C = 0, \quad F_{NAB}h + \frac{1}{2}q\left(\frac{l}{2}\right)^2 - F_{RA}\frac{l}{2} = 0$$

$$F_{NAB} = (-0.5 \times 4.5 \times 4.25^2 + 19.125 \times 4.25) \div 1.5 \approx 27.1(\text{kN})$$

（3）求拉杆横截面上的工作应力 σ：

$$\sigma = \frac{F_{NAB}}{A} = \frac{27.1 \times 10^3}{\frac{\pi}{4}(16 \times 10^{-3})^2} \approx 134.85 \times 10^6 = 134.85(\text{MPa})$$

（4）强度校核：

$$\sigma = 134.85\text{MPa} < [\sigma]$$

满足强度条件，故拉杆的强度是安全的。

【应用案例 6-4】　图 6-18 所示三角屋架中，AB 杆为空心圆截面，其外径 $D_{AB} = 40\text{mm}$，内径 $d_{AB} = 0.8D_{AB}$；BC 为圆截面杆，$d_{BC} = 40\text{mm}$，材料均为 Q235 钢。已知 $F = 12\text{kN}$，$a = 1\text{m}$，材料的许用应力 $[\sigma] = 170\text{MPa}$。试求此三脚架所能承受的最大许用荷载 $[F]$。

【解】 (1) 截取节点 B 为脱离体,如图 6-18(b)所示,求出两杆内力与 F 的关系:

$$\sum F_x = 0, \quad F_{NAB} + F_{NBC} \times \cos 45° = 0$$

$$\sum F_y = 0, \quad F + F_{NBC} \times \sin 45° = 0$$

解出

$$F_{NAB} = F$$

$$F_{NBC} = -\sqrt{2}\, F$$

(2) 分别由强度条件求出两杆的许用轴力。对于 AB 杆,轴力为拉力,则许用轴力为

$$[F_{NAB}] = [\sigma] A_{AB} = 170 \times 10^6 \times \frac{\pi}{4}(D_{AB}^2 - d_{AB}^2) = 170 \times 10^6 \times \frac{\pi}{4} \times (1 - 0.8^2) \times 40^2 \times 10^{-6}$$

$$\approx 76\ 867.2(\text{N}) \approx 76.87(\text{kN})$$

对于 BC 杆,轴力为压力,取绝对值,则许用轴力为

$$[F_{NBC}] = [\sigma] A_{BC} = 170 \times 10^6 \times \frac{\pi}{4} D_{BC}^2 = 170 \times 10^6 \times \frac{\pi}{4} \times 30^2 \times 10^{-6}$$

$$\approx 12\ 010(\text{N}) = 120.1(\text{kN})$$

(3) 确定许用荷载。根据 AB 杆的许用轴力,确定的许用荷载为

$$[F]_1 = [F_{NAB}] = 76.87\text{kN}$$

根据 BC 杆的许用轴力,确定的许用荷载为

$$[F]_2 = \frac{[F_{NBC}]}{\sqrt{2}} = 84.92(\text{kN})$$

从上述两杆的对应的许用荷载中选取最小的即为结构的许用荷载,即

$$[F] = 76.87\text{kN}$$

6.6　应力集中的概念

微课:应力
集中的概念

等直杆受拉(压)时,其横截面上的正应力是均匀分布的。但是由于结构或工作需要,往往在构件上开孔、槽或制成凸肩、阶梯形状等,使截面尺寸发生突然改变。由于构件截面骤然变化(或几何外形局部不规则)而引起的局部应力骤增现象称为**应力集中**(图 6-19)。

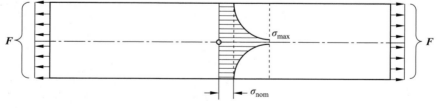

图 6-19　应力集中

在杆件外形局部不规则处的最大局部应力 σ_{max} 必须借助于弹性理论、计算力学或试验应力分析的方法求得。在工程实际中,应力集中的程度用最大局部应力 σ_{max} 与该截面上的名义应力 σ_{nom}[轴向拉(压)时即为截面上的平均应力]的比值来表示,即

$$K_{t\sigma}=\frac{\sigma_{\max}}{\sigma_{\mathrm{nom}}} \tag{6-17}$$

式中：$K_{t\sigma}$为理论应力集中因数，其下标 σ 表示正应力。

在动荷载作用下，无论是塑性材料还是脆性材料制成的杆件，都应考虑应力集中的影响。

6.7　连接件的实用计算

微课:剪切的
概念及工程
实例

6.7.1　剪切的概念及工程实例

在工程实际中，经常会遇到剪切问题。剪切变形的主要受力特点是构件受到与其轴线相垂直的大小相等、方向相反、作用线相距很近的一对外力的作用[图 6-20(a)]，构件的变形主要表现为沿着与外力作用线平行的剪切面（m—n 面）发生相对错动[图 6-20(b)]。

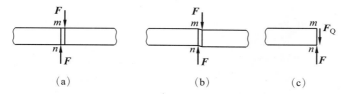

图 6-20　剪切变形

工程中的一些连接件，如销钉、螺栓、铆钉及键块等，都是主要承受剪切作用的构件。构件剪切面上的内力可用截面法求得。将构件沿剪切面 m—n 假想地截开，保留一部分考虑其平衡。例如，由左部分的平衡可知剪切面上必有与外力平行且与横截面相切的内力 $\boldsymbol{F}_{\mathrm{Q}}$[图 6-20(c)]的作用。$\boldsymbol{F}_{\mathrm{Q}}$ 称为**剪力**，根据平衡方程 $\sum F_y=0$，可求得 $F_{\mathrm{Q}}=F$。

剪切破坏时，构件将沿剪切面[图 6-20(a)所示的 m—n 面]被剪断。只有一个剪切面的情况称为单剪切，图 6-20(a)所示情况即为单剪切。

受剪构件除了承受剪切外，往往同时伴随着挤压、弯曲和拉伸等作用。在图 6-20 中没有完全给出构件所受的外力和剪切面上的全部内力，而只是给出了主要的受力和内力。构件的实际受力和变形比较复杂，因而对这类构件的工作应力进行理论上的精确分析是困难的。工程中对这类构件的强度计算，一般采用在试验和经验基础上建立起来的比较简便的计算方法，称为剪切的实用计算或工程计算。

工程中以剪切变形为主的构件很多，如在构件之间起连接作用的铆钉[图 6-21(a)]、销钉[图 6-21(b)]、螺栓、焊缝[图 6-21(c)]、键块[图 6-21(d)]等都称为连接件。在结构中，它们的体积虽然都比较小，但对保证整个结构的安全却起着重要的作用。根据试验及理论分析，在外力作用下，螺栓、铆钉、键块等连接件在发生剪切变形的同时往往伴随着其他变形，在它们内部所引起的应力，无论其性质、分布规律及大小等都很复杂。因此，工程中为了便于计算，在试验的基础上往往对它们做一些近似的假设，采用实用计算的方法。

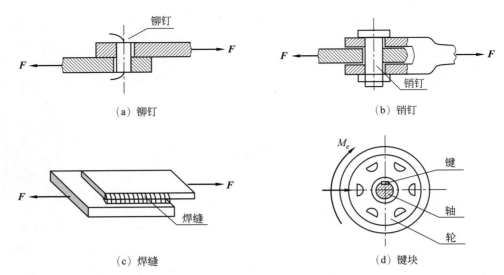

（a）铆钉　　　　　　　　　　　　　　（b）销钉

（c）焊缝　　　　　　　　　　　　　　（d）键块

图 6-21　工程中以剪切变形为主的连接件

6.7.2　剪切的实用计算

微课：剪切的
实用计算

如图 6-22（a）所示，用铆钉连接两块钢板，当钢板受到轴力 F 的作用时，铆钉受到与轴线垂直、大小相等、方向相反、彼此相距很近的两组力的作用 ［图 6-22（b）］，在这两组力的作用下，铆钉在 m—m 截面处发生剪切变形［图 6-22（c）］。m—m 截面称为**剪切面**。

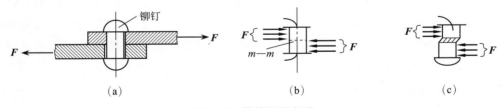

（a）　　　　　　　　　　（b）　　　　　　　　　　（c）

图 6-22　铆接钢板变形

用截面法可以计算铆钉在剪切面上的内力。如图 6-23（a）所示，假想铆钉沿 m—m 面切断，取下部为脱离体来研究。设剪切面 m—m 上的内力为 F_Q，根据静力平衡条件得

$$F_Q = F$$

作用在剪切面上平行于截面的内力 F_Q 称为**剪力**，与 F 大小相等，方向相反。

在剪切面上切应力的分布是比较复杂的，对于可能发生剪切破坏的构件，工程中采用实用计算的方法来计算其剪切强度。假定剪切面上切应力是均匀分布的［图 6-23（b）］，即

$$\tau = \frac{F_Q}{A_Q} \tag{6-18}$$

式中：F_Q 为剪切面上的剪力；A_Q 为剪切面的面积。

切应力 τ 的方向与剪力 F_Q 一致，实质上就是

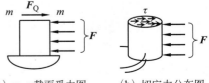

（a）m—m截面受力图　　　（b）切应力分布图

图 6-23　铆钉的受力图

截面上的平均切应力,称为**计算切应力**(又称名义切应力)。

要判断构件是否会发生破坏,还需要建立剪切强度条件。为使构件不发生剪切破坏,剪切强度条件应为

$$\tau = \frac{F_Q}{A_Q} \leqslant [\tau] \tag{6-19}$$

6.7.3　挤压的实用计算

微课:挤压的
实用计算

连接件在发生剪切变形的同时,还伴随着局部受压现象,这种现象称为**挤压**。作用在承压面上的压力称为**挤压力**。在承压面上由于挤压作用而引起的应力称为**挤压应力**。挤压应力的实际分布情况比较复杂,在工程实际计算中常采用实用计算的方法。

如图 6-24(a)所示,铆钉与钢板之间发生挤压,接触面为半圆柱面,实际挤压应力在此接触面是不均匀分布的,其分布规律比较复杂,如图 6-24(b)所示。在挤压的实用计算中,**假设计算挤压应力**在**计算挤压面**上均匀分布,计算挤压面为承压面在垂直于挤压力方向的平面上的投影,则计算挤压应力的计算公式为

$$\sigma_{bs} = \frac{F_{bs}}{A_{bs}} \tag{6-20}$$

式中:F_{bs} 为接触面上的挤压力;A_{bs} 为计算挤压面的面积。

计算挤压应力与实际挤压应力的最大值是接近的。

对于接触面是半圆柱面时,取直径平面面积,如图 6-24(c)所示。

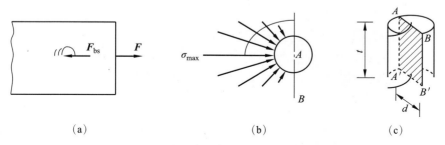

(a)　　　　　　　　(b)　　　　　　　　(c)

图 6-24　铆钉与钢板挤压变形

为了确定连接件的许用挤压应力,可以通过连接件的破坏试验测定挤压极限荷载,然后按照计算挤压应力的实用计算公式计算出挤压极限应力,再除以适当的安全系数就可以得到连接件的许用挤压应力。建立挤压强度条件,如下:

$$\sigma_{bs} = \frac{F_{bs}}{A_{bs}} \leqslant [\sigma_{bs}] \tag{6-21}$$

式中:$[\sigma_{bs}]$ 为许用挤压应力。

试验表明,许用挤压应力$[\sigma_{bs}]$比许用应力$[\sigma]$要大,对于钢材,可取$[\sigma_{bs}] = (1.7 \sim 2.0)[\sigma]$。

6.7.4　实用计算举例

下面以图 6-25 所示的铆钉搭结两块钢板为例,讨论用铆钉连接的拉(压)构件的强度计算。铆钉连接的破坏有下列 3 种形式:铆钉沿其剪切面被剪断;铆钉与钢板之间的挤压破坏;钢板沿被削弱了的横截面被拉断。为了保证铆钉连接的正常工作,就必须避免上述 3 种破坏的发生,根据强度条件分别对 3 种情况做实用强度计算。

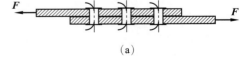
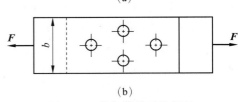

图 6-25　铆钉搭结两块钢板

1. 铆钉的剪切实用计算

设铆钉个数为 n,铆钉直径为 d,接头所受的拉力为 F。采用前面铆钉的剪切实用计算方法,假定铆钉只受剪切作用,切应力沿剪切面均匀分布,并且每个铆钉所受的剪力相等,即所有铆钉平均分担接头所承受的拉力 F。

每个铆钉剪切面上的剪力为

$$F_Q = \frac{F}{n} \tag{a}$$

根据剪切的实用计算公式,强度条件为

$$\tau = \frac{F_Q}{A_Q} = \frac{\dfrac{F}{n}}{\dfrac{\pi d^2}{4}} = \frac{4F}{n\pi d^2} \leqslant [\tau] \tag{6-22}$$

式中:$[\tau]$ 为铆钉的许用切应力;A_Q 为剪切面面积。

必须指出,以上所述是对搭接方式连接的实用计算,每个铆钉只有一个剪切面。如果采用对接方式连接(图 6-26),则每个铆钉有两个剪切面(图 6-27),每个剪切面上的剪力为

$$F_s = \frac{F}{2n} \tag{b}$$

其他计算与上述类似。

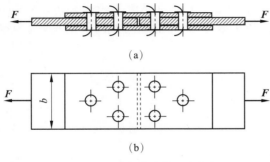

图 6-26　对接方式连接两块钢板

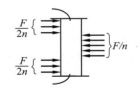

图 6-27　每个铆钉两面受剪图

2. 铆钉与钢板孔壁之间的挤压实用计算

采用前面铆钉与钢板孔壁之间的挤压实用计算方法，假设挤压应力在计算挤压面上是均匀分布的。

根据挤压应力的实用计算公式，挤压强度条件为

$$\sigma_{bs} = \frac{F_{bs}}{A_{bs}} = \frac{F}{ndt} \leqslant [\sigma_{bs}] \tag{6-23}$$

对于对接方式连接的情况（图 6-26），应分别校核中间钢板及上下钢板与铆钉之间的挤压强度。

3. 钢板的抗拉强度校核

由于铆钉孔的存在，钢板在开孔处的横截面面积有所减小，因此必须对钢板被削弱的截面进行强度校核。

【应用案例 6-5】　图 6-28 所示为两块钢板搭接连接而成的铆接接头。钢板宽度 $b = 200\text{mm}$，厚度 $t = 8\text{mm}$。设接头拉力 $F = 200\text{kN}$，铆钉直径为 20mm，许用切应力 $[\tau] = 160\text{MPa}$，钢板许用拉应力 $[\sigma] = 170\text{MPa}$，挤压许用应力 $[\sigma_{bs}] = 340\text{MPa}$。试校核此接头的强度。

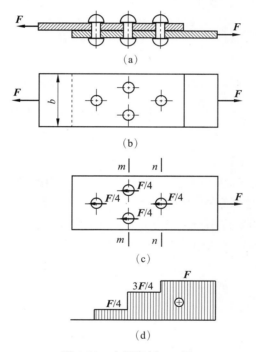

微课：应用案例 6-5 和 6-6

图 6-28　应用案例 6-5 图

【解】　为保证接头强度，需作出 3 方面的校核。

（1）铆钉的剪切强度校核。每个铆钉所受到的力等于 $F/4$，根据剪切强度条件公式得

$$\tau = \frac{F_s}{A_s} = \frac{\dfrac{F}{n}}{\dfrac{\pi d^2}{4}} = \frac{200 \times 10^3}{\dfrac{\pi (20 \times 10^{-3})^2}{4} \times 4} \approx 159.15 \times 10^6 (\text{Pa}) = 159.15 (\text{MPa}) < [\tau] = 160\text{MPa}$$

满足剪切强度条件。

(2)铆钉的挤压强度校核。上、下侧钢板与每个铆钉之间的挤压力均为 $F_{bs}=F/4$,由于上、下侧钢板厚度相同,因此以只校核下侧钢板与每个铆钉之间的挤压强度。根据挤压强度条件公式得

$$\sigma_{bs}=\frac{F_{bs}}{A_{bs}}==\frac{F/4}{dt}=\frac{200\times10^3}{20\times10^{-3}\times8\times10^{-3}\times4}=312.5\times10^6(Pa)=312.5(MPa)$$
$$<[\sigma_{bs}]=340MPa$$

满足挤压强度条件。

(3)钢板的抗拉强度校核。由于上、下侧钢板厚度相同,因此验算下侧钢块即可,画出它的受力图及轴力图[图 6-27(c)和(d)]。

对于截面 m—m:

$$A=(b-md)t=(0.2-2\times0.02)\times0.008$$
$$=12.8\times10^{-4}(m^2)$$

$$\sigma=\frac{F_N}{A}=\frac{200\times10^3\times\frac{3}{4}}{12.8\times10^{-4}}$$
$$\approx117.2\times10^6(Pa)=117.2(MPa)<[\sigma]$$

满足抗拉强度条件。

对于截面 n—n:

$$A=(0.2-1\times0.02)\times0.008=14.4\times10^{-4}(m^2)$$
$$\sigma=\frac{F_N}{A}=\frac{200\times10^3}{14.4\times10^{-4}}\approx138.9\times10^6(Pa)=138.9(MPa)<[\sigma]$$

满足抗拉强度条件。

综上所述,该接头是安全的。

【应用案例 6-6】 图 6-29(a)为受拉力 $F=150kN$ 作用的对接接头,其中主板宽度 $b=170mm$、厚度 $t_1=10mm$,上下盖板的厚度 $t_2=6mm$。已知材料的许用拉应力为 $[\sigma]=160MPa$,许用切应力为 $[\tau]=100MPa$,许用挤压应力为 $[\sigma_{bs}]=300MPa$。试确定铆钉的直径。

【解】 对接口一侧有 3 个铆钉,则每个铆钉受力如图 6-29(c)所示。

(1)由剪切强度条件

$$\tau=\frac{F_Q}{A_Q}=\frac{\dfrac{F}{2n}}{\dfrac{\pi d^2}{4}}\leqslant[\tau]$$

得

$$d\geqslant\sqrt{\frac{2F}{n\pi[\tau]}}=\sqrt{\frac{2\times150\times10^3}{3\times\pi\times100\times10^6}}\approx17.8\times10^{-3}(m)=17.8(mm)$$

(2)校核挤压强度

$$\sigma_{bs}=\frac{F_{bs}}{A_{bs}}=\frac{\dfrac{F}{n}}{dt_1}=\frac{150\times\dfrac{10^3}{3}}{17.8\times10^{-3}\times10\times10^{-3}}\approx280\times10^6(Pa)=280(MPa)<[\sigma_{bs}]$$

选择铆钉的直径为 18mm。

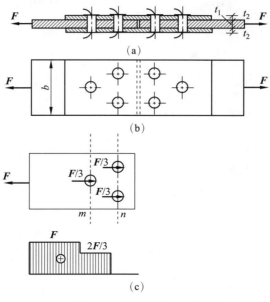

图 6-29　应用案例 6-6 图

（3）校核钢板的抗拉强度。两块盖板的厚度之和大于主板的厚度，故只要校核主板的抗拉强度即可，主板的受力和轴力图如图 6-29(c)所示。

对于截面 $m—m$：

$$A = (b - md)t_1 = (0.17 - 1 \times 0.018) \times 0.01 = 15.2 \times 10^{-4}(\text{m}^2)$$

$$\sigma = \frac{F_N}{A} = \frac{150 \times 10^3}{15.2 \times 10^{-4}} \approx 98.7 \times 10^6 (\text{Pa}) = 98.7(\text{MPa}) < [\sigma] = 160(\text{MPa})$$

对于截面 $n—n$：

$$A = (0.17 - 2 \times 0.018) \times 0.01 = 13.4 \times 10^{-4}(\text{m}^2)$$

$$\sigma = \frac{F_N}{A} = \frac{150 \times 10^3 \times \dfrac{2}{3}}{13.4 \times 10^{-4}} \approx 74.6 \times 10^6 (\text{Pa}) = 74.6(\text{MPa}) < [\sigma]$$

钢板满足抗拉强度条件。

最终选择铆钉直径为 18mm。

模 块 小 结

1. 知识体系

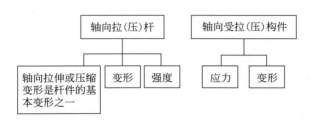

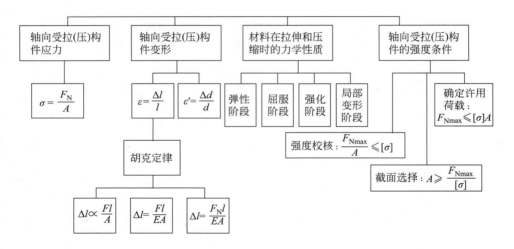

2. 能力培养

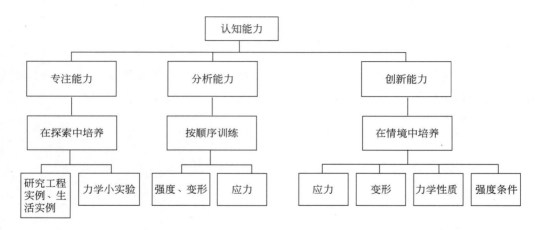

实验与讨论

1.3 根材料的 σ-ε 曲线如图 6-30 所示，试说明哪种材料的强度高？哪种材料的塑性好？在弹性范围内哪种材料的弹性模量大？

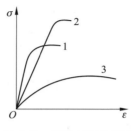

图 6-30 实验与讨论题 1

2. 低碳钢单向拉伸的曲线可分为哪几个阶段？对应的强度指标是什么？其中哪一个指标是强度设计的依据？

3. 在工程实际中，常常使用承受内压的薄壁容器，如气瓶、锅炉等，当壁厚小于或等于容器内径的 1/20 时，可以认为轴向与径向应力均沿壁厚均匀分布。其按本模块所述近似方法计算（图6-31）。

可以看出，作用在两端筒底的压力，在圆筒横截面上引起轴向正应力 σ_x ［图 6-31(c)］；而作用在筒壁的压力，则在圆筒径向纵截面上引起周向正应力 σ_t。

（1）求横截面上的应力——轴向正应力 σ_x；

（2）求纵截面上的应力——周向正应力 σ_t。

那么，当圆筒发生强度破坏时，将沿纵向还是横向发生断裂呢？

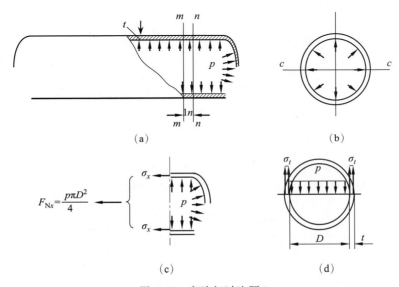

图 6-31　实验与讨论题 3

4. 试校核图 6-32 所示连接销钉的抗剪强度。已知 $F=100\text{kN}$，销钉直径 $d=30\text{mm}$，材料的许用切应力 $[\tau]=60\text{MPa}$。若强度不够，应改用多大直径的销钉？

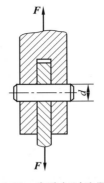

图 6-32　实验与讨论题 4

习　题

1. 如图 6-33 所示，已知两杆的横截面面积均为 $A=200\text{mm}^2$，材料的弹性模量 $E=200\text{GPa}$。在结点 A 处受荷载 F 作用，现通过试验测得两杆的纵向线应变分别为 $\varepsilon_1=4\times10^{-4}$，$\varepsilon_2=2\times10^{-4}$，试确定荷载 F 及其方位角 θ 的大小。

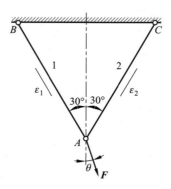

图 6-33　习题 1 图

2. 受拉钢板如图 6-34 所示，原宽度 $b=80\text{mm}$，厚度 $t=10\text{mm}$，上边缘有一切槽，深 $a=10\text{mm}$，$F=80\text{kN}$，钢板的许用应力 $[\sigma]=140\text{MPa}$。试校核其强度。

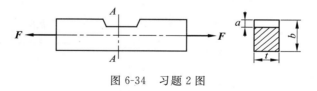

图 6-34　习题 2 图

3. 图 6-35 所示齿轮用平键与轴连接（图中只画出了轴与键，没有画齿轮）。已知轴的直径 $d=70\text{mm}$，键的尺寸为 $b\times h\times l=20\text{mm}\times12\text{mm}\times100\text{mm}$，传递的扭转力偶矩 $T_e=2\text{kN·m}$，键的许用应力 $[\tau]=60\text{MPa}$，$[\sigma_{bs}]=100\text{MPa}$。试校核键的强度。

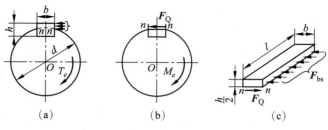

图 6-35　习题 3 图

4. 图 6-36(a) 所示拉杆用 4 个直径相同的铆钉固定在另一个板上，拉杆和铆钉的材料相同，试校核铆钉和拉杆的强度。已知 $F=80\text{kN}$，$b=80\text{mm}$，$t=10\text{mm}$，$d=16\text{mm}$，$[\tau]=100\text{MPa}$，$[\sigma_{bs}]=300\text{MPa}$，$[\sigma]=150\text{MPa}$。

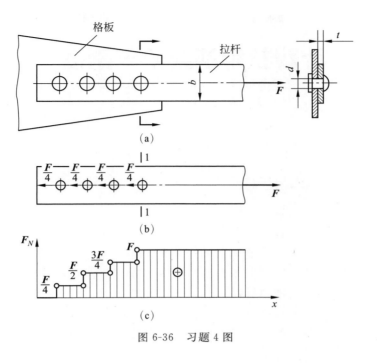

图 6-36 习题 4 图

习题参考答案

参考答案

模块 7 计算扭转的强度与刚度

微课:学习指导

课件:模块7 PPT

学习目标

知识目标:

1. 掌握扭转时横截面上应力的分布规律;
2. 掌握扭转时的强度条件;
3. 掌握扭转时的刚度条件。

能力目标:

1. 能够对受扭构件进行强度计算;
2. 能够对受扭构件进行刚度计算。

学习内容

本模块主要介绍圆轴扭转时的强度计算和刚度计算,使学生具备对以扭转为主的杆件进行强度和刚度计算的能力。本模块分为3个学习任务,应沿着如下流程进行学习:

工程中的受扭构件→圆轴扭转时的应力与变形计算→圆轴扭转时的强度条件与刚度条件。

教学方法建议

采用"教、看、学、做"一体化进行教学,教师利用相关多媒体进行理论讲解和图片动画展示,同时可结合力学模型、虚拟仿真等方式,让学生对杆件的应力分布规律和变形有一个直观的感性认识,为以后的学习奠定理论和实践基础。在教师的指导下,让学生对扭转杆件进行应力分析和计算,并进一步进行强度和刚度验算,从实做中提高学生学习的能力。

7.1 工程中的受扭构件

微课:工程中的受扭构件

扭转变形是杆件的基本变形之一。在垂直于杆件轴线的两个平面内,作用一对大小相等、方向相反的力偶时,杆件就会产生扭转变形。扭转变形的特点是各横截面绕杆的轴线发生相对转动。将杆件任意两横截面之间相对转过的角度 φ

称为扭转角,如图 7-1 所示。

在建筑工程中,单纯产生扭转变形的实例并不多,但有些杆件是以扭转变形为主的,如建筑中带雨篷的门过梁,如图 7-2 所示。

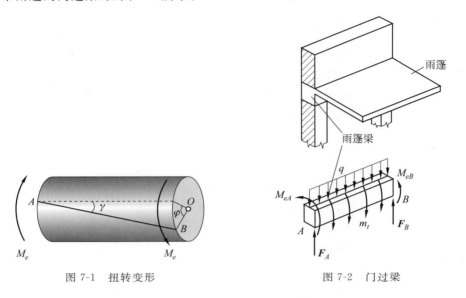

图 7-1 扭转变形   图 7-2 门过梁

工程中以扭转变形为主的杆件称为轴,如汽车转向盘的操纵杆和驱动轴、机器中的传动轴及钻机的钻杆等,如图 7-3 所示。

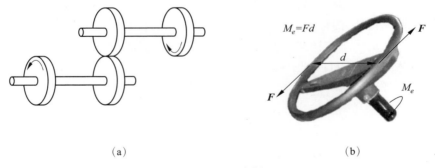

(a)   (b)

图 7-3 工程实例

圆轴扭转时的强度和刚度问题是本模块讨论的主要问题。

7.2 计算圆轴扭转时的应力与变形

7.2.1 横截面上的应力

1. 试验现象的观察与分析

如图 7-4(a)所示实心圆杆,在圆杆的表面画上一些与杆轴线平行的纵向线和与杆轴线垂直的圆周线,从而形成一系列的正方格。在杆的两端施加外扭矩 M_e,使杆发生扭转,如图 7-4(b)所示。

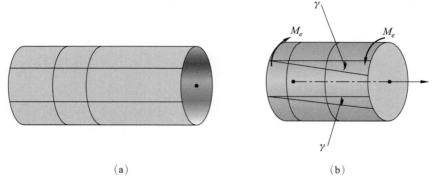

(a)   (b)

图 7-4   实心圆杆扭转变形

通过实验,可以观测到下列现象。

(1)等直圆杆扭转变形后,所有的圆周线都绕杆件的轴线相对旋转了一个角度,圆周线的形状和大小均未改变,间距也没有变。

(2)在变形微小的情况下,所有的纵向线倾斜了一个相同的角度 γ,所有圆杆表面上的小正方格都发生了歪斜,变成平行四边形。

上述试验现象表明,圆杆扭转过程中,相邻横截面间发生错动,并由此认定横截面间无正应力而只有切应力,仍处于纯切应力状态。

2. 切应力分布规律及计算公式

经过理论研究得知,圆轴扭转时横截面上任意点只存在切应力 τ,且垂直于该点与圆心的连线。切应力 τ 的大小与横截面上的扭矩 T 及切应力点到圆心的距离 ρ 成正比,沿半径呈直线分布,ρ 相等的各点(同圆上各点)处切应力大小相等。

切应力分布规律如图 7-5 所示。其计算公式为

$$\tau = \frac{T\rho}{I_P} \tag{7-1}$$

式中:T 为横截面上的扭矩;I_P 为极惯性矩,$I_P = \int_A \rho^2 \mathrm{d}A$;$\rho$ 为所求应力点至圆心的距离。

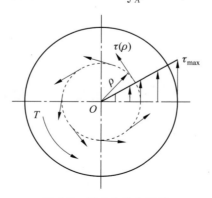

图 7-5   切应力分布规律

7.2.2 计算极惯性矩和扭转截面系数

1. 极惯性矩

极惯性矩是只与截面形状、尺寸有关的一个几何量,常用单位为 m^4 或 mm^4。

(1)实心圆轴的极惯性矩:

$$I_P = \frac{\pi d^4}{32} \tag{7-2}$$

式中:d 为圆截面直径。

(2)空心圆轴的极惯性矩:

$$I_P = \frac{\pi}{32}(D^4 - d^4) = \frac{\pi D^4}{32}(1 - \alpha^4) \tag{7-3}$$

式中:D 为空心圆外径;d 为空心圆内径;$\alpha = \dfrac{d}{D}$。

2. 扭转截面系数

最大切应力 τ_{max} 发生在最外圆轴处,即在 $\rho_{max} = \dfrac{D}{2}$ 处。

$$\tau_{max} = \frac{T \rho_{max}}{I_P} = \frac{T}{W_P} \tag{7-4}$$

式中:W_P 为扭转截面系数,单位为 m^3 或 mm^3。

(1)实心圆截面:

$$W_P = \frac{I_P}{\rho_{max}} = \frac{\pi d^3}{16} \tag{7-5}$$

(2)空心圆截面:

$$W_P = \frac{I_P}{\rho_{max}} = \frac{\pi D^3}{16}(1 - \alpha^4) \tag{7-6}$$

7.2.3 圆杆扭转时的变形

圆轴扭转时的变形用两横截面的相对角位移 φ 表示(图 7-1),φ 称为扭转角。扭转角的大小与杆段的扭矩 T 成正比,与段长 l 成正比,与材料的切变模量 G 成反比,与圆截面对形心的极惯性矩 I_P 成反比:

$$\varphi = \frac{Tl}{GI_P} \tag{7-7}$$

式中:φ 为扭转角,单位为 rad;G 为材料的切变模量;GI_P 为扭转刚度,综合反映材料、截面的抗扭能力。

7.2.4 切应力互等定理和剪切胡克定律

1. 切应力互等定理

对受力杆件进行应力分析,常在一点处取出一个微小的正六面体——单元体放大,如

图 7-6(a)所示。位于横截面上的微面标字符 $cc'd'd$。该微面处有切应力 τ 和切向分布力 $\tau \mathrm{d}y\mathrm{d}z$。

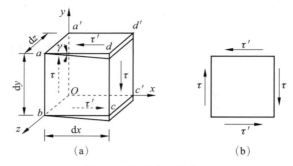

图 7-6 切应力互等定理

杆件平衡则单元体平衡。由 $\sum M_z(F)=0$ 知,微面 $dd'a'a$ 上必有切向分布力 τ' $\mathrm{d}x\mathrm{d}z$,则

$$\tau'\mathrm{d}x\mathrm{d}z \cdot \mathrm{d}y = \tau\mathrm{d}y\mathrm{d}z \cdot \mathrm{d}x$$

得

$$\tau' = \tau$$

在单元体两个相互垂直的平面上,垂直于公共棱边的切应力同时存在,同指向或同背离公共棱边,大小相等。这种关系称为切应力互等定理。由此,可确定 $aa'Ob$、$Oc'cb$ 微面上切应力的方向和大小。由于微面 $abcd$、$a'Oc'd'$ 上的应力为零,因此可用平面图形表示单元体[图 7-6(b)]。

2. 切应变剪切胡克定律

如图 7-6(a)所示,与切应力相应,单元体发生了剪切变形。剪切变形的程度用单元体直角的改变量 γ 表示(单位:rad),称为切应变。

材料在弹性范围内工作时,切应力与切应变成正比,如下:

$$\tau = G\gamma$$

此关系称为剪切胡克定律。其中的比例因数 G 称为材料的切变模量。

7.3 圆轴扭转时的强度条件与刚度条件

微课:圆轴扭转
时的强度条件
与刚度条件

7.3.1 圆轴扭转时的强度条件

为了保证轴的正常工作,轴内最大切应力不应超过材料的许用切应力 $[\tau]$,所以圆轴扭转时的强度条件为

$$\tau_{\max} = \frac{T_{\max}}{W_P} \leqslant [\tau]$$

式中:$[\tau]$ 为材料的许用切应力,各种材料的许用切应力可查阅有关手册;W_P 为扭转截面系

数，圆截面的 $W_P = \dfrac{\pi d^3}{16}$，圆环截面的 $W_P = \dfrac{\pi D^3}{16}(1-\alpha^4)$，$\alpha = \dfrac{d}{D}$。

【应用案例 7-1】　图 7-7(a)所示传动轴 AB 的扭矩图如图 7-7(b)所示，轴的直径 $d = 78\text{mm}$，许用切应力$[\tau] = 100\text{MPa}$。试校核轴的扭转切应力强度。危险截面在轴的 EF 段。

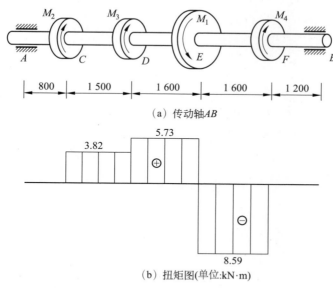

(a) 传动轴AB

(b) 扭矩图(单位:kN·m)

图 7-7　应用案例 7-1 图

【解】

$$\tau_{\max} = \frac{T_{EF}}{W_P} = \frac{T_{EF}}{\dfrac{\pi d^3}{16}} = \frac{8.59 \times 10^6}{\dfrac{\pi \times 78 \text{mm}^3}{16}} \approx 92.19\,(\text{MPa}) < [\tau] = 100\,(\text{MPa})$$

轴的扭转切应力强度足够。

7.3.2　圆轴扭转时的刚度条件

为了保证圆轴的正常工作，除要求满足强度条件外，还常限制变形，使最大单位长度的扭转角不超过许用的单位长度扭转角，即

$$\theta_{\max} = \frac{\varphi}{l} = \frac{T}{GI_P} \leqslant [\theta] \tag{7-8}$$

式(7-8)左边是轴的最大单位长度扭转角，单位为 rad/m；右边是许用单位长度扭转角，单位为 rad/m，其具体的数值可从有关手册中查到。

【应用案例 7-2】　一钢轴的扭矩为 $T = 2.3\text{kN·m}$，许用切应力$[\tau] = 40\text{MPa}$，单位长度的许用扭转角$[\theta] = 0.014\text{rad/m}$，材料的切变模量 $G = 80\text{GPa}$。试设计轴径。

【解】　(1) 根据圆轴扭转时的强度条件，求轴径。

由

$$W_P \geqslant \frac{T}{[\tau]}$$

得

$$d \geqslant \sqrt[3]{\frac{16T}{\pi[\tau]}} = \sqrt[3]{\frac{16 \times 2.3 \times 10^3}{3.14 \times 40}} \approx 0.066\,4(\text{m})$$

（2）根据圆轴扭转时的刚度条件，求轴径。

由

$$I_P \geqslant \frac{T}{G[\theta]}$$

得

$$d \geqslant \sqrt[4]{\frac{32T}{\pi G[\theta]}} = \sqrt[4]{\frac{32 \times 2.3 \times 10^3}{3.14 \times 80 \times 10^9 \times 0.014}} \approx 0.067\,6(\text{m})$$

所以，应按刚度条件设计轴径，取 $d = 68\text{mm}$。

模 块 小 结

1. 知识体系

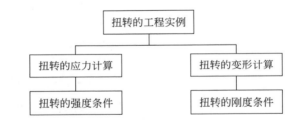

2. 能力培养

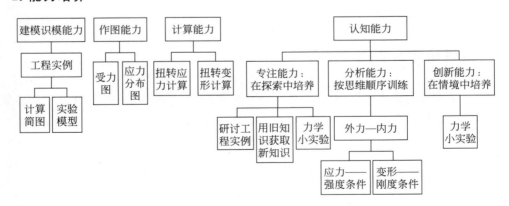

实验与讨论

1. 小实验

（1）粉笔扭转破坏的断口形状如何？做一做实验，将断口形状绘出。

（2）用圆形海绵直杆作图 7-4 所示扭转实验，观察圆杆的变形。

2. 如图 7-8 所示单元体，$\sigma_x=60\mathrm{MPa}$，$\tau_{xy}=-40\mathrm{MPa}$，$\sigma_y=-20\mathrm{MPa}$。试在单元体的表面上画出应力，并标注应力的绝对值。

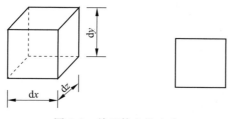

图 7-8　单元体上的应力

习　　题

1. 实心圆轴如图 7-9 所示，两端受力偶矩 $M_e=14\mathrm{kN\cdot m}$，直径 $d=110\mathrm{mm}$。试计算横截面 A、B、C 各点的切应力。

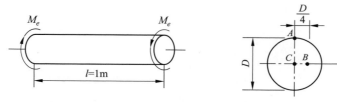

图 7-9　习题 2 图

2. 一实心圆轴，两端受外力偶 $M_e=14\mathrm{kN\cdot m}$，已知圆轴直径 $d=100\mathrm{mm}$，长 1m，材料的切变模量 $G=80\mathrm{GPa}$。试求两端截面之间的相对扭转角。

3. 在上题中，若许用应力 $[\tau]=70\mathrm{MPa}$。试校核轴的强度。

习题参考答案

参考答案

模块 8 计算梁的强度与刚度

微课：学习指导

课件：模块 8 PPT

学习目标

知识目标：

1. 掌握梁正应力的分布规律及其计算公式；
2. 掌握梁剪应力的分布规律及剪应力强度条件；
3. 掌握梁的变形计算。

能力目标：

1. 能够对梁进行正应力的强度计算；
2. 能够运用叠加法进行梁的刚度计算。

学习内容

本模块主要介绍梁的应力分布规律、强度计算和刚度计算，使学生具备对梁进行强度和刚度计算的能力。本模块分为 5 个学习任务，应沿着如下流程进行学习：

梁的正应力计算→梁的切应力计算→梁的强度计算→梁的变形和刚度计算→梁的主应力和主应力轨迹线。

教学方法建议

采用"教、看、学、做"一体化进行教学，教师利用相关多媒体进行理论讲解和图片动画展示，同时可结合力学模型、虚拟仿真等方式，让学生对杆件的应力分布规律和变形有一个直观的感性认识，为以后的学习奠定理论和实践基础。在教师的指导下，让学生对梁进行应力分析和计算，并进一步进行强度和刚度验算，从实做中提高学生学习的能力。

8.1　梁横截面上的正应力

微课:梁横截面
上的正应力

8.1.1　试验观察与分析

　　用矩形截面海绵直杆比拟直梁[图 8-1(a)],并将梁看成由无数纵向纤维黏结而成。在海绵杆的表面画两圈垂直于轴线的横线,代表两个横截面。在横线中间画几条纵线,代表纵向纤维。双手在海绵杆的两端施加力偶,使它作平面弯曲[图 8-1(b)]。观察横线,其仍然垂直于轴线,表明横截面在梁作平面弯曲之后仍为垂直于轴线的平面;观察纵线,各条纵线的变形由伸长量大到伸长量小,再由缩短量小到缩短量大。由于梁的轴线在纵向对称平面内弯成平面曲线,横截面仍然垂直于轴线,因此可以推断同一高度的纵向纤维层的伸缩量相同。在纵向纤维层由伸长到缩短的连续变化中,必有一层既不伸长也不缩短。这一纵向纤维层称为中性层[图 8-1(c)]。中性层与横截面相交的直线称为横截面的中性轴。可见,中性层一侧的纵向纤维受拉,另一侧的纵向纤维则受压;中性轴将横截面分成了受拉和受压两个区域。

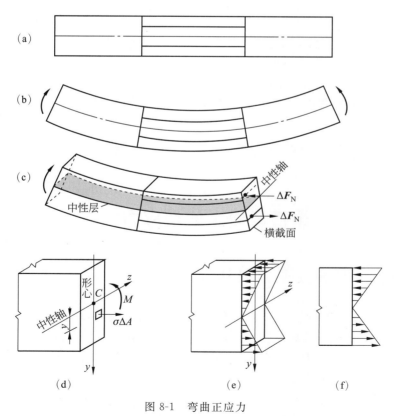

图 8-1　弯曲正应力

　　海绵直梁变形之前,两横截面之间的纵向纤维的长度相同。纤维的伸缩量与纤维原长之比为线应变,表示纤维的伸缩程度。在弹性范围内,纵向纤维的伸缩程度与纵向分布内力的密集程度成正比——线应变与正应力成正比。

中性层的纵向纤维既不伸长,也不缩短——横截面上中性轴处的正应力为零。

两横截面间的纵向纤维段的变形量沿梁的高度呈直线变化[图 8-1(b)],而这些纵向纤维段的原长是相同的。因此,纵向纤维的变形程度沿梁的高度呈直线变化——横截面上正应力沿高度呈直线分布;同一高度的纵向纤维的变形程度相同,对应正应力沿横截面的宽度均匀分布。图 8-1(e)表现了梁的正应力在横截面上的分布规律,称为弯曲正应力分布图。图 8-1(f)为它的平面表达形式。

8.1.2 正应力计算公式

根据理论推导(推导从略),梁的横截面上,任一点处的弯曲正应力公式为

$$\sigma = \frac{My}{I_z} \tag{8-1}$$

式中:M 为该截面的弯矩,由截面上各纵向分布内力对中性轴的力矩组成[图 8-1(c)和(d)];y 为该点到中性轴的距离,中性轴通过截面的形心。I_z 为对中性轴的惯性矩,矩形截面 $I_z = \frac{bh^3}{12}$,圆截面 $I_z = \frac{\pi d^4}{64}$。

8.1.3 正应力公式的使用条件

1. 平面假设

梁各横截面变形后仍保持平面,且仍垂直于弯曲后的梁轴线。

2. 单向受力假设

将梁看成由无数纤维组成,各纤维只受到轴向拉伸或压缩,各层纤维间不存在互相挤压。

8.2 梁横截面上的切应力

8.2.1 矩形截面梁横截面上的切应力

梁在横力弯曲时,梁的横截面上既有弯矩又有剪力,因而相应地引起了正应力和切应力。

设在任意荷载作用下的矩形横截面梁,其任意横截面上的弯矩和剪力分别引起该截面上的正应力和切应力。剪力 F_Q 与截面对称轴 y 重合,如图 8-2(a)所示。在求切应力时,对切应力的分布做如下的假设。

(1)横截面上各点的切应力方向均与两侧边平行。

(2)切应力沿矩形截面宽度均匀分布,即在横截面上距中性轴等距离的各点处的切应力大小相等,如图 8-2(b)所示。

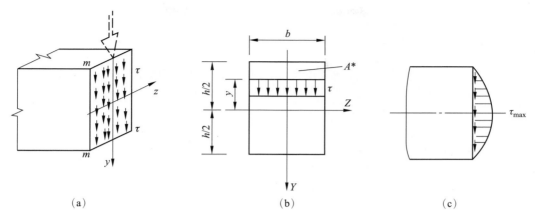

图 8-2　矩形截面梁的剪应力

根据理论推导(推导从略),梁的横截面上,任一点处的弯曲切应力公式为

$$\tau = \frac{F_Q S_z^*}{I_z b} \tag{8-2}$$

式中:F_Q 为横截面上的剪力;I_z 为整个截面对中性轴的惯性矩,矩形截面 $I_z = \dfrac{bh^3}{12}$;b 为需求切应力处的横截面宽度;S_z^* 为横截面上需求切应力点处的水平线以上(或以下)部分的面积对中性轴的静矩。

用式(2-8)计算时,F_Q 与 S_z^* 均用绝对值代入即可。

切应力沿截面高度的分布规律可用式(8-2)得出。对于同一截面,F_Q、I_z 及 b 都为常量,因此截面上的切应力 τ 是随静矩 S_z^* 的变化而变化的。

现求图 8-2(b)所示矩形截面上任意一点的切应力,该点至中性轴的距离为 y,该点水平线以上横截面面积对中性轴的静矩为

$$S_z^* = A^* y_0 = b\left(\frac{h}{2} - y\right)\left[y + \frac{1}{2}\left(\frac{h}{2} - y\right)\right] = \frac{bh^2}{8}\left(1 - \frac{4y^2}{h^2}\right)$$

又 $I_z = \dfrac{bh^3}{12}$,代入式(8-2)得

$$\tau = \frac{3F_Q}{2bh}\left(1 - \frac{4y^2}{h^2}\right)$$

上式表明切应力沿截面高度按二次抛物线规律分布,如图 8-2(c)所示。在上、下边缘处,切应力为零;在中性轴上,切应力最大,其值为

$$\tau_{max} = \frac{3F_Q}{2bh} = 1.5\frac{F_Q}{A} \tag{8-3}$$

由此可见,矩形截面上的最大切应力是平均切应力的 1.5 倍,发生在中性轴上。

8.2.2　其他截面梁的切应力

1."工"字形截面梁

"工"字形截面梁如图 8-3(a)所示,由于腹板是窄长矩形,因此可以完全采用矩形截面

切应力的计算公式：

$$\tau = \frac{F_Q S_z^*}{d I_z} \tag{8-4}$$

切应力沿高度方向按二次曲线规律变化,在中性轴上切应力为最大,这也是整个截面的最大切应力[图 8-3(b)]

$$\tau = \frac{F_Q S_{z\max}^*}{d I_z} \tag{8-5}$$

式中：$S_{z\max}^*$ 为中性轴一边半个截面面积对中性轴的静矩；d 为腹板的宽度；I_z 为整个截面对中性轴的惯性矩。

对于轧制的标准型钢,可通过查型钢规格表确定 I_z 及 S_z^* 。

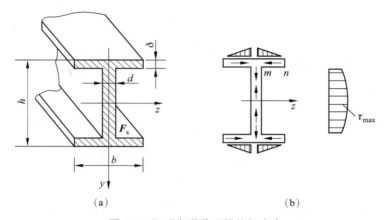

(a)　　　　　　　　　　　　　(b)

图 8-3　"工"字形截面梁的切应力

2. 圆形截面梁

由切应力互等定理可知,圆形截面梁的切应力必与周边相切。由于图形的对称性,在 y 轴上各点的切应力必沿着 y 轴方向,因此可假设切应力在截面上的分布为：距 y 轴等距离各点处切应力在宽度方向上沿 y 轴分量相等,且切应力汇交于一点。仿照矩形截面梁切应力计算公式,得

$$\tau_y = \frac{F_Q S_z^*}{b I_z} \tag{8-6}$$

式中：S_z^* 为部分面积对中性轴的静矩；b 为弦的长度；I_z 为整个截面对中性轴的惯性矩。

由式(8-6)可知,圆形截面梁的最大切应力发生在中性轴上,中性轴上各点切应力分量与总切应力大小相等,方向相同。因此

$$\tau_{\max} = \frac{F_Q S_{z\max}^*}{b I_z} \tag{8-7}$$

3. 薄壁环形截面梁的切应力

圆环形截面梁设其壁厚为 δ,平均半径为 r_0,由于 $\delta \ll r_0$,因此可假设环形截面切应力的分布为：圆环内外周边上的切应力与圆周相切,且切应力沿圆环厚度方向均匀分布。仿照矩形截面的研究方法,经分析知,圆环形截面的最大切应力同样发生在中性轴处：

$$\tau_{\max} = 2 \frac{F_Q}{A} \tag{8-8}$$

式中：A 为圆环的面积，$A = 2\pi r_0 \delta$。

由此可见，环形截面梁的最大切应力 τ_{max} 为其平均切应力 $\dfrac{F_Q}{A}$ 的 2 倍。

8.3　计算梁的强度

微课：计算
梁的强度

8.3.1　最大应力

1. 最大正应力

在计算强度时，必须计算出梁的最大正应力。产生最大正应力的截面称为危险截面，对于等直梁，最大弯矩所在的截面就是危险截面。危险截面上的最大应力点称为危险点，它发生在距中性轴最远的上下边缘处：

$$\sigma_{max} = \frac{M_{max} y_{max}}{I_z} \tag{8-9}$$

令 $W_z = \dfrac{I_z}{y_{max}}$，则：

$$\sigma_{max} = \frac{M_{max}}{W_z} \tag{8-10}$$

式中：W_z 为抗弯截面系数（或模量），它是一个与截面形状和尺寸有关的几何量，其常用单位为 m^3 或 mm^3。

对高为 h、宽为 b 的矩形截面，其抗弯截面系数为

$$W_z = \frac{I_z}{y_{max}} = \frac{\dfrac{bh^3}{12}}{\dfrac{h}{2}} = \frac{bh^2}{6} \tag{8-11}$$

对直径为 D 的圆形截面，其抗弯截面系数为

$$W_z = \frac{I_z}{y_{max}} = \frac{\dfrac{\pi D^4}{64}}{\dfrac{D}{2}} = \frac{\pi D^3}{32} \tag{8-12}$$

2. 最大切应力

梁的最大切应力发生在危险截面上的中性轴位置处：

$$\tau_{max} = \frac{F_{Qmax} S_{z\,max}^*}{b I_z} \tag{8-13}$$

8.3.2　梁的强度条件

1. 正应力强度条件

为了保证梁具有足够的强度，必须使梁危险截面上的最大正应力不超过材料的许用应力。

（1）对于许用压应力远大于许用拉应力的脆性材料,其强度条件为

$$\left.\begin{aligned}\sigma_{\max}^{+}&=\frac{My_{\max}^{+}}{I_z}=\frac{M_{\max}}{W_z}\leqslant[\sigma]^{+}\\\sigma_{\max}^{-}&=\frac{My_{\max}^{-}}{I_z}=\frac{M_{\max}}{W_z}\leqslant[\sigma]^{-}\end{aligned}\right\}\tag{8-14}$$

式中:$\sigma_{\max}^{+}$ 为梁内最大拉应力;M 为危险截面的弯矩;$y_{\max}^{+}$ 为危险点到中性轴的距离;I_z 为对中性轴 z 的截面二次矩;$[\sigma]^{+}$ 为许用拉应力。

梁内的最大压应力与梁内的最大拉应力不一定发生在同一截面,须注意确定各自危险截面的弯矩。

（2）对于许用压应力等于许用拉应力的塑性材料,其强度条件为

$$\sigma_{\max}=\frac{M_{\max}}{W_z}\leqslant[\sigma]\tag{8-15}$$

2. 切应力强度条件

为了保证梁的切应力强度,梁的最大切应力不应超过材料的许用切应力 $[\tau]$,即

$$\tau_{\max}=\frac{F_{Q\max}S_{z\max}^{*}}{bI_z}\leqslant[\tau]\tag{8-16}$$

3. 强度计算

根据强度条件可解决工程中有关强度的 3 类问题。

（1）强度校核。在已知梁的横截面形状和尺寸、材料及所受荷载的情况下,可校核梁是否满足强度条件。

（2）截面设计。当已知梁的荷载和所用的材料时,可根据强度条件计算出截面的具体尺寸或型钢号。

（3）确定许用荷载。已知梁的材料、横截面形状和尺寸,根据强度条件先计算出梁所能承受的最大弯矩,然后根据内力与荷载的关系计算出梁所能承受的最大荷载。

在梁的强度计算中,必须同时满足正应力和切应力两个强度条件。通常先按正应力强度条件设计出截面尺寸,然后按切应力强度条件校核。对于细长梁,按正应力强度条件设计的梁一般都能满足切应力强度要求,故不必做切应力校核。但在以下几种情况下需要校核梁的切应力:①最大弯矩很小而最大剪力很大的梁;②焊接或铆接的组合截面梁(如"工"字形截面梁);③木梁,因为木材在顺纹方向的剪切强度较低,所以木梁有可能沿中性层发生剪切破坏。

【应用案例 8-1】 图 8-4(a)所示悬臂梁用 No18 "工"字钢制成,$[\sigma]=170\text{MPa}$。试按弯曲正应力强度条件校核梁的强度。

【解】 （1）画弯矩图,如图 8-4(b)所示。危险截面在固定端处。

（2）应力、强度条件。查型钢表,No18"工"字钢的弯曲截面系数为 $W_z=185\text{cm}^3$,故

$$\sigma_{\max}=\frac{M}{W_z}=\frac{36\times10^6}{185\times10^3}\approx195(\text{MPa})>[\sigma]$$
$$=170(\text{MPa})$$

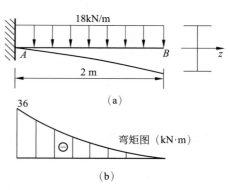

图 8-4　应用案例 8-1 图

梁的弯曲正应力强度不够。

【应用案例 8-2】 应用案例 8-1 所示悬臂梁的强度不够,试重新设计截面。

【解】 对于危险截面的危险点,列强度条件解出弯曲截面系数,查型钢规格表确定"工"字钢的型号:

$$\sigma_{\max} = \frac{M}{W_z} \leqslant [\sigma]$$

$$W_z \geqslant \frac{M}{[\sigma]} = \frac{36 \times 10^6}{170} \approx 212\,000(\text{mm}^3) = 212(\text{cm}^3)$$

选 No20a"工"字钢($W_z = 237\text{cm}^3$)。

【应用案例 8-3】 应用案例 8-2 重新设计截面,选用了 No20a"工"字钢,截面有所富余。试计算此时梁的许可荷载。

【解】 用未知的均布荷载集度 q 表示危险截面的弯矩:

$$M = \frac{ql^2}{2}$$

代入强度条件,解不等式得荷载的许可范围:

$$\sigma_{\max} = \frac{M}{W_z} = \frac{ql^2}{2W_z} \leqslant [\sigma]$$

$$q \leqslant \frac{2W_z[\sigma]}{l^2} = \frac{2 \times 237 \times 10^3 \times 170}{2\,000^2} \approx 20.1(\text{kN/m})$$

取许可荷载$[q] = 20.1\text{kN/m}$。

【应用案例 8-4】 图 8-5 所示为脆性材料 T 形截面梁,截面中性轴 z 的位置及对中性轴的惯性矩已知。梁的许用拉应力$[\sigma]^+ = 70\text{MPa}$,许用压应力$[\sigma]^- = 35\text{MPa}$。试按弯曲正应力强度条件校核梁的强度。

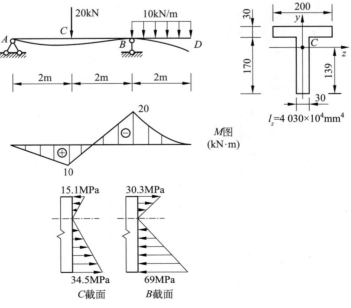

图 8-5 应用案例 8-4 图

【解】 (1) 画弯矩图,勾画挠曲线。C 截面上有全梁最大的正弯矩,B 截面上有全梁最大的负弯矩,这两个截面是可能的危险截面,都要进行强度校核。

(2) 应力、强度条件。

① C 截面:正弯矩。中性轴以下为受拉区,最大拉应力发生在下缘各点;中性轴以上为受压区,最大压应力发生在上缘各点。

$$\sigma_{max}^+ = \frac{My_{max}^+}{I_z} = \frac{10 \times 10^6 \times 139}{4\ 030 \times 10^4} \approx 34.5 (\text{MPa})$$

$$\sigma_{max}^- = \frac{My_{max}^-}{I_z} = \frac{10 \times 10^6 \times 61}{4\ 030 \times 10^4} \approx 15.1 (\text{MPa})$$

② B 截面:负弯矩。中性轴以上为受拉区,最大拉应力发生在上缘各点;中性轴以下为受压区,最大压应力发生在下缘各点。

$$\sigma_{max}^+ = \frac{My_{max}^+}{I_z} = \frac{20 \times 10^6 \times 61}{4\ 030 \times 10^4} \approx 30.3 (\text{MPa})$$

$$\sigma_{max}^- = \frac{My_{max}^-}{I_z} = \frac{20 \times 10^6 \times 139}{4\ 030 \times 10^4} \approx 69 (\text{MPa})$$

全梁的最大压应力发生在 B 截面的下缘,$\sigma_{max}^- = 69\text{MPa} < [\sigma]^- = 70\text{MPa}$;全梁的最大拉应力发生在 C 截面的下缘,$\sigma_{max}^+ = 34.5\text{MPa} < [\sigma]^+ = 35\text{MPa}$。所以,梁的弯曲正应力强度足够。

8.3.3 提高梁弯曲强度的措施

设计梁时,一方面要保证梁具有足够的强度,使梁在荷载作用下能安全地工作;同时应使设计的梁能充分发挥材料的潜力,以节省材料,这就需要选择合理的截面形状和尺寸。

【应用案例 8-5】 将图 8-6(a)所示矩形等分为 30 个小正方形,再按图 8-6(b)重新布置成"工"字形。分别求矩形、"工"字形对其 y 轴、z 轴的惯性矩。

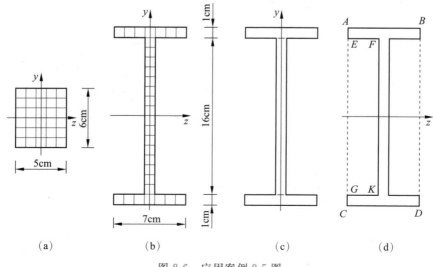

| (a) | (b) | (c) | (d) |

图 8-6 应用案例 8-5 图

【解】 （1）矩形截面的截面惯性矩：

$$I_z = \frac{5 \times 6^3}{12} = 90 (\text{cm}^4)$$

$$I_y = \frac{6 \times 5^3}{12} = 62.5 (\text{cm}^4)$$

（2）"工"字形截面对 y 轴的惯性矩。将图形分解为 3 个小矩形[图 8-6(c)]，y 轴是它们共同的对称轴。上、下小矩形对 y 轴的惯性矩相等，为

$$I_y = \frac{1 \times 7^3}{12} \times 2 + \frac{16 \times 1^3}{12} \approx 58.5 (\text{cm}^4)$$

（3）"工"字形截面对 z 轴的惯性矩。由于 z 轴不是上、下矩形自身的对称轴，因此可以将"工"字形看成大矩形 $ABDC$[图 8-6(d)]，减去两个小矩形 $EFKG$。这样，z 轴便成为 3 个矩形共同的对称轴。

$$I_z = \frac{7 \times 18^3}{12} - \frac{3 \times 16^3}{12} \times 2 \approx 1\ 354 (\text{cm}^4)$$

由上可知：等截面直杆的长度一定，横截面面积的大小则反映了使用材料的多少。本应用案例将矩形变成"工"字形，面积不变，而后者对中性轴 z 的惯性矩却是前者的约 15 倍。从式(8-1) $\sigma = \dfrac{My}{I_z}$ 可见，惯性矩反映了梁截面抵抗弯曲的能力。将材料布置到远离中性轴的地方，可以成倍地提高杆件的抗弯能力。

【应用案例 8-6】 如图 8-7 所示，简支梁的弯矩图已经画出。若横截面分别为矩形和"工"字形，尺寸如图 8-6(a)和(b)所示。试求梁的最大拉应力 $\sigma_{\max}^+$ 和最大压应力 $\sigma_{\max}^-$。

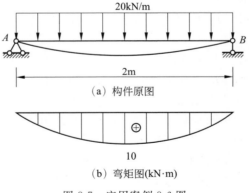

20kN/m

A　　　　　　　　　　B

2m

（a）构件原图

$\oplus$

10

（b）弯矩图(kN·m)

图 8-7　应用案例 8-6 图

【解】 由弯曲正应力公式 $\sigma = \dfrac{My}{I_z}$ 可知，等截面梁各截面对其中性轴的惯性矩相等，因此弯矩 M 最大的跨中截面为危险截面。该截面内距中性轴最远的点 y 最大，弯曲正应力最大，为全梁的危险点。中性轴的下侧受拉，在下缘处有 $y_{\max}^+$；中性轴的上侧受压，在上缘处有 $y_{\max}^-$。约定拉、压用右上标"＋""－"表示，则式中的各量皆取绝对值。

（1）矩形截面：

$$\sigma_{\max}^+ = \frac{My_{\max}^+}{I_z} = \frac{10 \times 10^6 \times 30}{90 \times 10^4} \approx 333 (\text{MPa})$$

$$\sigma_{\max}^{-} = \frac{My_{\max}^{-}}{I_z} = \frac{10 \times 10^6 \times 30}{90 \times 10^4} \approx 333 \, (\text{MPa})$$

（2）"工"字形截面：

$$\sigma_{\max}^{+} = \frac{My_{\max}^{+}}{I_z} = \frac{10 \times 10^6 \times 90}{1\,354 \times 10^4} \approx 66.5 \, (\text{MPa})$$

$$\sigma_{\max}^{-} = \frac{My_{\max}^{-}}{I_z} = \frac{10 \times 10^6 \times 90}{1\,354 \times 10^4} \approx 66.5 \, (\text{MPa})$$

比较计算结果可知，矩形截面改变为"工"字形截面之后，危险点处的弯曲正应力（分布内力的密集程度）缩小了 5 倍。

综上所述，选择截面时尽可能地使横截面面积分布在距中性轴较远的地方，这样在截面面积一定的情况下可以得到尽可能大的抗弯截面系数 W_z，而使最大正应力 $\sigma_{\max}$ 减少；或者在抗弯截面系数 W_z 一定的情况下，减少截面面积以节省材料和减轻自重。因此，"工"字形、槽形截面比矩形截面合理，矩形截面立放比平放合理，正方形截面比圆形截面合理。

8.4　计算梁的变形和刚度

微课：计算梁的
变形和刚度

8.4.1　挠度和转角

对于受弯构件，除了满足强度要求外，通常还要满足刚度要求。现以悬臂梁为例，说明梁变形的一些基本概念，如图 8-8 所示。

梁在自由端受外荷载作用下产生平面弯曲，轴线由直线弯曲成一条平滑的平面曲线，这条曲线称为梁的挠曲线。

为了突出梁的变形特征，用纵向对称平面内的图形表示梁，如图 8-8(b) 所示。可以看到，自由端面的形心由原来的 B 位置移到了 B' 位置，端面由竖直方位顺时针转动了一个角度。杆的轴线是所有横截面形心的集合，原来水平的轴线变成了挠曲线，即所有横截面的形心都有了位移。梁弯曲后，所有的横截面都垂直于挠曲线，可见所有的横截面都由原来的竖直方位转了大小不等的角度。

用轴线表示梁，能够突出地反映梁的位移。在图 8-8(c) 中，自由端面形心的位移可以分解为横向位移 $\Delta_{横B}$ 和轴向位移 $\Delta_{轴B}$。由于土木工程中构件的变形为小变形，梁弯曲时横截面形心的轴向位移 $\Delta_{轴B}$ 不足梁长的 1/100 000，因此略去不计。因此，图示悬臂梁的挠曲线端点 B' 应当画至过原端点 B 的竖线处[图 8-8(d)]，认为梁横截面形心的位移仅为横向线位移（用线段表示点的位移）。梁截面形心的线位移称为梁的挠度，用 f 表示，梁的挠度向下为正。

作挠曲线的垂线，表示该处截面的方位[图 8-8(d)]。杆件弯曲时横截面方位的转变量用角量度，称为角位移。梁横截面的角位移称为转角，用 θ 表示。在图 8-8(d) 所示的坐标系中，转角以顺时针转向为正，以 rad 为单位。

为了说明挠度 f 沿 x 轴的变化规律，可用函数 $f = f(x)$ 来表达，称为梁的挠曲线方程。

在小变形情况下，$\tan\theta \approx \theta$，故

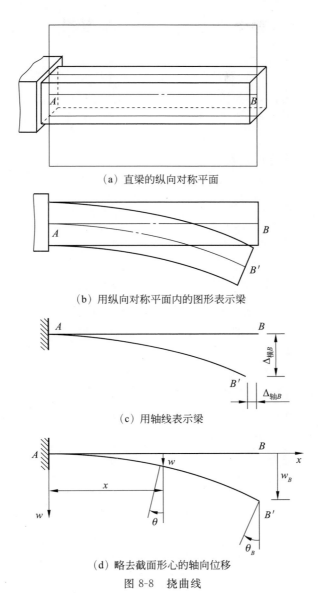

（a）直梁的纵向对称平面

（b）用纵向对称平面内的图形表示梁

（c）用轴线表示梁

（d）略去截面形心的轴向位移

图 8-8　挠曲线

$$\theta \approx \tan\theta = \frac{\mathrm{d}y}{\mathrm{d}x} = f' = f'(x)$$

即挠曲线上任一点处切线的斜率 f' 都可以足够精确地代表该点处截面的转角 θ。$\theta(x)$ 为转角方程。

由此可知，只要知道梁的挠曲线方程，就可以计算任意截面的位移和转角。

8.4.2　梁的挠曲线近似微分方程

根据推导（推导过程略）可知，梁的挠曲线近似微分方程式如下：

$$f'' = -\frac{M(x)}{EI_z} \tag{8-17}$$

该方程忽略了剪力的影响,若为等截面的直梁,其抗弯刚度 EI 为一常量,式(8-17)可改写为

$$EIf'' = -M(x) \tag{8-18}$$

将上式两端积分一次,可得到转角方程;积分两次,可得挠曲线方程。积分常数由梁变形的连续条件和边界条件确定。

8.4.3　积分法计算梁的位移

对式(8-18)两端积分一次,得

$$EIf' = -\int M(x)\mathrm{d}x + C_1 \tag{8-19}$$

再积分一次,即得

$$EIf = -\int \left[\int M(x)\mathrm{d}x\right]\mathrm{d}x + C_1 x + C_2 \tag{8-20}$$

式中:积分常数 C_1、C_2 由边界条件或梁的连续光滑条件确定。

积分常数 C_1、C_2 确定后,分别代入式(8-19)和式(8-20)中,即得转角方程和挠曲线方程。现以悬臂梁为例说明。

【应用案例 8-7】 图 8-8(d)所示悬臂梁,在自由端 B 处受一集中荷载 F 作用,梁的抗弯刚度为 EI_z,求梁的挠曲线方程和转角方程,自由端的挠度 f_B 和转角 θ_B。

【解】 把坐标原点放在 A 点,距 A 为 x 处截面的弯矩为

$$M(x) = -F(l-x) \tag{①}$$

挠曲线近似微分方程为

$$EIv'' = -M(x) = Fl - Fx \tag{②}$$

对式②两边积分得

$$EIf' = Flx - \frac{F}{2}x^2 + C_1 \tag{③}$$

对式③两边积分得

$$EIf = \frac{Fl}{2}x^2 - \frac{F}{6}x^3 + C_1 x + C_2 \tag{④}$$

悬臂梁的边界条件为在固定端处挠度、转角都等于零,即 $x=0$ 处

$$f=0 \quad f'=0$$

代入式③和式④中,得

$$C_1 = 0, \quad C_2 = 0$$

所以,梁的转角方程为

$$\theta = f' = \frac{Fl}{EI}x - \frac{Fx^2}{2E} \tag{⑤}$$

梁的挠曲线方程为

$$v = \frac{Flx^2}{2E} - \frac{Fx^3}{6EI} \tag{⑥}$$

将 $x=l$ 代入式⑤和式⑥,可求出自由端的转角及挠度分别为

$$\theta_B = \frac{1}{EI}\left(Fl^2 - \frac{1}{2}Fl^2\right) = \frac{Fl^2}{2EI}$$

$$f_B = \frac{1}{EI}\left(\frac{Fl^3}{2} - \frac{Fl^3}{6}\right) = \frac{Fl^3}{3EI}$$

从梁的挠曲线大致形状可知,B 截面处的挠度和转角为全梁的最大值 $f_{\max}$、$\theta_{\max}$。

8.4.4　叠加法求挠度和转角

直接积分法是求梁变形的基本方法。但在荷载复杂的情况下,其运算繁杂。由于梁的变形与荷载呈线性关系,因此在求解变形时,也可采用叠加法,即先分别计算每一种荷载单独作用时所引起梁的挠度或转角,然后将它们的代数相加,就得到梁在几种荷载共同作用下的挠度或转角。

在工程设计手册中,列有各类梁在不同荷载作用下的挠度方程和特殊截面的挠度、转角公式,如表 8-1 所示。

表 8-1　梁在简单荷载作用下的挠曲线方程挠度和转角公式

序号	梁上荷载及弯矩图	挠曲线方程	转角和挠度公式
1		$v = \dfrac{M_e x^2}{2EI}$	$\theta_B = \dfrac{M_e l}{EI}$ $v_{\max} = \dfrac{M_e l^2}{2EI}$
2		$v = \dfrac{Fx^2}{6EI}(3l-x)$	$\theta_B = \dfrac{Fl^2}{2EI}$ $v_{\max} = \dfrac{Fl^3}{3EI}$
3		$v = \dfrac{Fx^2}{6EI}(3a-x)$ $(0 \leqslant x \leqslant a)$ $v = \dfrac{Fa^2}{6EI}(3x-a)$ $(a \leqslant x \leqslant l)$	$\theta_B = \dfrac{Fa^2}{2EI}$ $v_{\max} = \dfrac{Fa^2}{6EI}(3l-a)$
4		$v = \dfrac{qx^2}{24EI}(x^2+6l^2-4lx)$	$\theta_B = \dfrac{ql^3}{6EI}$ $v_{\max} = \dfrac{ql^4}{8EI}$

序号	梁上荷载及弯矩图	挠曲线方程	转角和挠度公式
5		$v=\dfrac{q_0x^2}{120EIl}(10l^3-10l^2x+5lx^2-x^3)$	$\theta_B=\dfrac{q_0l^3}{24EI}$ $v_{max}=\dfrac{q_0l^4}{30EI}$
6		$v=\dfrac{M_Ax}{6EIl}(l-x)(2l-x)$	$\theta_A=\dfrac{M_Al}{3EI}$ $\theta_B=-\dfrac{M_Al}{6EI}$ $\theta_C=\dfrac{M_Al^2}{16EI}$
7		$v=\dfrac{M_Bx}{6EIl}(l^2-x^2)$	$\theta_A=\dfrac{M_Bl}{6EI}$ $\theta_B=-\dfrac{M_Bl}{3EI}$ $v_e=\dfrac{M_Bl^2}{16EI}$
8		$v=\dfrac{qx}{24EI}(l^3-2lx^2+x^3)$	$\theta_A=\dfrac{ql^3}{24EI}$ $\theta_B=-\dfrac{ql^3}{24EI}$ $v_e=\dfrac{5ql^4}{384EI}$
9		$v=\dfrac{q_0x}{360EIl}(7l^4-10l^2x^2+3x^4)$	$\theta_A=\dfrac{7q_0l^3}{360EI}$ $\theta_B=\dfrac{q_0l^3}{45EI}$ $v_e=\dfrac{5q_0l^4}{768EI}$
10		$v=\dfrac{Fx}{48EI}(3l^2-4x^2)$ $0\leqslant x\leqslant\dfrac{l}{2}$	$\theta_A=\dfrac{Fl^2}{16EI}$ $\theta_B=-\dfrac{Fl^2}{16EI}$ $v_e=\dfrac{Fl^3}{48EI}$

【应用案例8-8】　试用叠加法计算图8-9所示简支梁的跨中挠度和截面 A 的转角 θ_A。

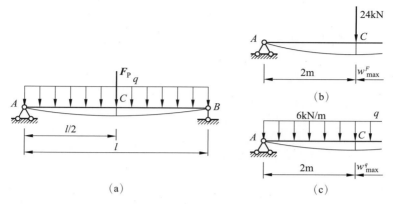

图 8-9　应用案例 8-8 图

【解】　可先分别计算 q 与 F_P 单独作用下的跨中挠度，由表8-1查得：

$$f_C(F_P)=\frac{F_P l^3}{48EI}, \qquad f_C(q)=\frac{5ql^4}{384EI}$$

所以在 q 与 F_P 共同作用下的跨中挠度为

$$f_C=\frac{F_P l^3}{48EI}+\frac{5ql^4}{384EI}$$

同样，也可求得截面 A 的转角为

$$\theta_A=\theta_A(F_P)+\theta_A(q)=\frac{F_P l^2}{16EI}+\frac{ql^3}{24EI}$$

8.4.5　校核梁的刚度

梁的位移过大，则不能正常工作，因此必须将位移控制在工程允许的范围之内。建筑结构中的梁通常是由强度条件控制的，即按强度条件进行设计和选材，然后由刚度条件进行校核。在建筑工程中，通常只校核轴梁的最大挠度。因梁的跨长各不相同，故工程中对于挠度的限制常用许可挠度 $[f]$ 与跨长 l 之比 $\left[\dfrac{f}{l}\right]$ 作为校核标准，即

$$\frac{f_{\max}}{l}\leqslant\left[\frac{f}{l}\right] \tag{8-21}$$

式(8-21)就是梁的刚度条件。

一般钢筋混凝土梁的 $\left[\dfrac{f}{l}\right]=\dfrac{1}{300}\sim\dfrac{1}{200}$，钢筋混凝土吊车梁的 $\left[\dfrac{f}{l}\right]=\dfrac{1}{600}\sim\dfrac{1}{500}$。

【应用案例8-9】　一简支梁如图8-9所示，由I20a"工"字钢制成，跨度 $l=4\text{m}$，集中荷载 $F_P=24\text{kN}$，荷载均匀，$q=6\text{kN/m}$，许可挠度与跨长之比 $\left[\dfrac{f}{l}\right]=\dfrac{1}{300}$。试校核梁的刚度。

【解】　因为结构对称、荷载对称，所以梁的最大挠度发生在 C 截面。表8-1中只有简支梁在单一荷载下的挠度公式，需要将图8-9(a)所示梁上的荷载分解为单独受集中荷载作

用[图 8-9(b)]和单独受均布荷载作用[图 8-9(c)],分别求集中荷载和均布荷载作用下的跨中挠度 f_c,然后叠加。

$$f_C(F_P) = \frac{F_P l^3}{48EI} = \frac{24 \times 10^3 \times 4\,000^3}{48 \times 2 \times 10^5 \times 2\,370 \times 10^4} \approx 6.75(\text{mm})$$

$$f_C(q) = \frac{5ql^4}{384EI} = \frac{5 \times 6 \times 4\,000^4}{384 \times 2 \times 10^5 \times 2\,370 \times 10^4} \approx 4.22(\text{mm})$$

所以在 q 与 F_P 共同作用下的跨中挠度为

$$f_{\max} = f_C = 10.97\text{mm}$$

$$[f] = \left[\frac{f}{l}\right] \times l = \frac{l}{300} = \frac{4\,000}{300} \approx 13.3(\text{mm}) \geqslant f_{\max}$$

梁的刚度足够。

8.5　梁的主应力和主应力轨迹线

微课:梁的主应力和主应力轨迹线

8.5.1　应力状态的概念和分类

1. 应力状态的概念

在分析轴向拉压杆内任一点的应力时,我们知道,不同方位截面的应力是不同的。一般来说,在受力构件内,在通过同一点的不同方位的截面上,应力的大小和方向是随截面的方位不同而按一定的规律变化的。因此,为了深入了解受力构件内的应力情况,正确分析构件的强度,必须研究一点处的应力情况,即通过构件内某一点所有不同截面上的应力情况集合,称为一点处的应力状态。

研究一点处的应力状态时,往往围绕该点取一个微小的正六面体,称为单元体。作用在单元体上的应力可认为是均匀分布的。

2. 应力状态的分类

根据一点处的应力状态中各应力在空间的位置,可以将应力状态分为空间应力状态、平面应力状态和单向应力状态。单元体上三对平面都存在应力的状态称为空间应力状态[图 8-10(a)],只有两对平面存在应力的状态称为平面应力状态[图 8-10(b)],只有一对平面存在应力的状态称为单向应力状态[图 8-10(c)]。若平面应力状态的单元体中正应力都等于零,仅有切应力作用,则称为纯剪切应力状态[图 8-10(d)]。

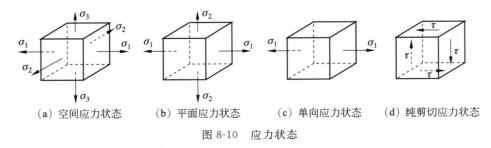

（a）空间应力状态　　（b）平面应力状态　　（c）单向应力状态　　（d）纯剪切应力状态

图 8-10　应力状态

8.5.2　梁上任一点应力状态的分析

梁上任一点的应力状态属于平面应力状态,分析平面应力状态可采用解析法。

1. 斜截面上的应力分析

设从受力构件中某一点取一单元体置于 xy 平面内,如图 8-11(a)所示,已知 x 面上的应力 σ_x 及 τ_x,y 面上的应力 σ_y 及 τ_y。根据切应力互等定理 $\tau_x = \tau_y$,求任一斜截面 BC 上的应力。用斜截面 BC 将单元体切开[图 8-11(b)],斜截面的外法线 n 与 x 轴的夹角用 α 表示(以后 BC 截面称为 α 截面),在 α 截面上的应力用 σ_α 及 τ_α 表示。规定 α 角由 x 轴到 n 轴逆时针转向为正;正应力 σ_α 以拉应力为正,压应力为负;剪应力 τ_α 以对单元体顺时针转向为正,反之为负。

取 BC 左部分为研究对象[图 8-11(c)],设斜截面上的面积为 $\mathrm{d}A$,则 BA 面和 AC 面的面积分别为 $\mathrm{d}A\cos\alpha$ 和 $\mathrm{d}A\sin\alpha$。建立图 8-11(d)所示坐标,取 n 和 t 为两参考坐标轴,列出平衡方程,分别为

$$\sum F_n = 0$$

$$\sigma_\alpha \mathrm{d}A - (\sigma_x \mathrm{d}A\cos\alpha)\cos\alpha + (\tau_x \mathrm{d}A\cos\alpha)\sin\alpha - (\sigma_y \mathrm{d}A\sin\alpha)\sin\alpha + (\tau_y \mathrm{d}A\sin\alpha)\cos\alpha = 0$$

$$\tau_\alpha \mathrm{d}A - (\sigma_x \mathrm{d}A\cos\alpha)\sin\alpha - (\tau_x \mathrm{d}A\cos\alpha)\cos\alpha + (\sigma_y \mathrm{d}A\sin\alpha)\cos\alpha + (\tau_y \mathrm{d}A\sin\alpha)\sin\alpha = 0$$

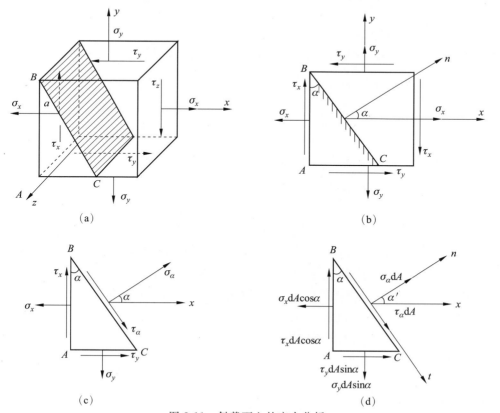

图 8-11　斜截面上的应力分析

由于 $\tau_x = \tau_y$，再利用三角公式

$$\cos^2\alpha = \frac{1+\cos 2\alpha}{2}$$

$$\sin^2\alpha = \frac{1-\cos 2\alpha}{2}$$ (8-22)

$$2\sin\alpha\cos\alpha = \sin 2\alpha$$

整理得到

$$\tau_\alpha = \frac{\sigma_x - \sigma_y}{2}\sin 2\alpha - \tau_x \cos 2\alpha$$ (8-23)

式(8-22)和式(8-23)是计算平面应力状态下任一斜截面上应力的一般公式。

2. 主平面和主应力

将正应力的极限值称为主应力，主应力的作用面称为主平面，如图 8-12 所示。

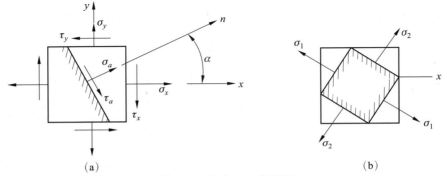

图 8-12　主应力与主平面

(1) 主应力的计算公式如下：

$$\sigma_{\max} = \frac{\sigma_x + \sigma_y}{2} + \sqrt{\left(\frac{\sigma_x - \sigma_y}{2}\right)^2 + \tau_x^2}$$ (8-24)

$$\sigma_{\min} = \frac{\sigma_x + \sigma_y}{2} - \sqrt{\left(\frac{\sigma_x - \sigma_y}{2}\right)^2 + \tau_x^2}$$ (8-25)

(2) 主平面的方位计算如下：

$$\tan 2\alpha_0 = \frac{-2\tau_x}{\sigma_x - \sigma_y}$$ (8-26)

两个主平面相互垂直。两个主平面上的主应力一个是极大值，用 $\sigma_{\max}$ 或 σ_1 表示；另一个是极小值，用 $\sigma_{\min}$ 或 σ_2 表示(图 8-12)。一般情况下，空间应力状态有 3 个互相垂直的主平面(其中一个主平面与纸平面平行)和 3 个主应力(其中一个主应力为零)。3 个主应力通常用 σ_1、σ_2、σ_3 表示，并按代数值的大小排列，即 $\sigma_1 \geqslant \sigma_2 \geqslant \sigma_3$。

(3) 最大切应力及其平面的方位计算如下：

$$\tau_{\min}^{\max} = \pm\sqrt{\left(\frac{\sigma_x - \sigma_y}{2}\right)^2 + \tau_x^2}$$ (8-27)

单元体中的最大切应力所在平面与主平面呈 45°。

式(8-27)表明，切应力的极值等于两个主应力差的一半，即

$$\tau_{\min}^{\max} = \pm \frac{\sigma_{\max} - \sigma_{\min}}{2} = \pm \frac{\sigma_1 - \sigma_3}{2} \qquad (8\text{-}28)$$

8.5.3 梁内主应力及主应力迹线

1. 梁的主应力

梁在剪切弯曲时，横截面上除了上、下边缘及中性轴上各点处只有一种应力外，其余各点都同时存在正应力和切应力。利用 8.5.2 小节的公式可以确定梁内任一点处的主应力。

图 8-13(a)所示为一个剪切弯曲的梁。从任一横截面 m—m 上取 1、2、3、4、5 五个单元体。各单元体 x 面上的正应力和切应力如下：

$$\sigma_x = \sigma = \frac{My}{I_z}, \quad \tau_x = \tau = \frac{F_Q S_z^*}{b I_z}$$

在各单元体的 y 面上，$\sigma_y = 0$，$\tau_y = -\tau_x$。

将 $\sigma_x = \sigma$、$\sigma_y = 0$、$\tau_x = \tau$ 代入式(8-24)～式(8-26)，可得梁的主应力及主平面位置的计算公式，即

$$\sigma_{\min}^{\max} = \frac{\sigma}{2} \pm \sqrt{\left(\frac{\sigma}{2}\right)^2 + \tau^2} \qquad (8\text{-}29)$$

$$\tan 2\alpha_0 = \frac{2\tau}{\sigma} \qquad (8\text{-}30)$$

由式(8-29)可见，$\sigma_{\max}$ 一定大于零，$\sigma_{\min}$ 一定小于零。所以 $\sigma_1 = \sigma_{\max}$ 是主拉应力，$\sigma_3 = \sigma_{\min}$ 是主压应力，与纸面平行的主平面上的主应力 $\sigma_2 = 0$。用式(8-29)和式(8-30)求出各点的主应力及方向，如图 8-13(b)所示。

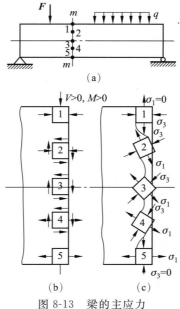

图 8-13 梁的主应力

2. 梁的主应力迹线

若在梁内取若干个横截面，从其中任一横截面 1—1 上的任一点 a 开始，画出 a 点处的

主应力(主拉应力 σ_1 或主压应力 σ_3)方向,将其延长与邻近的截面 2—2 相交于 b 点,再画出 b 点处的主应力方向,延长与截面 3—3 交于 c 点,依次继续下去,便可得到一条折线,如图 8-14(a)所示。如果截面取得无穷多,折线就会变成光滑的曲线。从截面上的不同点出发就可以得到不同的光滑曲线,曲线上任一点的切线即代表该点的主应力方向。这样的曲线称为梁的主应力迹线。

图 8-14(b)所示为一简支梁在均布荷载作用时的主应力迹线,其中实线代表主拉应力迹线,虚线代表主压应力迹线。因为单元体的主拉应力和主压应力的方向总是相互垂直的,所以主拉应力迹线和主压应力迹线总是正交的。梁的上、下边缘处,主应力迹线为水平线;梁的中性层处,主应力迹线的倾角为 45°。在钢筋混凝土梁中,受拉钢筋的布置大致与主拉应力迹线一致[图 8-14(c)]。在工程实际中,考虑到施工的方便,将钢筋弯成与主应力迹线相接近的折线形,而不是曲线型。

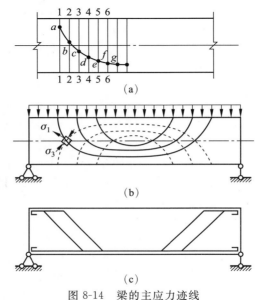

图 8-14 梁的主应力迹线

模 块 小 结

1. 知识体系

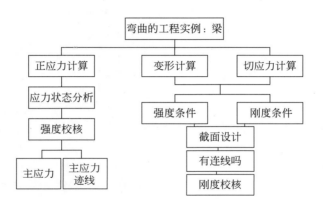

2. 能力培养

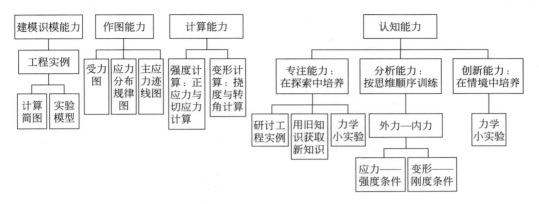

实验与讨论

1. 用海绵直杆作图 8-1 所示梁的受力和变形实验,观察变形前后两横截面的位置变化,观察各纵向纤维段的长短变化,想象中性层的位置。观察弯曲正应力分布模型,想象横截面上中性轴的位置,想象弯曲正应力沿矩形截面宽度、高度的变化规律。

2. 小实验。使用纸张演示改变截面形状可以成倍提高对中性轴的惯性矩,从而提高梁的抗弯能力(图 8-15)。

图 8-15　实验与讨论 2 图

3. 讨论。铸铁梁的荷载及截面形状如图 8-16 所示,若荷载不变,将 T 形截面倒置,请问是否合理?

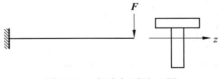

图 8-16　实验与讨论 3 图

4. 小实验。用图 8-17(a)所示的硬纸条做简支梁,1 支粉笔就能使梁明显弯曲。将纸条折成槽钢形状,承受 10 支粉笔,梁的变形却不明显[图 8-17(b)]。

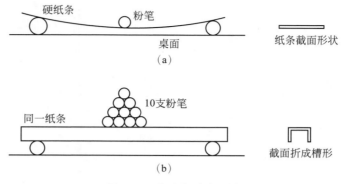

图 8-17　实验与讨论 4 图

5. 如图 8-18 所示,用硬纸条做梁,笔杆做支座,用链条做均布荷载。将图 8-18(a)所示的简支梁的支座对称地往里移,移至梁的位移最小为止[图 8-18(b)]。图 8-18(c)所示实验为减小梁的跨度,图 8-18(d)所示实验为反向弯曲,请观察外伸梁的位移情况。

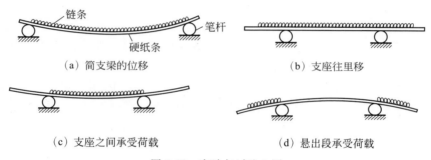

（a）简支梁的位移　　　　　　　　　　　　　　（b）支座往里移

（c）支座之间承受荷载　　　　　　　　　　　　（d）悬出段承受荷载

图 8-18　实验与讨论 5 图

6. 讨论。图 8-19 所示简支梁由 No20a"工"字钢制成,跨度 $l=4$m,集中荷载 $F_P=24$kN。

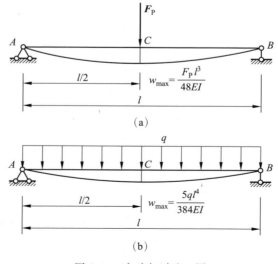

$$w_{max}=\frac{F_P l^3}{48EI}$$

（a）

$$w_{max}=\frac{5ql^4}{384EI}$$

（b）

图 8-19　实验与讨论 6 图

(1) 试查表计算梁的最大挠度。查型钢规格表(附录),看 No20a"工"字钢的横截面有多高、多宽、多厚。这样的简支梁承受总荷载 24kN(相当 48 袋水泥的重力),最大挠度用眼睛能否看得出? 计算最大挠度与跨度之比。

(2) 若将上述荷载均匀分布在梁上,即将集中荷载[图 8-19(a)]变为均布荷载[图 8-19(b)],C 截面的位移分别用 ω^F_{max}、ω^q_{max} 表示,计算二者之比。结果说明什么问题?

习　　题

1. 矩形截面简支梁如图 8-20 所示,试求截面 C 上 a、b、c、d 4 点处的正应力,并画出该截面上的正应力分布图(单位:mm)。

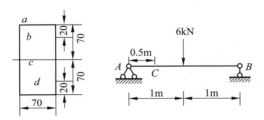

图 8-20　习题 1 图

2. 倒 T 形截面梁受荷载情况及其截面尺寸如图 8-21 所示(单位:mm),试求梁内最大拉应力和最大压应力,并说明它们发生在何处。

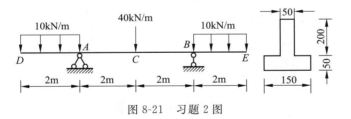

图 8-21　习题 2 图

3. 图 8-22 所示外伸梁由铸铁制成,横截面为槽形。该梁 AD 均受分布荷载 $q = 10$kN/m,C 处受集中力 $F = 20$kN,横截面对中性轴的惯性矩 $I_z = 40 \times 10^6$ mm⁴,$y_1 = 60$mm,$y_2 = 140$m,材料的许用拉应力 $[\sigma]^+ = 35$MPa,许用压应力 $[\sigma]^- = 140$MPa。试校核此梁的强度。

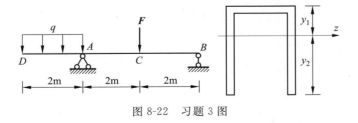

图 8-22　习题 3 图

4. 两个 16a 槽钢组成的外伸梁所受荷载如图 8-23 所示。已知 $l = 2$m,钢材弯曲许用应力 $[\sigma] = 140$MPa。试求此梁所能承受的最大荷载 F。

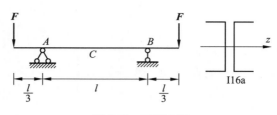

图 8-23　习题 4 图

5. 用叠加法求图 8-24 所示悬臂梁指定截面的挠度和转角,各梁 EI 为常数。

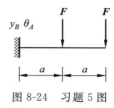

图 8-24　习题 5 图

6. 一简支梁如图 8-25 所示,其用 20b"工"字钢制成,已知 $F=10\mathrm{kN}$,$q=4\mathrm{kN/m}$,$L=6\mathrm{m}$,材料的弹性模量 $E=200\mathrm{GPa}$,$\left[\dfrac{f}{L}\right]=\dfrac{1}{400}$。试校核梁的刚度。

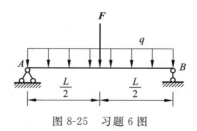

图 8-25　习题 6 图

习题参考答案

参考答案

模块 9 计算压杆的稳定性

微课:学习指导

课件:模块 9 PPT

学习目标

知识目标:

1. 了解压杆稳定的概念;
2. 掌握压杆的临界荷载与临界应力的计算;
3. 掌握压杆的稳定条件。

能力目标:

1. 能够计算压杆的临界荷载;
2. 能够运用稳定条件验证杆的稳定性。

学习内容

本模块主要介绍压杆稳定的概念、临界应力的计算、压杆的稳定条件及其实用计算,使学生具备压杆稳定分析、计算的能力。本模块分为 5 个学习任务,应沿着如下流程进行学习:

稳定问题的提出→细长中心压杆的临界力→压杆的临界应力、临界总应力图→压杆的稳定性计算→提高压杆稳定的措施。

教学方法建议

采用"教、看、学、做"一体化进行教学,教师利用相关多媒体进行理论讲解和图片动画展示,同时可结合力学模型、虚拟仿真等方式,让学生对杆件的应力分布规律和变形有一个直观的感性认识,为以后的学习奠定理论和实践基础。在教师的指导下,让学生对压杆进行分析,计算杆件临界力,或进行压杆稳定验算,从实做中提高学生学习的能力。

9.1 稳定问题的提出

9.1.1 工程中的稳定问题

微课:稳定问题的提出

在近代土木工程发展的进程中,认识受压构件的稳定性问题是付出了血的代价的。尽管解决受压构件的稳定问题早已列入相应的设计规范,也早已进入工程力学课程,但是直到今日,因受压构件失稳造成建筑垮塌的事故仍在发生。这不能不引起每一位土木工程工作者的高度重视。

工程中受压构件失稳的几个案例如下。

1907年8月9日,在加拿大离魁北克城14.4km横跨圣劳伦斯河的大铁桥在施工中倒塌。灾变发生在收工前15min,工程进展如图9-1所示,桥上的74人坠河遇难。在23天前发现悬臂桁架西侧的下弦杆有两节变弯,被解释为加工中的问题;9天前又发现东侧下弦杆有三节变弯,还是没有引起警觉;两天前的早晨发展到侧跨的西侧也有一节弯了,之后还发现多处。技术监督虽然向上级主管做了报告,上级却很平静,认为最大工作应力小于许用应力(前者不超过后者的89%),应该是安全的。事故发生的当天早晨,设计顾问电话通知说,桥上不能再增加荷载了,要立即修复已经弯曲的杆件。虽然他体察到事态有些严重,但还不清楚下弦杆已经失稳,要想逆转事态的发展已经不可能了。

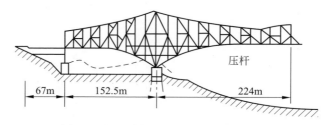

图9-1 魁北克桥失稳倒塌前的工程进度

1983年10月4日,北京某科研楼工地的钢管脚手架在距地面五六米处突然弯弓。刹那间,这座高达52.4m,长17.25m,总重565.4kN的大型脚手架轰然坍塌。事故造成5人死亡,7人受伤;脚手架所用建筑材料大部分报废,经济损失4.6万元;工期推迟一个月。现场调查结果表明,该钢管脚手架存在严重缺陷,致使结构失稳坍塌。脚手架由里、外层竖杆和横杆绑结而成。调查中发现支搭技术上存在以下问题:①钢管脚手架是在未经清理和夯实的地面上搭起的。这样,在自重和外荷载作用下必然使某些竖杆受力大,另一些受力小。②脚手架未设"扫地横杆",各大横杆之间的距离太大,最大达2.2m,比规定值大0.5m。两层横杆之间的竖杆相当于两端铰支的受压构件。横杆之间的距离越大,竖杆的自由长度便越大,临界压力就越小。③高层脚手架在每一层均应设有与建筑物墙体相连的牢固联结点,而这座脚手架竟有8层没有与墙体的联结点。④这类脚手架的稳定安全因数规定为3.0,而这座脚手架的稳定安全因数里层仅为1.75,外层为1.11。这些便是导致脚手架失稳坍塌的必然因素。

2008年1月10日至29日,我国湖南、江西、浙江、安徽、湖北、河南等省的一些地区遭受了百年一遇的低温、雨雪、冰冻灾害。大雪、冻雨形成的覆冰厚厚地裹在高压输电线和铁塔上面,大大超出了设防的覆冰厚度[图9-2(a)]。覆冰造成铁塔的竖直荷载加大,不均匀覆冰造成电线纵向的不平衡张力,断线造成冲击,致使格构式铁塔中许多构件的受力大大超过设计值。一些受压构件首先失稳弯曲,是引起铁塔倒塌,甚至形成一连串倒塌事故的重要原因[图9-2(b)]。南方电网受灾给电网公司造成了严重的经济损失,长期停电更给交通运输、居民生活、工农业生产造成了巨大损失。

（a）　　　　　　　　　　　　（b）

图 9-2　电网铁塔在冰灾中倒塌

在一本基层施工技术人员岗位培训教材《建筑工程倒塌实例分析》中列举了 110 例倒塌事故，其中多起是因受压构件失稳造成的倒塌。例如，1973 年 8 月 28 日，基本建成的宁夏银川园林场礼堂（兼库房）因漏雨揭瓦翻修，屋盖突然倒塌，当即造成 3 人死亡，1 人重伤，2 人轻伤，损失 5.15 万元。

该工程原下达计划为砖木结构库房，但在施工时任意改变使用性质，扩大施工面积，木屋架改成三铰式轻型钢屋架。施工图没有经过有关部门审查。在施工放样时，擅自将屋架的腹杆减少，增加了受压构件的自由长度[图 9-3（a）和（b）]。经事故调查核算，屋架的一部分上弦杆和腹杆的稳定性不够是导致屋架倒塌的直接原因[图 9-3（c）]。

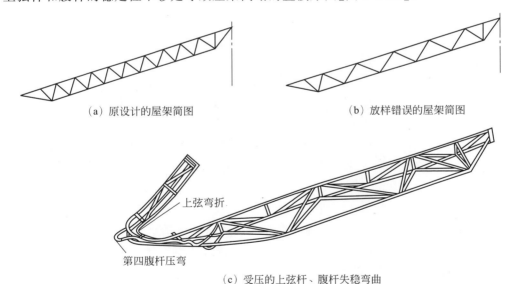

（a）原设计的屋架简图　　　　　　　　（b）放样错误的屋架简图

上弦弯折

第四腹杆压弯

（c）受压的上弦杆、腹杆失稳弯曲

图 9-3　礼堂的屋架倒塌

9.1.2　压杆的稳定平衡与不稳定平衡

轴向受压力的杆件在工程上称为压杆，如桁架中的受压上弦杆、厂房的柱子等。在前面讨论受压直杆的强度问题时，认为只要满足杆受压时的强度条件，就能保证压杆的正常工作。试验证明,这个结论只适用于短粗压杆,而细长压杆在轴向压力作用下,其破坏的形式呈现出与强度问题截然不同的现象。

为了说明问题,取钢锯条来进行试验,计算简图如图 9-4(a)所示(单位:mm)。锯条宽 11mm,厚 0.6mm,许用应力$[\sigma]$＝235MPa。用强度条件计算锯条的许可荷载为

$$\sigma=\frac{F_N}{A}=\frac{F_P}{A}\leqslant[\sigma]$$

$$F_P\leqslant A\cdot[\sigma]=11\times0.6\times235=1\,551(N)=[F_P]$$

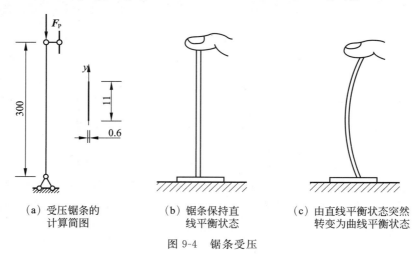

| (a) 受压锯条的
计算简图 | (b) 锯条保持直
线平衡状态 | (c) 由直线平衡状态突然
转变为曲线平衡状态 |

图 9-4　锯条受压

用食指逐渐对锯条施加压力[图 9-4(b)]。当压力增加到一定大小时,锯条会突然弯曲。弯曲的锯条尽管也可以处于平衡状态,却已经丧失了承载能力[图 9-4(c)]。

前面由强度条件计算出锯条能够承受 1 550N 的压力,相当于两个成年人的重力。然而,食指在此处施加的压力却小得不能与人的重力相比。可见,压杆的承载能力除了强度方面的影响因素之外,还有另一方面的问题,即将要讨论的压杆稳定的范畴。

工程中不会采用像锯条这样细长比例的杆件承受压力。然而,这个典型的算例却能明确地告诉我们:受压构件的稳定性问题区别于强度问题,是关于承载能力的另一大类问题。

在对锯条逐步加压的过程中,还可以观察到如下现象。

(1) 当压力 **F** 较小,且小于某个特定值时,锯条处于竖直直线平衡状态。即使施加一个侧向干扰力,使其产生弯曲,但解除干扰力以后,锯条又依然恢复到原来的直线平衡状态。称原有直线平衡状态为稳定平衡状态[图 9-5(a)]。

(2) 当压力 **F** 较大,达到或超过某个特定值时,锯条可能立即发生侧向弯曲,也可能短暂地维持直线平衡状态,但若施加某个侧向干扰力,则立即发生侧向弯曲。值得注意的是,这时即使解除干扰力,锯条仍然继续停留在弯曲的平衡状态,并随横向干扰力的加大,直至弯曲折断[图 9-5(c)]。于是,我们把原有的短暂的直线平衡状态称为不稳定平衡状态。

(3) 从稳定平衡状态过渡到不稳定平衡状态,中间必有一个特定的状态,称为临界状态[图 9-5(b)]。临界状态时的压力称为临界力(或临界荷载),记为 **F_{cr}**。在试验装

置上逐渐加载,会发现该锯条只需受到约 2.6N 的压力即处于该状态,所以 $F_{cr}=$ 2.6N。当压力达到临界力值 F_{cr} 时,压杆可能依然保持原直线平衡状态,也可能经受干扰后在微弯状态下保持平衡,但是解除干扰力后,不会继续弯曲至破坏。F_{cr} 就是中心压杆的承载能力。

临界荷载约为按强度条件计算的极限承载能力的 1/600,对一般工程中的压杆而言,稳定临界力总是比强度承载力低许多,尤其是薄壁型钢压杆更为明显。

由上述可见,压杆的稳定性就是在轴向压力作用下保持其原有直线平衡状态的能力或性能。压杆的这种并非由于强度条件不足而突然发生弯曲导致折断的现象就是压杆的丧失稳定性现象,简称失稳。研究压杆稳定性,关键就在于确定其临界力 F_{cr}。

9.2 细长中心压杆的临界力

微课:细长中心
压杆的临界力

9.2.1 两端铰支细长压杆

在压杆稳定性的理论分析模型中,将实际的受压构件抽象成为由均质材料制成、轴线为直线、外加的压力与杆轴线重合的"中心受压直杆"。

设两端铰支长度为 l 的细长杆在临界力 F_{cr} 的作用下,可能在微弯状态下保持平衡。当材料处于弹性阶段时,通过建立挠曲线近似微分方程来推导临界力,为

$$F_{cr}=\frac{\pi^2 EI}{l^2} \tag{9-1}$$

式(9-1)即为两端铰支细长压杆的临界力计算公式,称为欧拉公式。

从欧拉公式可以看出,细长压杆的临界力 F_{cr} 与压杆的弯曲刚度成正比,而与杆长 l 的平方成反比。

9.2.2 其他支承形式压杆的临界力

杆端为其他约束的细长压杆,其临界力计算公式可通过建立挠曲线近似微分方程来推导,也可通过对比失稳形态曲线(失稳后的挠曲线)的方法来确定各种支承条件下临界力 F_{cr} 的计算公式。为此可将欧拉公式写成统一的形式:

$$F_{cr}=\frac{\pi^2 EI}{(\mu l)^2} \tag{9-2}$$

式中:μl 为折算长度,表示将杆端约束条件不同的压杆计算长度 l 折算成两端铰支压杆的长度;μ 为长度系数。

各种支承约束条件下等截面细长压杆临界力的欧拉公式如表 9-1 所示。从表 9-1 中可以看出,两端铰支时,压杆在临界力作用下的挠曲线为半波正弦曲线;而一端固定、另一端铰支,计算长度为 l 的压杆的挠曲线,其部分挠曲线 $0.7l$ 与长为 l 的两端铰支的压杆的挠曲线形状相同。因此,在这种约束条件下,折算长度为 $0.7l$,其他约束条件下的长度系数和折算长度可以依此类推。

表 9-1　各种支承约束条件下等截面细长压杆临界力的欧拉公式

支端情况	两端铰支	一端固定,另一端铰支	两端固定	一端固定,另一端自由
失稳弯曲的形状		C为挠曲线拐点	C、D为挠曲线拐点	
临界力欧拉公式	$F_{cr} = \dfrac{\pi^2 EI}{l^2}$	$F_{cr} \approx \dfrac{\pi^2 EI}{(0.7l)^2}$	$F_{cr} = \dfrac{\pi^2 EI}{(0.5l)^2}$	$F_{cr} = \dfrac{\pi^2 EI}{(2l)^2}$
长度系数	$\mu = 1$	$\mu \approx 0.7$	$\mu = 0.5$	$\mu = 2$

【应用案例 9-1】　一根两端铰接的Ⅰ20a钢压杆,长 $l = 3\mathrm{m}$,弹性模量 $E = 200\mathrm{GPa}$,$[\sigma] = 170\mathrm{MPa}$。试确定其临界力,并与由强度条件求得的许用压力比较。

【解】　在式(9-2)中,惯性矩 I 应以最小惯性矩 $I_{\min}$ 代入,由型钢表查得最小惯性矩及截面面积为 $I_{\min} = 158\mathrm{cm}^4$,$A = 35.5\mathrm{cm}^2$,两端铰接时的长度系数为 $\mu = 1$。由欧拉公式可得

$$F_{cr} = \frac{\pi^2 EI}{(\mu l)^2} = \frac{\pi^2 \times 200 \times 10^9 \times 158 \times 10^{-8}}{(1 \times 3)^2} \approx 346.5 (\mathrm{kN})$$

由强度条件可得许用压力为

$$[F] = A[\sigma] = 35.5 \times 10^{-4} \times 170 \times 10^6 = 603.5 (\mathrm{kN})$$

临界力小于许用压力,表明压杆未达到强度允许的承压力之前已经发生失稳破坏。

9.3　压杆的临界应力、临界总应力图

微课:压杆的
临界应力、
临界总应力图

9.3.1　临界应力

前面导出了计算压杆临界力的欧拉公式,当压杆在临界力 $\boldsymbol{F}_{cr}$ 作用下处于直线状态的平衡时,其横截面上的压应力等于临界力 $\boldsymbol{F}_{cr}$ 除以横截面面积 A,称为临界应力,用 σ_{cr} 表示,即

$$\sigma_{cr} = \frac{F_{cr}}{A}$$

将式(9-2)代入上式,得

$$\sigma_{cr} = \frac{\pi^2 EI}{(\mu l)^2 A}$$

令

$$i = \sqrt{\frac{I}{A}}$$

式中：i 为压杆横截面的惯性半径。

于是临界应力可写为

$$\sigma_{cr} = \frac{\pi^2 E i^2}{(\mu l)^2} = \frac{\pi^2 E}{\left(\dfrac{\mu l}{i}\right)^2}$$

令 $\lambda = \dfrac{\mu l}{i}$，则

$$\sigma_{cr} = \frac{\pi^2 E}{\lambda^2} \qquad\qquad (9-3)$$

式(9-3)为计算压杆临界应力的欧拉公式，λ 为压杆的柔度（或称为长细比）。柔度 λ 是一个无量纲的量，其大小与压杆的长度系数 μ、杆长 l 及惯性半径 i 有关。由于压杆的长度系数 μ 取决于压杆的支撑情况，惯性半径 i 取决于截面的形状与尺寸，因此，从物理意义上看，柔度 λ 综合地反映了压杆的长度、截面的形状与尺寸及支撑情况对临界力的影响。从式(9-3)还可以看出，如果压杆的柔度值越大，则其临界力应力越小，压杆就越容易失稳。

9.3.2　欧拉公式的适用范围

欧拉公式是根据挠曲线近似微分方程导出的，而应用此微分方程时，材料必须服从胡克定理。因此，欧拉公式的适用范围应当是压杆的临界应力 σ_{cr} 不超过材料的比例极限 σ_P，即

$$\sigma_{cr} = \frac{\pi^2 E}{\lambda^2} \leqslant \sigma_P$$

于是

$$\lambda \geqslant \pi \sqrt{\frac{E}{\sigma_P}}$$

若设 λ_P 为压杆的临界应力达到材料的比例极限 σ_P 时的柔度值，则

$$\lambda_P = \pi \sqrt{\frac{E}{\sigma_P}} \qquad\qquad (9-4)$$

故欧拉公式的适用范围为

$$\lambda \geqslant \lambda_P \qquad\qquad (9-5)$$

式(9-5)表明，只有当压杆的柔度不小于 λ_P 时，才可以应用欧拉公式计算临界力或临界应力。这类压杆称为大柔度杆或细长杆，欧拉公式只适用于细长杆。从式(9-4)可知，λ_P 的值取决于材料性质，不同的材料都有自己的 E 值和 σ_P 值，所以不同材料制成的压杆其 λ_P 也不同。例如 Q235 钢，$\sigma_P = 200\text{MPa}$，$E = 200\text{GPa}$，由式(9-4)可求得 $\lambda_P = 100$。

9.3.3　超出比例极限时压杆的临界应力

1. 中长杆的临界应力计算——经验公式

欧拉公式只适用于大柔度杆，即临界应力不超过材料的比例极限（处于弹性稳定状态）。

当临界应力超过比例极限时,材料处于弹塑性阶段,此类压杆的稳定性属于弹塑性稳定(非弹性稳定)问题,此时欧拉公式不再适用。对于这类压杆,各国大都采用经验公式计算临界力或者临界应力,经验公式是在试验和实践资料的基础上经过分析、归纳而得到的。各国采用的经验公式多以本国的试验为依据,因此计算不尽相同。我国比较常用的经验公式有直线经验公式和抛物线经验公式等,本书只介绍直线经验公式,其表达式为

$$\sigma_{cr} = a - b\lambda \tag{9-6}$$

式中:a 和 b 为与材料有关的常数,MPa。

一些常用材料的 a、b 值见表 9-2。

表 9-2 一些常用材料的 a、b 值

材 料	a/MPa	b/MPa	λ_P	λ_s
Q235 钢 $\sigma_s = 235$MPa	304	1.12	100	62
硅钢 $\sigma_s = 353$MPa, $\sigma_b \geqslant 510$MPa	577	3.74	100	60
铬钼钢	980	5.29	55	0
硬铝	372	2.14	50	0
铸铁	331.9	1.453	—	—
松木	39.2	0.199	59	0

经验公式(9-6)也有其适用范围,要求临界应力不超过材料的受压极限应力。这是因为当临界应力达到材料的受压极限应力时,压杆已因强度不足而被破坏。因此,对于塑性材料制成的压杆,其临界应力不允许超过材料的屈服应力 σ_s,即

$$\sigma_{cr} = a - b\lambda \leqslant \sigma_s$$

或

$$\lambda \geqslant \frac{a - \sigma_s}{b}$$

令

$$\lambda_s = \frac{a - \sigma_s}{b} \tag{9-7}$$

得

$$\lambda \geqslant \lambda_s$$

式中:λ_s 为临界应力等于材料的屈服点应力时压杆的柔度值。

因此,直线经验公式的适用范围为

$$\lambda_s < \lambda < \lambda_P \tag{9-8}$$

计算时,一般把柔度值介于 λ_s 与 λ_P 之间的压杆称为中长杆或中柔度杆,而把柔度小于 λ_s 的压杆称为短粗杆或小柔度杆。对于柔度小于 λ_s 的短粗杆或小柔度杆,其破坏是因为材料的抗压强度不足造成的,如果将这类压杆也按照稳定问题进行处理,则对塑性材料制成的压杆来说,可取临界应力 $\sigma_{cr} = \sigma_s$。

2. 临界应力总图

综上所述,压杆按照其柔度的不同可以分为 3 类,并分别由不同的计算公式计算其临界

应力。当 $\lambda \geq \lambda_P$ 时,压杆为细长杆(大柔度杆),其临界应力用欧拉公式(9-3)来计算;当 $\lambda_s <$
$\lambda < \lambda_P$ 时,压杆为中长杆(中柔度杆),其临界应力用经验公式(9-6)来计算;当 $\lambda \leq \lambda_P$ 时,压
杆为短粗杆(小柔度杆),其临界应力等于杆受压时的极限应力。如果把压杆的临界应力根
据其柔度不同而分别计算的情况用一个简图来表示,则该图形就称为压杆的临界应力总图。
图 9-5 所示为某塑性材料的临界应力总图。

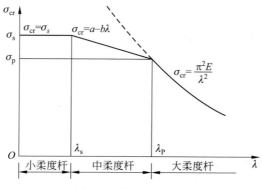

图 9-5 临界应力总图

【应用案例 9-2】 图 9-6 所示为两端铰支的圆形截面受压杆,用 Q235 钢制成,材料的
弹性模量 $E=200\text{GPa}$,屈服点应力 $\sigma_s=235\text{MPa}$,直径 $d=40\text{mm}$。试分别计算下面 3 种情
况下压杆的临界力:

(1) 杆长 $l=1.2\text{m}$;

(2) 杆长 $l=0.8\text{m}$;

(3) 杆长 $l=0.5\text{m}$。

【解】 (1) 计算杆长 $l=1.2\text{m}$ 时的临界力。两端铰支时 $\mu=$
1,惯性半径:

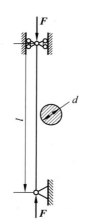

$$i=\sqrt{\frac{I}{A}}=\sqrt{\frac{\frac{\pi d^4}{64}}{\frac{\pi d^2}{4}}}=\frac{d}{4}=\frac{40}{4}=10(\text{mm})$$

柔度

$$\lambda=\frac{\mu l}{i}=\frac{1\times1.2\times10^3}{10}=120 > \lambda_P=100$$

图 9-6 应用案例 9-2 图

所以是大柔度杆,应用欧拉公式计算临界力:

$$F_{cr}=\sigma_{cr}A=\frac{\pi^2 E}{\lambda^2}\times\frac{\pi d^2}{4}=\frac{\pi^2\times200\times10^3\times40^2}{4\times120^2}\approx54.83\times10^3(\text{N})=54.83(\text{kN})$$

(2) 计算杆长 $l=0.8\text{m}$ 时的临界力:

$$\mu=1, \qquad i=10\text{mm}$$

$$\lambda=\frac{\mu l}{i}=\frac{1\times0.8\times10^3}{10}=80$$

查表 9-2 可得 $\lambda_s=62$。

因为 $\lambda_s < \lambda < \lambda_P$,所以该杆为中长杆,应用直线经验公式来计算临界力。

查表 9-2，Q235 钢 $a=304\text{MPa}$，$b=1.12\text{MPa}$，则

$$F_{cr}=\sigma_{cr}A=(a-b\lambda)\frac{\pi d^2}{4}=(304-1.12\times80)\times\frac{\pi 40^2}{4}\approx269.4\times10^3=269.4\text{(kN)}$$

（3）计算杆长 $l=0.5\text{m}$ 时的临界力

$$\mu=1,\quad i=10\text{mm}$$

$$\lambda=\frac{\mu l}{i}=\frac{1\times0.5\times10^3}{10}=50<\lambda'_P=62$$

压杆为短粗杆（小柔度杆），其临界力为

$$F_{cr}=\sigma_s A=235\times\frac{\pi\times40^2}{4}=295.3\times10^3=295.3\text{(kN)}$$

微课:计算压杆
的稳定性

9.4 计算压杆的稳定性

9.4.1 稳定条件

当压杆中的应力达到（或超过）其临界应力时，压杆会丧失稳定。所以，正常工作的压杆，其横截面上的应力应小于临界应力。在工程中，为了保证压杆具有足够的稳定性，还必须考虑一定的安全储备，这就要求横截面上的应力不能超过压杆的临界应力的许用值 $[\sigma_{cr}]$，即

$$\sigma=\frac{F}{A}\leqslant[\sigma_{cr}] \tag{9-9}$$

$[\sigma_{cr}]$ 值为

$$[\sigma_{cr}]=\frac{\sigma_{cr}}{n_{st}} \tag{9-10}$$

式中：n_{st} 为稳定安全系数。

稳定安全系数一般都大于强度计算时的安全系数，这是因为在确定稳定安全系数时，除了应遵循确定安全系数的一般原则以外，还必须考虑实际压杆并非理想的轴向压杆这一情况。例如，在制造过程中，杆件不可避免地存在微小的弯曲（存在初曲率），外力的作用线也不可能绝对准确地与杆件的轴线相重合（存在初偏心），这些因素都应在稳定安全系数中加以考虑。

为了计算上的方便，将临界应力的许用值写成如下形式：

$$[\sigma_{cr}]=\frac{\sigma_{cr}}{n_{st}}=\varphi[\sigma] \tag{9-11}$$

从式（9-11）可知，φ 值为

$$\varphi=\frac{\sigma_{cr}}{n_{st}[\sigma]} \tag{9-12}$$

式中：$[\sigma]$ 为强度计算时的许用应力；φ 为折减系数，其值小于 1。

由式（9-12）可知，当 $[\sigma]$ 一定时，φ 取决于 σ_{cr} 与 n_{st}。由于临界应力 σ_{cr} 值随压杆的长细比 λ 而改变，而不同长细比的压杆一般又规定不同的稳定安全系数，因此折减系数 φ 是长

细比 λ 的函数。当材料一定时，φ 值取决于长细比 λ 的值，可依据设计规范从表中查出或由公式算出。

《钢结构设计规范》(附条文说明[另册])(GB 50017—2017)中，根据工程中常用压杆的截面形状、尺寸和加工条件等因素，将截面分为 a、b、c、d 4 类。Q235 钢 a 类、b 类截面中心受压直杆的折减系数如表 9-3 和表 9-4 所示。

表 9-3　Q235 钢 a 类截面中心受压直杆的折减系数 φ

λ	0	1	2	3	4	5	6	7	8	9
0	1.000	1.000	1.000	1.000	0.999	0.999	0.998	0.998	0.997	0.996
10	0.995	0.994	0.993	0.992	0.991	0.989	0.988	0.986	0.985	0.983
20	0.981	0.979	0.977	0.976	0.974	0.972	0.970	0.968	0.966	0.964
30	0.963	0.961	0.959	0.957	0.955	0.952	0.950	0.948	0.946	0.944
40	0.941	0.939	0.937	0.934	0.932	0.929	0.927	0.924	0.921	0.919
50	0.916	0.913	0.910	0.907	0.904	0.900	0.897	0.894	0.890	0.886
60	0.883	0.879	0.875	0.871	0.867	0.863	0.858	0.854	0.849	0.844
70	0.839	0.834	0.829	0.824	0.818	0.813	0.807	0.801	0.795	0.789
80	0.783	0.776	0.770	0.763	0.757	0.750	0.743	0.736	0.728	0.721
90	0.714	0.706	0.699	0.691	0.684	0.676	0.668	0.661	0.653	0.645
100	0.638	0.630	0.622	0.615	0.607	0.600	0.592	0.585	0.577	0.570
110	0.563	0.555	0.548	0.541	0.534	0.527	0.520	0.514	0.507	0.500
120	0.494	0.488	0.481	0.475	0.469	0.463	0.457	0.451	0.445	0.440
130	0.434	0.429	0.423	0.418	0.412	0.407	0.402	0.397	0.392	0.387
140	0.383	0.378	0.373	0.369	0.364	0.360	0.356	0.351	0.347	0.343
150	0.339	0.335	0.331	0.327	0.323	0.320	0.316	0.312	0.309	0.305
160	0.302	0.298	0.295	0.292	0.289	0.285	0.282	0.279	0.276	0.273
170	0.270	0.267	0.264	0.262	0.259	0.256	0.253	0.251	0.248	0.246
180	0.243	0.241	0.238	0.236	0.233	0.231	0.229	0.226	0.224	0.222
190	0.220	0.218	0.215	0.213	0.211	0.209	0.207	0.205	0.203	0.201
200	0.199	0.198	0.196	0.194	0.192	0.190	0.189	0.187	0.185	0.183
210	0.182	0.180	0.179	0.177	0.175	0.174	0.172	0.171	0.169	0.168
220	0.166	0.165	0.164	0.162	0.161	0.159	0.158	0.157	0.155	0.154
230	0.153	0.152	0.150	0.149	0.148	0.147	0.146	0.144	0.143	0.142
240	0.141	0.140	0.139	0.138	0.136	0.135	0.134	0.133	0.132	0.131
250	0.130	—	—	—	—	—	—	—	—	—

表 9-4 Q235 钢 b 类截面中心受压直杆的折减系数 φ

λ	0	1	2	3	4	5	6	7	8	9
0	1.000	1.000	1.000	0.999	0.999	0.998	0.997	0.996	0.995	0.994
10	0.992	0.991	0.989	0.987	0.985	0.983	0.981	0.978	0.976	0.973
20	0.970	0.967	0.963	0.960	0.957	0.953	0.950	0.946	0.943	0.939
30	0.936	0.932	0.929	0.925	0.922	0.918	0.914	0.910	0.906	0.903
40	0.899	0.895	0.891	0.887	0.882	0.878	0.874	0.870	0.865	0.861
50	0.856	0.852	0.847	0.842	0.838	0.833	0.828	0.823	0.818	0.813
60	0.807	0.802	0.797	0.791	0.786	0.780	0.774	0.769	0.763	0.757
70	0.751	0.745	0.739	0.732	0.726	0.720	0.714	0.707	0.701	0.694
80	0.688	0.681	0.675	0.668	0.661	0.665	0.648	0.641	0.635	0.628
90	0.621	0.614	0.608	0.601	0.594	0.588	0.581	0.575	0.568	0.561
100	0.555	0.549	0.542	0.536	0.529	0.523	0.517	0.511	0.505	0.499
110	0.493	0.487	0.481	0.475	0.470	0.464	0.458	0.453	0.447	0.442
120	0.437	0.432	0.426	0.421	0.416	0.411	0.406	0.402	0.397	0.392
130	0.387	0.383	0.378	0.374	0.370	0.365	0.361	0.357	0.353	0.349
140	0.345	0.341	0.337	0.333	0.329	0.326	0.322	0.318	0.315	0.311
150	0.308	0.304	0.301	0.298	0.295	0.291	0.288	0.285	0.282	0.279
160	0.276	0.273	0.270	0.267	0.265	0.262	0.259	0.256	0.254	0.251
170	0.249	0.246	0.244	0.241	0.239	0.236	0.234	0.232	0.229	0.227
180	0.225	0.223	0.220	0.218	0.216	0.214	0.212	0.210	0.208	0.206
190	0.204	0.202	0.200	0.198	0.197	0.195	0.193	0.191	0.190	0.188
200	0.186	0.184	0.183	0.181	0.180	0.178	0.176	0.175	0.173	0.172
210	0.170	0.169	0.167	0.166	0.165	0.163	0.162	0.160	0.159	0.158
220	0.156	0.155	0.154	0.153	0.151	0.150	0.149	0.148	0.146	0.145
230	0.144	0.143	0.142	0.141	0.140	0.138	0.137	0.136	0.135	0.134
240	0.133	0.132	0.131	0.130	0.129	0.128	0.127	0.126	0.125	0.124
250	0.123	—	—	—	—	—	—	—	—	—

　　$[\sigma_{cr}]$ 与 $[\sigma]$ 虽然都是许用应力,但两者却有很大的不同。$[\sigma]$ 只与材料有关;而 $[\sigma_{cr}]$ 除了与材料有关以外,还与压杆的长细比有关。

　　将式(9-11)代入式(9-9),可得

$$\sigma=\frac{F}{A}\leqslant\varphi[\sigma] \quad \text{或} \quad \frac{F}{\varphi A}\leqslant[\sigma] \tag{9-13}$$

式(9-13)即为压杆需要满足的稳定条件。该方法也称实用计算方法。在稳定计算中,压杆的横截面面积 A 均采用毛截面面积计算。

9.4.2 计算压杆的稳定性

应用压杆的稳定条件,可以对以下 3 个方面的问题进行计算。

(1) 稳定校核。已知压杆的几何尺寸、所用材料、支承条件及承受的压力,验算是否满足式(9-13)的稳定条件。

这类问题一般应首先计算出压杆的长细比 λ,根据 λ 查出相应的折减系数 φ,再按照式(9-13)进行校核。

(2) 计算稳定时的许用荷载。已知压杆的几何尺寸、所用材料及支承条件,按稳定条件计算其能够承受的许用荷载 F 值。

这类问题一般也要首先计算出压杆的长细比 λ,根据 λ 查出相应的折减系数 φ,再按照下式

$$F \leqslant \varphi A [\sigma]$$

进行计算。

(3) 进行截面设计。已知压杆的长度、所用材料、支承条件及承受的压力 F,按照稳定条件计算压杆所需的截面尺寸。

这类问题一般采用试算法。这是因为在稳定条件式(9-13)中,折减系数 φ 是根据压杆的长细比 λ 查表得到的,而在压杆的截面尺寸尚未确定之前,压杆长细比 λ 不能确定,所以也就不能确定折减系数 φ,因此只能采用试算法。首先假定一折减系数 φ 值($0 \sim 1$),由稳定条件计算所需要的截面面积 A,然后计算出压杆的长细比 λ。根据压杆的长细比 λ 查表得到折减系数 φ,再按照式(9-13)验算是否满足稳定条件。如果不满足稳定条件,则应重新假定折减系数 φ 值,重复上述过程,直到满足稳定条件为止。

【应用案例 9-3】 如图 9-7 所示压杆(单位:mm),在压杆中间沿截面 z 轴方向有横向支撑。压杆截面为焊接"工"字形截面,翼缘为轧制边,材料为 Q235 钢,许用应力$[\sigma] = 215\text{MPa}$,轴向压力 $F = 500\text{kN}$。试校核该杆的稳定性。

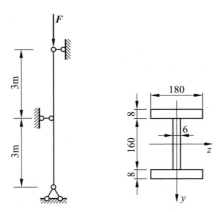

图 9-7 应用案例 9-3 图

【解】 (1) 计算该杆截面几何性质:

$$A = 2 \times 0.8 \times 18 + 0.6 \times 16 = 38.4 (\text{cm}^2)$$

$$I_z = \frac{1}{12} \times 0.6 \times 16^3 + 2 \times \left(\frac{1}{12} \times 18 \times 0.8^3 + 0.8 \times 18 \times 8.4^2 \right)$$

$$\approx 2\ 238.5 (\text{cm}^4)$$

$$I_y = \frac{1}{12} \times 16 \times 0.6^3 + 2 \times \frac{1}{12} \times 0.8 \times 18^3 \approx 777.9 (\text{cm}^4)$$

$$i_z = \sqrt{\frac{I_z}{A}} = \sqrt{\frac{2\ 238.5}{38.4}} \approx 7.64 (\text{cm})$$

$$i_y = \sqrt{\frac{I_y}{A}} = \sqrt{\frac{777.9}{38.4}} \approx 4.5 (\text{cm})$$

（2）计算柔度，查稳定系数：

$$\mu l_z = 1 \times 6 = 6 (\text{m})$$

$$\mu l_y = 1 \times 3 = 3 (\text{m})$$

$$\lambda_z = \frac{\mu l_z}{i_z} = \frac{6 \times 10^3}{7.64 \times 10} \approx 78.53$$

$$\lambda_y = \frac{\mu l_y}{i_y} = \frac{3 \times 10^3}{4.5 \times 10} \approx 66.67$$

压杆截面的加工条件为焊接和翼缘轧制边，查表可知：

$$\varphi_z = 0.697, \quad \varphi_y = 0.665$$

取较小者 $\varphi_{\min} = \varphi_y = 0.665$。

（3）进行稳定计算。由式（9-13）得

$$\sigma = \frac{F}{\varphi A} = \frac{500 \times 10^3}{0.665 \times 38.4 \times 10^2} \approx 195.8 (\text{MPa}) < [\sigma] = 215 (\text{MPa})$$

压杆满足稳定性要求。

【应用案例 9-4】 如图 9-8 所示"工"字形截面型钢压杆，在压杆中间沿截面 z 轴方向有横向支撑。压杆材料为 Q235 钢，许用应力 $[\sigma] = 215\text{MPa}$，轴向压力 $F = 900\text{kN}$。试选择型钢号。

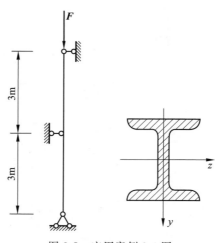

图 9-8 应用案例 9-4 图

【解】　本例为截面选择问题,应采用试算法。

(1) 选择"工"字钢型号。先按稳定条件选择"工"字钢型号。在选择截面时,由于 $\lambda = \dfrac{\mu l}{i}$ 无法计算,相应的稳定系数 φ 无法确定,因此只能先假设一个 φ 值进行计算。

先设 $\varphi = 0.5$,则由式(9-13)可得

$$A \geqslant \frac{F}{\varphi[\sigma]} = \frac{900 \times 10^3}{0.5 \times 215 \times 10^6} \approx 8.37 \times 10^{-3} = 83.7(\mathrm{cm^2})$$

由型钢表选择 I 36c 号"工"字钢,其几何性质为 $A = 90.880\,\mathrm{cm^2}$, $i_z = 2.60\,\mathrm{cm}$, $b = 140\,\mathrm{mm}$, $h = 360\,\mathrm{mm}$。

(2) 稳定性校核:

$$\mu l_z = 1 \times 6 = 6(\mathrm{m})$$

$$\mu l_y = 1 \times 3 = 3(\mathrm{m})$$

$$\lambda_z = \frac{\mu l_z}{i_z} = \frac{6 \times 10^3}{13.8 \times 10} \approx 43.5$$

$$\lambda_y = \frac{\mu l_y}{i_y} = \frac{3 \times 10^3}{2.6 \times 10} \approx 115.4$$

因 $\dfrac{b}{h} = \dfrac{140}{360} \approx 0.389 < 0.8$,查表可知,对 z 轴属 a 类,对 y 轴属 b 类。查表 9-3 及表 9-4,经内插后得

$$\varphi_z = 0.933, \quad \varphi_y = 0.462$$

取较小者 $\varphi_{\min} = \varphi_y = 0.462$。

校核压杆稳定性。由式(9-13)得

$$\sigma = \frac{F}{\varphi A} = \frac{900 \times 10^3}{0.462 \times 90.880 \times 10^2} \approx 214.4(\mathrm{MPa}) < [\sigma] = 215(\mathrm{MPa})$$

稳定性满足要求。

【应用案例 9-5】　如图 9-9 所示,某重型起重机的支柱为 4 个截面相同的等边角钢组成的 4 肢格构式压杆,其截面高度 $l = 8\,\mathrm{m}$,两端按实际情况简化为球形铰。压杆材料为 Q235 钢,许用应力 $[\sigma] = 215\,\mathrm{MPa}$,承受的轴向最大压力 $F_{\max} = 200\,\mathrm{kN}$,设计中截面宽度保证 $a = 40\,\mathrm{cm}$。试选择角钢型号。

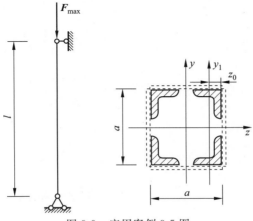

图 9-9　应用案例 9-5 图

【解】 本例为截面选择问题，应采用试算法。

（1）选择角钢型号。先设 $\varphi = 0.7$，则由式（9-13）可得

$$A \geqslant \frac{F_{\max}}{\varphi[\sigma]} = \frac{200 \times 10^3}{0.7 \times 215 \times 10^6} \approx 1.329 \times 10^{-3}(\mathrm{m}^2)$$

单肢角钢的截面面积为

$$A_1 = \frac{1}{4}A = \frac{1}{4} \times 1.329 \times 10^{-3} = 3.32(\mathrm{cm}^2)$$

由型钢表初步选择 L45×45×4（4 个等边角钢），其几何性质为

$$A_1 = 3.486\mathrm{cm}^2, \quad I_{y1} = 6.65\mathrm{cm}^4, \quad z_0 = 1.26\mathrm{cm}$$

（2）稳定性校核。支柱的横截面面积为

$$A = 4A_1 = 4 \times 3.486^2 = 13.944(\mathrm{cm}^2)$$

$$i_z = i_y = \sqrt{\frac{I_y}{A}} = \sqrt{\frac{4(I_y)_1}{4A_1}} = \sqrt{\frac{1\,230.89 \times 10^{-8}}{3.486 \times 10^{-4}}} \approx 18.79 \times 10^{-2} = 18.79(\mathrm{cm}^4)$$

$$\lambda_z = \lambda_y = \frac{\mu l_z}{i_z} = \frac{1 \times 8 \times 10^2}{18.79} \approx 42.58$$

由《钢结构设计标准［附条文说明（另册）］》（GB 50017—2017）中截面分类表可知，格构式组合柱对 z 轴、y 轴均属 b 类。查表 9-4，经内插后得 $\varphi = 0.889$。

校核压杆稳定性。由式（9-13）得

$$\sigma = \frac{F}{\varphi A} = \frac{200 \times 10^3}{0.889 \times 13.944 \times 10^2} \approx 161.3(\mathrm{MPa}) < [\sigma] = 215(\mathrm{MPa})$$

满足稳定性，但显得过于富余。

（3）重选角钢，再进行稳定性校核。再设 $\varphi = 0.889$，则按式（9-13）可得

$$A \geqslant \frac{F_{\max}}{\varphi[\sigma]} = \frac{200 \times 10^3}{0.889 \times 215 \times 10^6} \approx 1.046 \times 10^{-3}(\mathrm{m}^2)$$

单肢角钢的截面面积为

$$A_1 = \frac{1}{4}A = \frac{1}{4} \times 1.046 \times 10^{-3} = 2.615(\mathrm{cm}^2)$$

由型钢表初步选择 L45×45×3（4 个等边角钢），其几何性质为

$$A_1 = 2.659\mathrm{cm}^2, \quad I_{y1} = 5.17\mathrm{cm}^4, \quad z_0 = 1.22\mathrm{cm}$$

$$I_y = 5.17 + 2.659 \times \left(\frac{40}{2} - 1.22\right)^2 = 942.97 \times 10^{-8}(\mathrm{m}^4)$$

$$i_z = i_y = \sqrt{\frac{I_y}{A_1}} = \sqrt{\frac{942.97 \times 10^{-8}}{2.659 \times 10^{-4}}} \approx 18.83(\mathrm{cm}^4)$$

$$\lambda_z = \lambda_y = \frac{\mu l_z}{i_z} = \frac{1 \times 8 \times 10^2}{18.83} \approx 42.5$$

查表 9-4，经内插后得 $\varphi = 0.889$。

校核压杆稳定性：

$$\sigma = \frac{F}{\varphi A} = \frac{200 \times 10^3}{0.889 \times 4 \times 2.659 \times 10^2} \approx 211.5(\mathrm{MPa}) < [\sigma] = 215(\mathrm{MPa})$$

满足稳定性，故用 L45×45×3 截面更经济、更合适。

9.5　提高压杆稳定性的措施

微课:提高压杆
稳定性的措施

　　要提高压杆的稳定性,关键在于提高压杆的临界力或临界应力。而压杆的临界力和临界应力与压杆的长度、横截面形状及大小、支承条件及压杆所用材料等有关。因此,可以从以下几个方面考虑。

　　1. 合理选择材料

　　由欧拉公式可知,大柔度杆的临界应力与材料的弹性模量成正比。因此,选择弹性模量较高的材料可以提高大柔度杆的临界应力,也就提高了其稳定性。但是,对于钢材而言,各种钢的弹性模量大致相同,所以选用高强度钢并不能明显提高大柔度杆的稳定性。而中、小柔度杆的临界应力则与材料的强度有关,采用高强度钢材,可以提高这类压杆抵抗失稳的能力。

　　2. 适当降低柔度

　　由临界应力的计算公式可知,柔度越小,临界应力越高,压杆的稳定性越好。降低柔度可以从以下几个方面考虑。

　　1）选择合理的截面形状

　　增大截面的惯性矩,可以增大截面的惯性半径,降低压杆的柔度,从而可以提高压杆的稳定性。在压杆的横截面面积相同的条件下,应尽可能使材料远离截面形心轴,以取得较大的惯性矩。从这个角度出发,空心截面要比实心截面合理,如图 9-10 所示。在工程实际中,若压杆的截面是由两根槽钢组成的,则应采用图 9-11 所示的布置方式,可以取得较大的惯管矩或惯性半径。

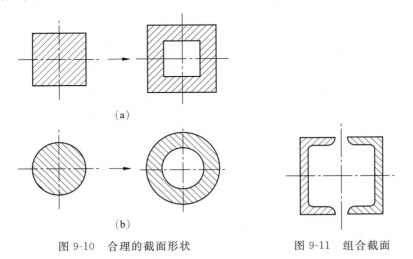

图 9-10　合理的截面形状　　　　　图 9-11　组合截面

　　另外,由于压件总是在柔度较大(临界力较小)的纵向平面内首先失稳,因此应注意尽可能使压杆在各个纵向平面内的柔度都相同,以充分发挥压杆的稳定承载力。

2）减小压杆的长度

临界力与杆长的平方成反比，柔度与杆长成正比，因此在不影响使用功能的条件下，尽可能减小压杆的长度，可以明显提高其临界力，从而有效地提高压杆的稳定性。若在使用上不允许减小其长度，则可以通过增加中间侧向支撑的方法来达到提高压杆稳定性的目的。

3）改善约束条件

根据欧拉公式可知，压杆的临界力与其计算长度的平方成反比，而压杆的计算长度又与其约束条件有关。因此，改善约束条件，可以减小压杆的长度系数和计算长度，从而增大临界力。在相同条件下，从表 9-1 可知，自由支座最不利，铰支座次之，固定支座最有利。

图 9-12(a)所示为塔式起重机在高 190m 的天兴洲大桥索塔旁工作。它的塔身由若干塔节[图 9-12(b)]拼成。在塔节中，承受压力的 4 根角钢被缀条撑开，形成塔身最合理的截面形式。对单根角钢而言，缀条在结点处对它都是约束，从而成倍地缩短了单根角钢的自由长度，提高了单根角钢的稳定性；对于整个塔身而言，中间有几处用横撑与建筑物连接[图 9-12(a)]，成倍地缩短了塔身的自由长度，提高了塔身整体的稳定性。

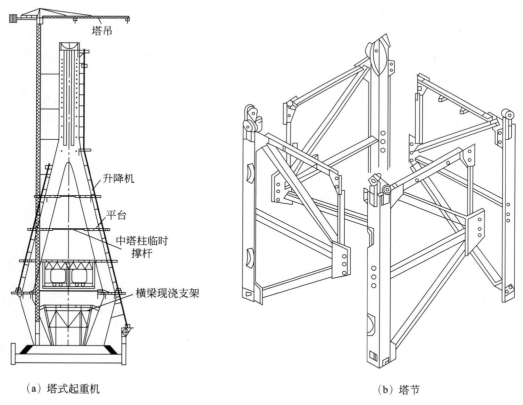

（a）塔式起重机　　　　　　　　　　　　　（b）塔节

图 9-12　缩短受压构件的自由长度

模 块 小 结

1. 知识体系

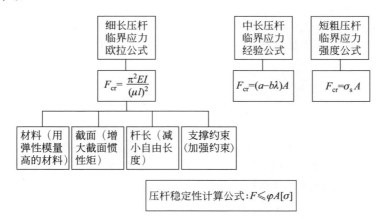

2. 能力培养

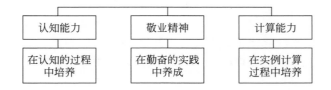

实 验 与 讨 论

1. 小实验。如图9-13所示,用薄纸片粘成圆筒形,两端衬瓶盖或粉笔头,做薄壁圆筒受压失稳的实验;用矿泉水饮料瓶做实验能很容易地实现均布径向受压的荷载吗?观察因这种荷载造成的失稳变形的特点。

2. 小实验。参考脚手架安全事故隐患的图片,找材料拼"脚手架"模拟本模块中的案例,认识脚手架失稳倒塌的因素。

3. 小实验。将锯条或塑料薄杆竖立于桌面,用食指加压,体会它的平衡形态突然转变,思考它为什么朝确定的方位失稳。

4. 裁一段纸条做实验(图9-14):试将纸条竖着立在桌面上。纸条太薄,抗弯能力太弱。由于纸条不可能微到绝对平展竖直,因此自重便使纸条的初始弯曲迅速扩大[图9-14(a)];若将纸条折成"角钢"形状,它就能够承受自重,立在桌面上[图9-14(b)]。分别在两种截面的图形上大致画出失稳弯曲时的中性轴,不难比较二者对中性轴的截面二次矩的大小[图9-14(c)]。可见,改变截面的形

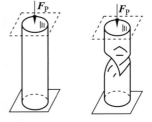

图9-13 薄纸筒受压失稳

状以增大截面惯性矩是提高压杆稳定性的措施之一。

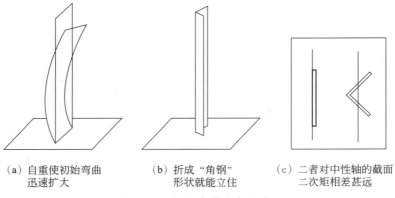

  (a) 自重使初始弯曲   (b) 折成"角钢"   (c) 二者对中性轴的截面
   迅速扩大   形状就能立住   二次矩相差甚远

图 9-14 用纸条做稳定试验

  5. 选长短、截面相近的一段钢锯条和一段塑料条做实验。用手指施加压力,体验二者临界力的大小。不同钢材品种的弹性模量是接近的。因此,选用优质钢材做压杆,对于提高稳定性而言没有意义。

  6. 用锯条、木块作图 9-15 所示的压杆稳定实验,体会支座约束对压杆稳定的影响。钢锯条模拟压杆,V 形槽模拟固定铰支座,锯缝模拟固定端支座,块状元件可在滑槽内移动;悬臂杆用垫圈加载,其余用手指施力。逐一对锯条施加轴向压力,观察锯条失稳弯曲后的变形曲线,比较支承约束对锯条约束的松紧,体验"约束越紧,临界压力越大"(学生实验可让块状元件靠着直尺滑动)。工程中常采用一些措施加强支承约束来提高受压构件的稳定性(图 9-16)。

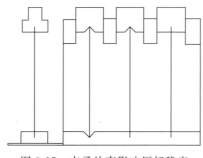

图 9-15 支承约束影响压杆稳定

图 9-16 柱脚约束

  7. 分别用整根锯条、半根锯条做相同约束下的失稳实验,体验整根锯条的临界力大约只有半根锯条的 1/4。压杆越长,越容易失稳。

习 题

  1. 细长压杆临界力的欧拉公式的统一形式为_____。式中,压杆的临界力 F_{cr} 与材料的_____成正比,与截面对中性轴的_____成正比,与_____的二次方成反比,与

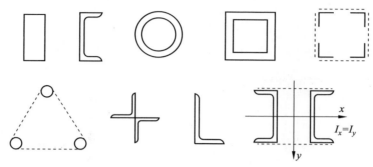

由支承约束决定的_____的二次方成反比。

2. 在支座约束各向相同,材料、杆长相同的前提下,受压构件绕获得最小截面惯性矩的形心轴失稳(失稳弯曲时,横截面绕该轴转动)。试在图 9-17 所示各压杆的截面上标出受压构件失稳弯曲时截面绕哪根轴转动。

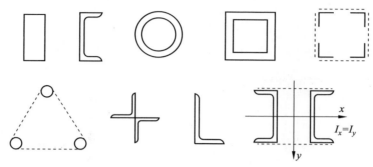

图 9-17　判断压杆失稳的方向

3. μ 反映_____对压杆稳定性的影响。试在图 9-15 中勾画压杆失稳弯曲时的变形曲线,写出各受压构件的临界力。

4. 如图 9-18 所示压杆,截面形状都为圆形,直径 $d=160$mm,材料为 Q235 钢,弹性模量 $E=200$GPa。试用欧拉公式分别计算各杆的临界力。

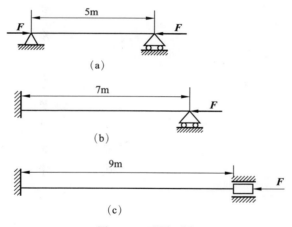

图 9-18　习题 4 图

5. 一端固定,另一端铰支的轴向压杆,$F=280$kN,$l=3$m,$[\sigma]=160$MPa,截面为 No20b "工"字钢。试校核压杆的稳定性。

6. 工程中从以下 4 个方面采取措施来提高受压构件的稳定性:①选用适当的材料;②选择合理的截面;③加强支承约束;④减小自由长度。试在图 9-19 中各分图号后的空白处选填所采取措施的编号。

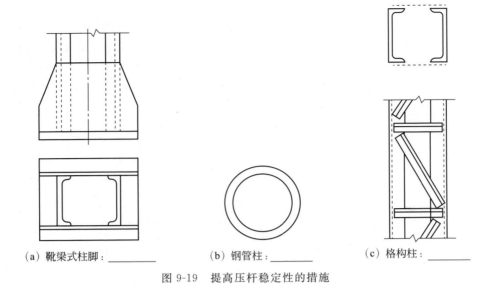

（a）靴梁式柱脚：_____　　　（b）钢管柱：_____　　　（c）格构柱：_____

图 9-19　提高压杆稳定性的措施

习题参考答案

参考答案

下 篇

模块 10 分析平面体系的几何组成

微课:学习指导

课件:模块 10 PPT

学习目标

知识目标:

1. 了解几何不变体系和几何可变体系的概念;

2. 了解几何组成分析的目的;

3. 掌握自由度、约束的概念及几何不变体系的简单组成规则;

4. 熟练掌握平面体系的几何组成分析;

5. 了解几何构造与静定性的关系。

能力目标:

1. 能够准确地判断构件的自由度个数;

2. 能够利用二元体、三刚片原理准确地判断结构的几何属性;

3. 能够准确地区分静定结构和超静定结构,并判断超静定次数。

学习内容

本模块主要介绍平面体系的几何组成,使学生具备对一般结构进行几何属性判断的能力。本模块共分为 5 个学习任务,应沿着如下流程进行学习:

几何组成分析的目的→体系的自由度计算→几何不变体系的简单组成规则→几何组成分析示例→几何构造与静定性的关系。

教学方法建议

1. 根据教师课件的图片动画演示,加强对体系几何组成分析的认识和理解;

2. 对平面体系的几何组成分析多加练习,从实作中提高个人对该部分知识的分析能力。

10.1 几何组成分析的目的

微课:几何组成
分析的目的

杆件结构是由若干杆件互相连接所组成的体系,并与基础连接成整体,起着承受荷载和传递荷载的作用。当结构受荷载作用时,截面上产生应力,材料产生应变,结构发生变形,然而这种变形一般是很微小的,在几何组成分析中一般不考虑这种变形的影响。所以,杆件体系一般分为几何不变体系和几何可变体系。

在不考虑材料应变的条件下,任意荷载作用后体系的位置和形状均能保持不变的体系称为几何不变体系,如图 10-1(a)~(c)所示;在不考虑材料应变的条件下,即使不大的荷载作用,也会产生机械运动而不能保持其原有形状和位置的体系称为几何可变体系,如图 10-1(d)~(f) 所示。

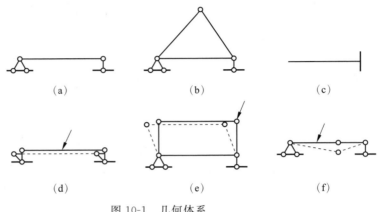

(a)   (b)   (c)

(d)   (e)   (f)

图 10-1　几何体系

判定体系几何组成性质,从而确定它们属于哪一类体系,称为体系的几何组成分析。对体系进行几何组成分析的目的在于:

(1) 判别体系是否是几何不变,从而确定其能否作为结构。

(2) 研究几何不变体系的组成规则,以保证所设计的结构可以承受荷载保持平衡。

(3) 正确区分静定结构和超静定结构,以选择相应的结构计算方法。

10.2　计算体系的自由度

微课:计算
体系的自由度

在几何分析中,把体系的任何杆件都看成不变形的平面刚体,该平面刚体简称刚片。显然,每二杆件或每根梁、柱都可以看作一个刚片,建筑物的基础或地球也可看作一个大刚片,某一几何不变部分也可视为一个刚片。这样,平面杆系的几何分析就是分析体系各个刚片之间的连接方式能否保证体系的几何不变性。

自由度是指确定体系位置所需要的独立坐标(参数)的数目。例如,一个点在平面内运动时,其位置可用两个坐标来确定,因此平面内的一个点有两个自由度,如图 10-2(a) 所示;又如,一个刚片在平面内运动时,其位置要用 x、y、φ 3 个独立参数来确定,因此平面内的一个刚片有 3 个自由度,如图 10-2(b)所示。由此看出,体系几何不变的必要条件是自由度等于或小于零。那么,如何适当、合理地给体系增加约束,使其成为几何不变体系呢?

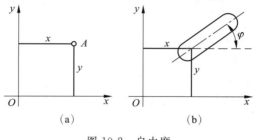

动画:自由度

图 10-2 自由度

减少体系自由度的装置称为约束(图 10-3)。减少一个自由度的装置即为一个约束,并依此类推。约束主要有链杆(一根两端铰接于两个刚片的杆件称为链杆,如直杆、曲杆、折杆)、单铰(连接两个刚片的铰)、复铰约束(连接多于两个刚片的铰)和刚结点 4 种形式。

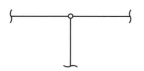

图 10-3 自由度的约束装置

假设有两个刚片,其中一个不动的设为基础,此时体系的自由度为 3。若用一链杆将它们连接起来,如图 10-4(a)所示,则除了确定链杆连接处 A 需一转角坐标 φ_1 外,确定刚片绕 A 转动还需转角坐标 φ_2,此时只需两个独立坐标就能确定该体系的运动位置,则体系的自由度为 2,它比没有链杆时减少了一个自由度,所以一根链杆为一个约束。若用一个单铰把刚片同基础连接起来,如图 10-4(b)所示,则只需转角坐标 φ 就能确定体系的运动位置,这时体系比原体系减少了两个自由度,所以一个单铰为两个约束。复铰约束如图 10-5 所示,若刚片 Ⅰ 的位置已确定,则刚片 Ⅱ、Ⅲ 都只能绕 A 点转动,从而各减少了两个自由度。所以,连接 3 个刚片的复铰相当于两个单铰的作用,由此可推知,连接 n 个刚片的复铰相当于 $(n-1)$ 个单铰(n 为刚片数)约束。若将刚片同基础刚性连接起来,如图 10-4(c)所示,则它们成为一个整体,体系的自由度为 O,因此刚结点为 3 个约束。

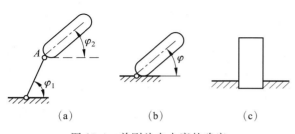

图 10-4 单刚片自由度的确定

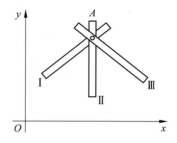

图 10-5 复铰约束

为保持体系几何不变必须有的约束称为必要约束,为保持体系几何不变并不需要的约束称为多余约束。一个平面体系通常都是由若干个构件加入一定约束组成的。加入约束的目的是减少体系的自由度。如果在体系中增加一个约束,而体系的自由度并不因此而减少,则该约束称为多余约束。多余约束只说明为保持体系几何不变是多余的,在几何体系中增设多余约束,可改善结构的受力状况,并非真的多余。

如图 10-6 所示,平面内有自由点 A,在图 10-6(a)中 A 点通过两根链杆与基础相连,这时两根链杆分别使 A 点减少一个自由度而使 A 点固定不动,因而两根链杆都非多余约束。图 10-6(b)中,A 点通过 3 根链杆与基础相连,这时 A 虽然固定不动,但减少的自由度仍然为 2,显然 3 根链杆中有一根没有起到减少自由度的作用,因而是多余约束(可把其中任意一根作为多余约束)。

又如图 10-7(a)所示,动点 A 加一根水平的支座链杆 1,再加一个竖向运动的自由度,由于约束数目不够,因此其是几何可变体系。图 10-7(b) 是用两根不在同一直线上的支座链杆 1 和 2 把 A 点连接在基础上,点 A 上、下、左、右的移动自由度全被限制住,不能发生移动,故图 10-7(b)是约束数目恰好够的几何不变体系,称为无多余约束的几何不变

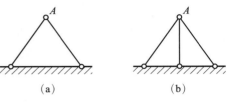

图 10-6　自由点的约束

体系。图 10-7(c)是在图 10-7(b)的基础上又增加了 1 根水平的支座链杆 3,第 3 根链杆对于保持几何不变而言是多余的,故图 10-7(c)是有一个多余约束的几何不变体系。

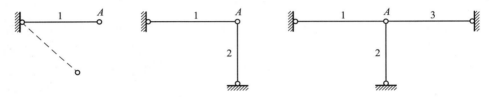

（a）几何可变体系　　（b）无多余约束的几何不变体系　　（c）有一个多余约束的几何不变体系

图 10-7　链杆约束

10.3　几何不变体系的简单组成规则

10.3.1　二元体规则

图 10-8(a)所示为一个三角形铰接体系,假如链杆Ⅰ固定不动,那么通过前面的讲解,可知它是一个几何不变体系。

将图 10-8(a)中的链杆Ⅰ看作一个刚片,成为图 10-8(b)所示的体系,从而得出以下规则和推论。

规则 1(二元体规则)　一个点与一个刚片用两根不共线的链杆相连,则组成无多余约束的几何不变体系。

由两根不共线的链杆(或相当于链杆)连接一个结点的构造称为二元体[图 10-8(b)中的 BAC]。

微课:二元体、两刚片规则

动画:二元体、两刚片、三刚片规则

推论 1　在一个平面杆件体系上增加或减少若干个二元体,都不会改变原体系的几何组成性质。

如图 10-8(c)所示的桁杆,就是在铰接三角形 ABC 的基础上依次增加二元体而形成的一个无多余约束的几何不变体系。同样,也可以对该桁架从 H 点起依次拆除二元体而成为铰接三角形 ABC。

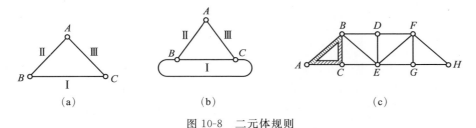

图 10-8　二元体规则

10.3.2　两刚片规则

将图 10-8(a)中的链杆Ⅰ和链杆Ⅱ都看作刚片,成为图 10-9(a)所示的体系,从而得出以下规则。

规则 2(两刚片规则)　两刚片用不在一条直线上的一铰(B 铰)、一链杆(AC 链杆)连接,则组成无多余约束的几何不变体系。

如果将图 10-9(a)中连接两刚片的铰 B 用虚铰代替,即用 2 根不共线、不平行的链杆 a、b 来代替,则成为图 10-9(b)所示体系,则有以下推论。

推论 2　两刚片用不完全平行也不交于一点的 3 根链杆连接,则组成无多余约束的几何不变体系。

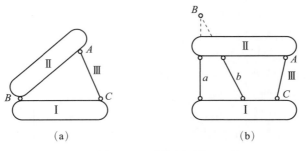

图 10-9　两刚片规则

10.3.3　三刚片规则

将图 10-8(a)中的链杆Ⅰ、链杆Ⅱ和链杆Ⅲ都看作刚片,则成为图 10-10(a)所示的体系,从而得出以下规则。

规则 3(三刚片规则)　三刚片用不在一条直线上的 3 个铰两两连接,则组成无多余约束的几何不变体系。

微课:三刚片规则、瞬变体系

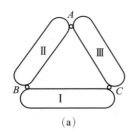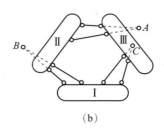

(a)　　　　　　　　　　　(b)

图 10-10　三刚片规则

如果将图 10-10(a)中连接三刚片之间的铰 A、B、C 全部用虚铰代替,即用两根不共线、不平行的链杆来代替,则成为图 10-10(b)所示体系,则有以下推论。

推论 3　三刚片分别用不完全平行也不共线的两根链杆两两连接,且所形成的 3 个虚铰不在同一直线上,则组成无多余约束的几何不变体系。

从以上叙述可知,这 3 个规则及其推论实际上都是三角形规则的不同表达方式,即 3 个不共线的铰可以组成无多余约束的三角形铰接体系。规则 1(及推论 1)给出了固定一个结点的装配格式,如图 10-8(b)所示的体系中,A 点通过不共线的链杆Ⅱ和链杆Ⅲ固定在基本刚片Ⅰ上;规则 2(及推论 2)给出了固定一个刚片的装配格式,如图 10-9(a)和(b)所示的体系中,用不在一条直线上的 B 铰、链杆,或者用不交于一点的 3 根链杆将刚片Ⅱ固定在刚片Ⅰ上;规则 3(及推论 3)给出了固定两个刚片的装配格式,如图 10-10(a)和(b)所示的体系中,通过不共线的 3 个铰 A、B、C 将刚片Ⅱ、刚片Ⅲ固定在刚片Ⅰ上。

10.3.4　瞬变体系

在上述组成规则中,对刚片间的连接方式都提出了一些限定条件,如连接三刚片的 3 个铰不能共线,连接 2 个刚片的 3 根链杆不能全平行也不能全交于一点等。如果不满足这些条件会如何呢? 如图 10-11 所示的 3 个刚片,它们之间用位于同一直线上的 3 个铰两两相连,此时,点 C 位于 AC 和 BC 为半径的两个圆弧的公切线上,故点 C 可沿着公切线做微小运动,体系是几何可变的。但在发生微小位移后,3 个铰不再位于同一直线上,因而体系成为几何不变的。这种本来是几何可变的、经微小位移后又变为几何不变的体系称为瞬变体系。

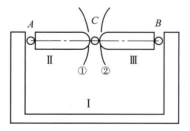

图 10-11　瞬变体系

虽然瞬变体系在发生了一微小相对运动后成为几何不变体系,但它不能作为工程结构使用,这是由于瞬变体系受力时会产生很大的内力而导致结构破坏。

10.4　几何组成分析示例

进行体系几何组成分析虽然灵活多样,但其也有一定的规律可循。对于比较简单的体系,可以选择二个或三个刚片,直接按规则分析其几何组成。

对于复杂体系,则可以采用以下方法。

（1）当体系上有二元体时,应去掉二元体使体系简化,以便于应用规则。但需注意,每次只能去掉体系外围的二元体（符合二元体的定义）,而不能从中间任意抽取。例如,图 10-12 结点 1 处有一个二元体,拆除后结点 2 外暴露出一个二元体,拆除结点 2 处的二元体后又可在结点 3 处拆除二元体,剩下为三角形 $AB4$。它是几何不变的,故原体系为几何不变体系。也可以继续在结点 4 处拆除二元体,剩下的只是地基了,这说明原体系相对于大地是不能动的,即为几何不变体系。

（2）从一个刚片（如地基或铰接三角形等）开始,一次增加二元体,尽量扩大刚片范围,使体系中的刚片个数尽量少,便于应用规则。仍以图 10-12 为例,将地基视为一个刚片,依次增加二元体,结点 4 处有一个二元体,增加在地基上,地基刚片扩大,依次扩充结点 3 处二元体、结点 2 处二元体、结点 1 处二元体,即体系为几何不变。

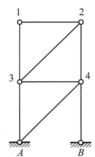

图 10-12　二元体体系

（3）如果体系的支座链杆只有 3 根,且不全平行也不交于同一点,则地基与体系本身的连接已符合二刚片规则,因此可去掉支座链杆和地基而只对体系本身进行分析。例如,图 10-13（a）所示体系,除去支座 3 根链杆,只需对图 10-13（b）所示体系进行分析,按两刚片规则组成无多余约束的几何不变体系。

（4）当体系的支座链杆多于 3 根时,应考虑把地基作为一刚片,将体系本身和地基一起用三刚片规则进行分析,否则往往会得出错误的结论。例如,图 10-14 所示体系,若不考虑 4 根支座链杆和地基,将 ABC、DEF 作为刚片Ⅰ、Ⅱ,它们只由两根链杆 1、2 连接,从而得出几何可变体系的结论显然是错误的。整错的方法是在将地基作为刚片Ⅲ,对整个体系用三刚片规则进行分析,结论是无多余约束的几何不变体系。

（5）先确定一部分为刚片,连续几次使用两刚片或三刚片规则,逐步扩大到整个体系。如图 10-15 所示,从下往上看,下层是按三刚片规则组成的几何不变的三铰钢架 ABH,上层两个刚片 CDE 与 EFG 和下层（刚片）按三刚片规则组成几何不变体系。

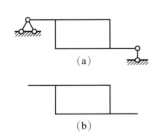

图 10-13　3 根支座链杆

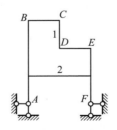

图 10-14　支座链杆多于 3 根

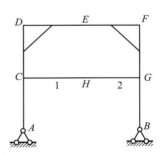

图 10-15　复杂结构体系

在进行组成分析时,体系中的每根杆件和约束都不能遗漏,也不可重复使用（复铰可重复使用,但重复使用次数不能超过其相当的单铰数）。当分析进行不下去时,一般是因为所选择的刚片或约束不恰当,应重新选择刚片或约束再试。对于某一体系,可能有多种分析途径,但结论是唯一的。

【应用案例 10-1】 对图 10-16(a)所示体系进行几何组成分析。

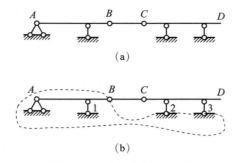

图 10-16 应用案例 10-1 图

【解】 首先以地基及杆 AB 为两刚片,由铰 A 和链杆 1 连接,链杆 1 延长线不通过铰 A,组成几何不变部分,如图 10-16(b)所示。以此部分作为一刚片,杆 CD 作为另一刚片,用链杆 2、3 及 BC 链杆(连接两刚片的链杆约束,必须是两端分别连接在所研究的两刚片上)连接。3 根链杆不交于一点,也不全平行,符合两刚片规则,故整个体系是无多余约束的几何不变体系。

另一种分析方法:将链杆 1 视为一个刚片,AB 杆及地基分别为第二、三个刚片,之后的分析由读者自己完成。

通过此应用案例可以看出,分析同一体系的几何组成可以采用不同的组成规则;一根链杆可视为一个约束,也可视为一个刚片。

【应用案例 10-2】 试对图 10-17(a)所示体系进行几何组成分析。

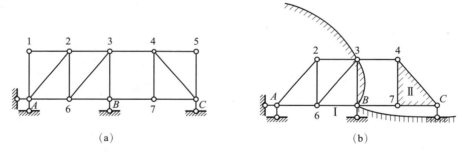

图 10-17 应用案例 10-2 图

【解】 在结点 1 与结点 5 处各有一个二元体,可先拆除。在上部体系与地基之间共有 4 根支座链杆联系的情况下,必须将地基视作一个刚片参与分析。在图 10-17(b)中,先将 $A23B6$ 视作一刚片,它与地基之间通过 A 处的 2 根链杆和 B 处的 1 根链杆(既不平行又不交于一点的 3 根链杆)相连接,因此 $A23B6$ 可与地基合成一个大刚片 Ⅰ,同时再将三角形 $C47$ 视作刚片 Ⅱ。刚片 Ⅰ 与刚片 Ⅱ 通过 3 根链杆 34、$B7$ 与 C 相连接,符合两刚片组成规则的要求,故所给体系为无多余约束的几何不变体系。

【应用案例 10-3】 对图 10-18(a)所示体系进行几何组成分析。

【解】 根据两刚片规则,将地基延伸至固定铰 A、C 处,并将地基作为刚片 Ⅰ,将杆件 $BEFG$ 作为刚片 Ⅱ[图 10-18(b)],刚片 Ⅰ 和刚片 Ⅱ 由支座链杆 B、等效链杆 AE、CG 相连接,这3根链杆不相交于一点,体系是几何不变的,且无多余约束。

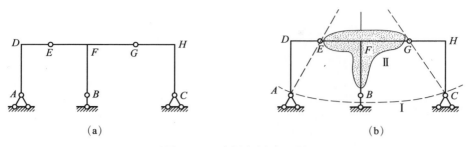

图 10-18　应用案例 10-3 图

10.5　几何构造与静定性的关系

用来作为结构的杆件体系必须是几何不变的,而几何不变体系又可分为无多余约束的和有多余约束的,后者的约束数目除满足几何不变性要求外尚有多余。因此,结构可分为无多余约束的和有多余约束的两类。

如图 10-19(a) 所示连续梁,如果将 C、D 两根支座链杆去掉,其仍能保持其几何不变性[图 10-19(b)],且此时无多余约束,所以该连续梁有两个多余约束。对于无多余约束的结构(如图 10-20 所示简支梁),由静力学可知,它的全部反力和内力都可由静力平衡条件求得,这类结构称为静定结构。但是,对于具有多余约束的结构,却不能由静力平衡条件求得其全部反力和内力。例如图 10-21 所示的连续梁,其支座反力共有 5 个,而静力平衡条件只有 3 个,因而仅利用 3 个静力平衡条件无法求得其全部反力,因此也不能求出其全部内力,这类结构称为超静定结构。

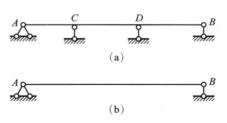

图 10-19　连续梁

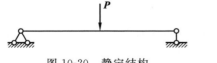

图 10-20　静定结构

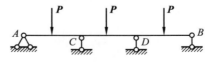

图 10-21　超静定结构

总之,静定结构是没有多余约束的几何不变体系,超静定结构是有多余约束的几何不变体系。结构的超静定次数等于几何不变体系的多余约束个数。

对静定结构进行外力和内力分析时,只需考虑静力平衡条件;而对超静定结构进行外力和内力分析时,除了考虑静力平衡条件外,还需要考虑变形条件。对体系进行几何组成分析,有助于正确区分静定结构和超静定结构,以便选择适当的结构计算方法。

模 块 小 结

1. 知识体系

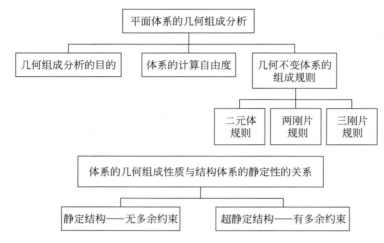

2. 能力培养

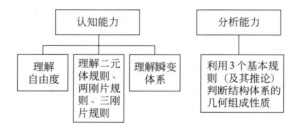

实验与讨论

1. 什么是几何可变体系?它包括哪几种类型?分别举例说明几何可变体系不能作为结构使用的原因。

2. 什么是静定结构?什么是超静定结构?它们有什么共同点?其根本区别是什么?并举例说明。

3. 为什么要对结构进行几何组成分析?

习 题

对图 10-22 所示各结构进行几何组成分析。

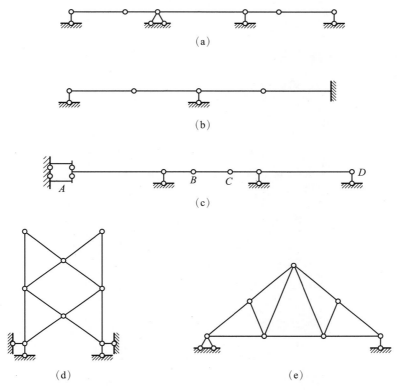

图 10-22 习题图

习题参考答案

参考答案

模块 11 计算静定结构的内力

微课:学习指导

课件:模块 11 PPT

学习目标

知识目标:

1. 掌握杆件横截面内力的符号规定;

2. 掌握内力与外荷载的关系;

3. 了解梁、刚架、桁架的类型;

4. 熟悉梁、刚架、桁架的特点;

5. 掌握绘制静定结构内力图的步骤。

能力目标:

1. 能够绘制单跨静定梁、多跨静定梁的内力图;

2. 能够绘制刚架的内力图;

3. 能够利用结点法和截面法计算桁架的内力。

学习内容

本模块主要介绍 3 种典型静定结构:梁、刚架和桁架的内力计算方法,使学生具备静定结构内力计算分析的能力。本模块分为 3 个学习任务,可沿如下流程进行学习:

静定梁的内力计算→静定平面刚架的内力计算→静定平面桁架的内力计算。

教学方法建议

本模块对学生的计算能力要求较高,学生首先要熟练掌握横截面上内力的符号规定,能够绘制出正确的隔离体受力图,能够理解内力与外力的相互对应关系,能够掌握截面法求解控制截面内力的方法,然后针对不同的静定结构进行内力图的绘制。教师利用典型例题进行讲解,学生通过课后习题提高计算能力。

11.1 计算静定梁的内力

11.1.1 静定梁的类型

单跨静定梁是只有一段杆件,两个支座与基础相连的静定结构。单跨静定梁是建筑工程中常用的简单结构,其受力分析方法是其他结构受力分析的基础。

微课:静定梁的类型

根据支座的类型和结构形式,单跨静定梁可分为简支梁、外伸梁和悬臂梁 3 种,如图 11-1 所示。

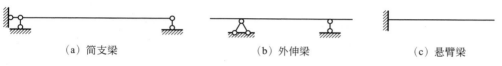

（a）简支梁　　　　　　（b）外伸梁　　　　　　（c）悬臂梁

图 11-1 单跨静定梁的类型

多跨静定梁是由若干根短梁用铰接相连,并用若干支座与基础相连组成的静定结构。在公路桥梁工程中常采用多跨静定梁结构,如图 11-2（a）所示,其计算简图如图 11-2（b）所示。

从几何组成来看,多跨静定梁可分为基本部分与附属部分。能够独立承受荷载的梁段称为基本部分,如图 11-2（b）中的 *AB* 部分梁段,多跨静定梁的基本部分一般是单跨悬臂梁或外伸梁。依靠基本部分支承才能承受荷载的梁段称为附属部分,如图 11-2（b）中的 *CD* 部分梁段。为了更清楚地表明各部分之间的支承关系,把基本部分画在下层,将附属部分画在上层,该图称为多跨梁的层次图,如图 11-2（c）所示。

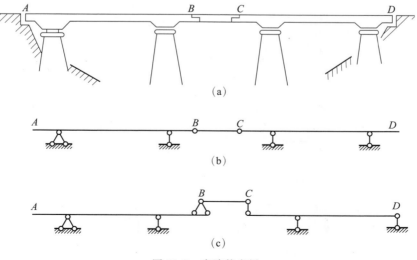

（a）

（b）

（c）

图 11-2 多跨静定梁

11.1.2　静定梁内力符号规定

　　在外荷载作用下,求静定梁任一截面内力时,可以用一假想的截面将梁截开,取截面任意一侧部分隔离体为研究对象,则另一侧部分对该隔离体的作用即为该截面的内力。

　　如果梁上既有沿竖直方向的外荷载,某些外荷载也有水平方向的分力,如图 11-3(a)所示,则任意一截面上有 3 种内力,即轴力、剪力和弯矩,如图 11-3(b)所示。如果梁上只有竖直方向的外荷载,外荷载在水平方向没有分力,如图 11-4(a)所示,则任意一截面上只有两种内力,即剪力和弯矩,如图 11-4(b)所示。

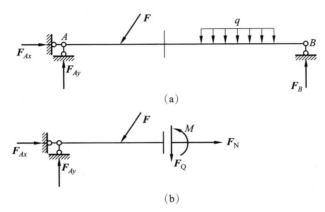

(a)

(b)

图 11-3　静定梁结构上的内力

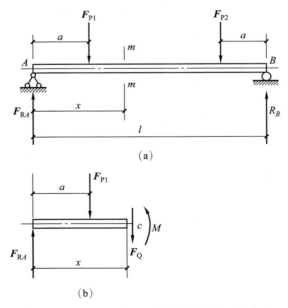

(a)

(b)

图 11-4　竖向荷载作用下的静定梁结构上的内力

　　为了保证计算结果统一,对内力的符号做如下规定。
　　(1) 轴力:截面上应力沿轴线方向的合力。轴力以拉力为正。

微课:内力符号

（2）剪力：截面上应力沿杆轴法线方向的合力。剪力以截开部分顺时针转向为正。

（3）弯矩：截面上应力对截面形心的力矩。在水平杆件中，当弯矩使杆件下部受拉时弯矩为正。

在绘制隔离体的受力图时，内力均应按正方向画出，然后由平衡方程求得。

11.1.3　内力与外荷载的关系

微课：内力与外荷载的关系

梁横截面上的内力是由外荷载引起的，它们之间存在如下对应关系。

（1）无荷载的区段弯矩图为直线，剪力图为平行于轴线的直线，如图 11-5 中的 CD、DE、EB 段；有均布荷载的区段弯矩图为二次抛物线，曲线的凸向与均布荷载的指向一致，剪力图为一斜直线，如图 11-5 中的 AC 段。

（2）在集中力作用处，剪力在截面的左、右侧面有突变，突变值为集中力的大小，弯矩图则出现尖角，如图 11-5 中的 E 截面处。

（3）在集中力偶作用处，弯矩在截面的左、右侧面有突变，突变值为集中力偶矩的大小，剪力不发生变化，如图 11-5 中的 D 截面处。

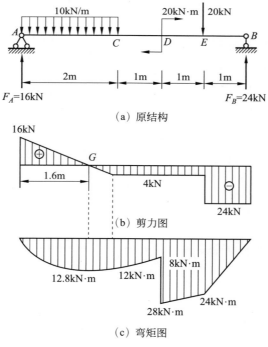

（a）原结构

（b）剪力图

（c）弯矩图

图 11-5　内力与外荷载的关系

为了直观地表示外荷载作用下内力沿梁轴线的变化规律，需要绘制内力图，它是结构设计的重要依据。一般先求出控制截面的内力，再根据内力与外荷载的对应关系画出各区段的内力图形，从而得到整个梁的内力图。

控制截面即内力发生变化的截面，一般是指均布荷载的起止点、集中力作用点、集中力偶作用点所在的截面，如图 11-5 中的 A、C、D、E、B 点。根据平衡方程，由截面法可以总结出控制截面上的内力计算方法。

（1）弯矩等于截面一侧所有外力对截面形心之矩的代数和。

（2）剪力等于截面一侧所有外力沿截面切线方向投影的代数和。

（3）轴力等于截面一侧所有外力沿截面法线方向投影的代数和。

为了统一，在绘制内力图时需遵循下列要求。

（1）弯矩图必须绘制在杆件受拉纤维一侧，绘制竖向阴影，不标注正负号。

（2）剪力图可以绘制在杆件轴线的任一侧，正剪力与负剪力分布两侧，绘制竖向阴影，标注正负号。

（3）轴力图可以绘制在杆件轴线的任一侧，正轴力与负轴力分布两侧，绘制竖向阴影，标注正负号。

11.1.4　计算单跨静定梁的内力

微课：应用
案例 11-1

简支梁、悬臂梁、外伸梁的支座反力只有 3 个，可由平面一般力系的 3 个平衡方程求得，控制截面上的内力可由截面法求得，然后逐段绘制内力图。

【应用案例 11-1】　作图 11-6(a)所示单跨静定梁的内力图。

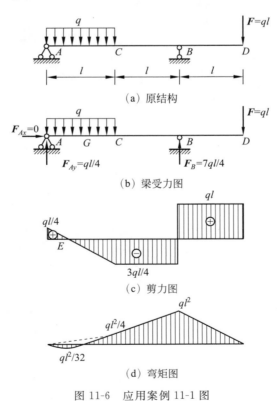

（a）原结构

（b）梁受力图

（c）剪力图

（d）弯矩图

图 11-6　应用案例 11-1 图

【解】　（1）求支座反力。选梁整体作为研究对象，受力如图 11-6(b)所示，根据平衡条件得

$$\sum M_A(F) = 0$$

$$F_B \times 2l - ql \times 3l - ql \times \frac{l}{2} = 0$$

$$F_B = \frac{7ql}{4}$$

$$\sum F_y = 0$$

$$F_{Ay} + F_B - ql - ql = 0$$

$$F_{Ay} = \frac{ql}{4}$$

$$\sum F_x = 0$$

$$F_{Ax} = 0$$

（2）求控制截面的内力。点 A 为均布荷载的起点，点 C 为均布荷载的终点，点 B 为支座反力的作用点，点 D 为集中荷载的作用点，故点 A、C、B、D 所在的截面为控制截面，将梁分为 AC、CB、BD 3 段。

$$F_{QA} = F_{Ay} = \frac{ql}{4}$$

$$F_{QC} = F_{Ay} - ql = \frac{ql}{4} - ql = -\frac{3ql}{4}$$

$$F_{QB左} = F_{QC} = -\frac{3ql}{4}$$

$$F_{QB右} = F = ql$$

$$F_{QD} = F = ql$$

$$M_A = 0$$

$$M_C = F_{Ay} \times l - ql \times \frac{l}{2} = \frac{ql}{4} \times l - ql \times \frac{l}{2} = -\frac{ql^2}{4}$$

$$M_B = -F \times l = -ql \times l = -ql^2$$

$$M_D = 0$$

（3）绘制内力图。AC 段分布有均布荷载，故 AC 段剪力图为一斜直线，弯矩图为二次抛物线；CB 段没有荷载，故 CB 段剪力图为一水平线，弯矩图为一斜直线；BD 段没有荷载，故 BD 段剪力图为一水平线，弯矩图为一斜直线。根据各控制截面的内力绘制内力图，如图 11-6(c) 和(d)所示。

11.1.5 计算多跨静定梁的内力

【应用案例 11-2】 作图 11-7(a)所示多跨静定梁的内力图。

【解】 （1）求支座反力。对于多跨静定梁，先计算高层次附属部分，后计算低层次附属部分，最后计算基本部分，即可求得支座反力。

① 选附属部分 DF 作为研究对象，受力如图 11-7(b)所示。根据平衡条件得

微课:应用
案例 11-2

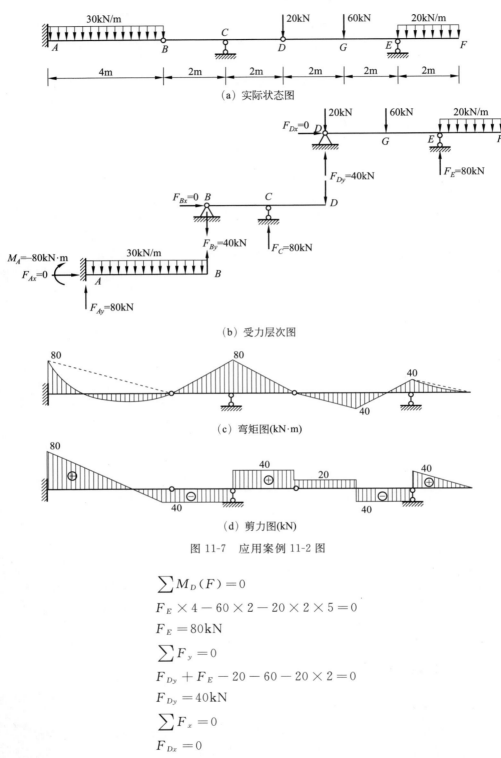

（a）实际状态图

（b）受力层次图

（c）弯矩图(kN·m)

（d）剪力图(kN)

图 11-7　应用案例 11-2 图

$$\sum M_D(F)=0$$

$$F_E \times 4 - 60 \times 2 - 20 \times 2 \times 5 = 0$$

$$F_E = 80\text{kN}$$

$$\sum F_y = 0$$

$$F_{Dy} + F_E - 20 - 60 - 20 \times 2 = 0$$

$$F_{Dy} = 40\text{kN}$$

$$\sum F_x = 0$$

$$F_{Dx} = 0$$

② 选附属部分 BD 作为研究对象，受力如图 11-7(b)所示。根据平衡条件得

$$\sum M_B(F)=0$$

$$F_C \times 2 - 40 \times 4 = 0$$

$$F_C = 80\text{kN}$$

$$\sum F_y = 0$$

$$-F_{By} + F_C - 40 = 0$$

$$F_{By} = 40\text{kN}$$

$$\sum F_x = 0$$

$$F_{Bx} = 0$$

③ 选基本部分 AB 作为研究对象,受力如图 11-7(b)所示。根据平衡条件得

$$\sum M_A(F) = 0$$

$$-M_A + 40 \times 4 - 30 \times 4 \times 2 = 0$$

$$M_A = -80\text{kN} \cdot \text{m}$$

$$\sum F_y = 0$$

$$F_{Ay} - 30 \times 4 + 40 = 0$$

$$F_{Ay} = 80\text{kN}$$

$$\sum F_x = 0$$

$$F_{Ax} = 0$$

(2) 求控制截面的内力。点 A 为均布荷载的起点,点 B 为均布荷载的终点,点 C 为支座反力的作用点,点 D 和 G 为集中荷载的作用点,点 E 为支座反力的作用点及均布荷载的起点,点 F 为均布荷载的终点,故点 A、B、C、D、G、E、F 所在的截面为控制截面,将梁分为 AB、BC、CD、DG、GE、EF 6 段。

$$F_{QA} = F_{Ay} = 80\text{kN}$$

$$F_{QB} = F_{Ay} - 30 \times 4 = 80 - 120 = -40(\text{kN})$$

$$F_{QC左} = F_{QB} = -40\text{kN}$$

$$F_{QC右} = F_{Ay} - 30 \times 4 + F_C = 40(\text{kN})$$

$$F_{QD左} = F_{QC右} = 40\text{kN}$$

$$F_{QD右} = 60 - F_E + 20 \times 2 = 20(\text{kN})$$

$$F_{QG左} = F_{QD右} = 20(\text{kN})$$

$$F_{QG右} = -F_E + 20 \times 2 = -40(\text{kN})$$

$$F_{QE左} = F_{QG右} = -40\text{kN}$$

$$F_{QE右} = 20 \times 2 = 40(\text{kN})$$

$$F_{QF} = 0$$

$$M_A = -80\text{kN} \cdot \text{m}$$

$$M_B = 0$$

$$M_C = -40 \times 2 = -80(\text{kN} \cdot \text{m})$$

$$M_D = 0$$

$$M_G = -20 \times 2 \times 3 + F_E \times 2 = 40(\text{kN} \cdot \text{m})$$

$$M_E = -20 \times 2 \times 1 = -40(\text{kN} \cdot \text{m})$$

$$M_F = 0$$

（3）绘制内力图。AB 段分布有均布荷载，故 AB 段剪力图为一斜直线，弯矩图为二次抛物线；BC 段、CD 段、DG 段、GE 段均没有荷载，故其剪力图为一水平线，弯矩图为一斜直线；EF 段有均布荷载，故 EF 段剪力图为一斜直线，弯矩图为二次抛物线。根据各控制截面的内力绘制内力图，如图 11-7(c)和(d)所示。

综上，静定梁绘制内力图的步骤如下。

（1）求支座反力。利用平衡条件求解静定梁的支座反力，对于单跨梁选梁整体分析；对于多跨梁需要先分析附属部分，再分析基本部分。

（2）求控制截面的内力。均布荷载的起止点、集中力作用点、集中力偶作用点、多跨梁中间铰接点处作为控制截面，集中力作用处控制截面左右两侧剪力发生突变需分别计算，集中力偶作用处控制截面左右两侧弯矩发生突变需分别计算。

（3）绘制内力图。根据外荷载与内力的关系，以控制截面分界，把梁分成若干段，分段绘制剪力图和弯矩图。

11.2 计算静定刚架的内力

11.2.1 刚架的特点

刚架是由若干直杆组成的具有刚结点的结构，是在工程中应用非常广泛的结构。工程中的刚架一般为超静定刚架，但静定刚架的内力计算是超静定刚架内力计算分析的基础，所以必须熟练掌握静定刚架的内力分析方法。

从变形角度看，刚架的刚结点处，各杆端既不能发生相对移动，也不能发生相对转动，整体刚度较大，在荷载作用下变形较小；从受力角度看，刚结点能承受和传递轴力、剪力和弯矩，从而使结构受力比较均匀，节省建筑材料。

微课:刚架举例

根据刚架的组成特点，刚架可分为简支刚架、悬臂刚架、三铰刚架和组合刚架等，如图 11-8 所示。

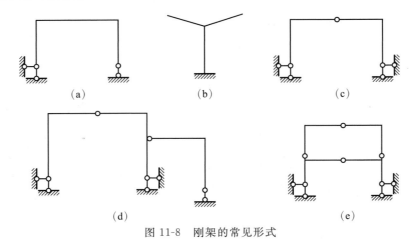

图 11-8 刚架的常见形式

11.2.2　计算刚架的内力

微课：应用
案例 11-3

静定刚架的支座反力只有 3 个，可由平面一般力系的 3 个平衡方程求得，控制截面上的内力可由截面法求得，然后逐段绘制内力图。

【**应用案例 11-3**】　作图 11-9 所示刚架的内力图。

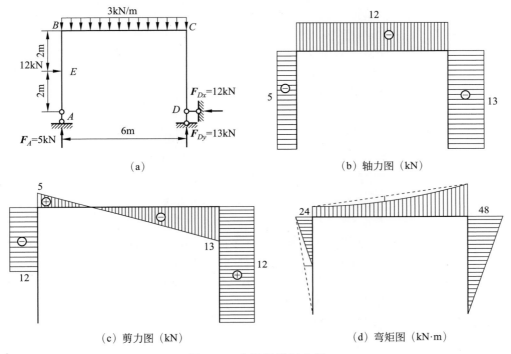

（a）

（b）轴力图（kN）

（c）剪力图（kN）

（d）弯矩图（kN·m）

图 11-9　应用案例 11-3 图

【**解**】　（1）求支座反力。选刚架整体作为研究对象，受力如图 11-9（a）所示。根据平衡条件得

$$\sum M_D(F) = 0$$
$$-F_{Ay} \times 6 - 12 \times 2 + 3 \times 6 \times 3 = 0$$
$$F_{Ay} = 5\text{kN}$$
$$\sum F_y = 0$$
$$F_{Ay} + F_{Dy} - 3 \times 6 = 0$$
$$F_{Dy} = 13\text{kN}$$
$$\sum F_x = 0$$
$$-F_{Dx} + 12 = 0$$
$$F_{Dx} = 12\text{kN}$$

（2）求控制截面的内力。点 A、D 为支座反力作用点，点 E 为集中力作用点，点 B、C 为刚结点，将刚架分为 AE、EB、BC、CD 4 段。

$$F_{NAB} = -F_{Ay} = -5\text{kN}$$

$$F_{NBC} = -12\text{kN}$$

$$F_{NCD} = -F_{Dy} = -13\text{kN}$$

$$F_{QA} = 0$$

$$F_{QE下} = F_{QA} = 0$$

$$F_{QE上} = -12\text{kN}$$

$$F_{QB下} = F_{QE上} = -12\text{kN}$$

$$F_{QB右} = F_{Ay} = 5\text{kN}$$

$$F_{QC左} = -F_{Dy} = -13\text{kN}$$

$$F_{QC下} = F_{Dx} = F_{QD} = 12\text{kN}$$

$$M_{AE} = 0$$

$$M_{EA} = 0$$

$$M_{BE} = -12 \times 2 = -24(\text{kN} \cdot \text{m})（左侧受拉）$$

$$M_{BC} = -12 \times 2 = -24(\text{kN} \cdot \text{m})（上侧受拉）$$

$$M_{CB} = 12 \times 4 = 48(\text{kN} \cdot \text{m})（上侧受拉）$$

$$M_{CD} = 12 \times 4 = 48(\text{kN} \cdot \text{m})（右侧受拉）$$

$$M_{DC} = 0$$

（3）绘制内力图。AB、BC、CD 3 段轴力都为常数；AE 段没有荷载,剪力为零,弯矩为零；EB 段没有荷载,故剪力图为直线,弯矩图为斜直线；CB 段有均布荷载,故 CB 段剪力图为斜直线,弯矩图为二次抛物线；CD 段没有荷载,故剪力图为直线,弯矩图为斜直线。根据各控制截面的内力绘制内力图,如图 11-9(b)~(d)所示。

综上,绘制刚架内力图的步骤如下。

（1）求支座反力。利用平衡条件求解刚架的支座反力,对于悬臂刚架、简支刚架选整体进行分析；对于三铰刚架需结合整体和其一部分进行分析；对于组合刚架先分析附属部分,再分析基本部分。

（2）求控制截面的内力。轴力一般以刚结点处为界分段；均布荷载的起止点、集中力作用点、集中力偶作用点、刚结点处作为控制截面,集中力作用处控制截面左右两侧剪力发生突变需分别计算,集中力偶作用处控制截面左右两侧弯矩发生突变需分别计算。

（3）绘制内力图。以刚结点为界分段绘制轴力图,根据外荷载与内力的关系,以控制截面分界,把刚架分成若干段,分段绘制剪力图和弯矩图。

11.3 计算静定平面桁架的内力

11.3.1 桁架的特点

微课:桁架举例

桁架是由若干根直杆在杆端用铰链连接组成的结构。在工程中,一些桥梁、屋架等结构都可简化为桁架结构,如图 11-10 所示。

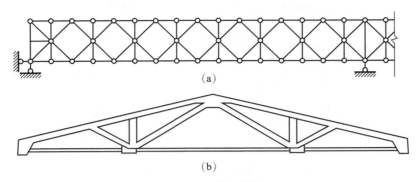

图 11-10 桁架结构

实际桁架结构受力比较复杂,为简化计算,对桁架常常采用以下假设。

(1)各杆件两端用理想铰结点连接。

(2)各杆件的轴线都是直线,且在同一平面内并通过铰的中心。

(3)荷载和支座约束力都作用在铰结点上,并位于桁架平面内。

根据以上假设,理想桁架各杆件均为两端受力的二力杆,其内力只有轴力。规定以杆件受拉为正,受压为负。在绘制受力图时,杆件的未知轴力均假定为拉力。

根据桁架的组成特点,静定平面桁架可分为简单桁架、联合桁架和复杂桁架,如图 11-11 所示。

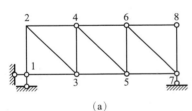
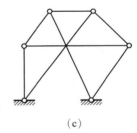

图 11-11 静定平面桁架

(1)简单桁架。从一个基本铰接三角形开始,逐次增加二元体,最后用三杆与基础相连而成或从基础开始逐次增加二元体而形成的桁架,如图 11-11(a)所示。

(2)联合桁架。几个简单桁架按照两刚片规则或三刚片规则组成的桁架,如图 11-11(b)所示。

(3)复杂桁架。不同于简单桁架和联合桁架组成方式的桁架,如图 11-11(c)所示。

动画:零杆的判断

11.3.2 计算桁架的内力

桁架在荷载作用下,杆件的内力只有轴力。有些杆件轴力等于零,这样的杆称为零力杆,如图 11-12 所示。

零力杆常见的几种情形如下。

动画:零力杆的应用

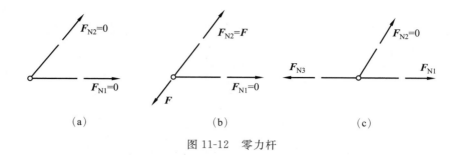

图 11-12 零力杆

(1) 不共线的两杆结点,无外力作用时,此两杆均为零力杆,如图 11-12(a)所示。

(2) 不共线的两杆结点,若外力与其中一杆共线,则另一杆为零力杆,如图 11-12(b)所示。

(3) 三杆的结点,且两杆共线,当无外力作用时,另一杆为零力杆,如图 11-12(c)所示。

利用以上规则,可以判断出结构中的零力杆,以简化计算。

桁架内力计算常用的方法有结点法和截面法。

1. 结点法

以桁架结点为研究对象,结点受平面汇交力系的作用,逐次考虑每个结点平衡条件求杆件内力的方法称为结点法。该方法适用于求简单桁架所有杆的内力的情形。

微课:应用
案例 11-4

【应用案例 11-4】 试用结点法求图 11-13(a)所示桁架各杆的内力。

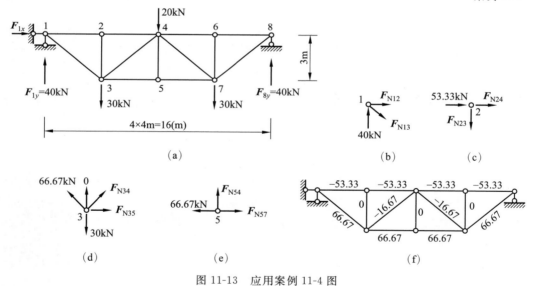

图 11-13　应用案例 11-4 图

【解】 (1) 求支座反力。选桁架整体为研究对象,受力如图 11-13(a)所示。根据平衡条件得

$$\sum M_1(F) = 0$$

$$-30 \times 4 - 20 \times 8 - 30 \times 12 + F_{8y} \times 16 = 0$$

$$F_{8y} = 40 \text{kN}$$

$$\sum F_y = 0$$

$$F_{1y} + F_{8y} - 30 - 30 - 20 = 0$$

$$F_{1y} = 40\text{kN}$$

$$\sum F_x = 0$$

$$F_{1x} = 0$$

（2）求杆件内力。取结点 1 为研究对象，受力如图 11-13(b)所示。根据平衡条件得

$$\sum F_x = 0$$

$$F_{N12} + 40 \times \frac{5}{3} \times \frac{4}{5} = 0$$

$$F_{N12} = -53.33\text{kN}$$

$$\sum F_y = 0$$

$$-F_{N13} \times \frac{3}{5} + 40 = 0$$

$$F_{N13} = 66.67\text{kN}$$

取结点 2 为研究对象，受力如图 11-13(c)所示。根据平衡条件得

$$\sum F_x = 0$$

$$F_{N24} + 53.33 = 0$$

$$F_{N24} = -53.33\text{kN}$$

$$\sum F_y = 0$$

$$F_{N23} = 0$$

取结点 3 为研究对象，受力如图 11-13(d)所示。根据平衡条件得

$$\sum F_y = 0$$

$$F_{N34} \times \frac{3}{5} + 66.67 \times \frac{3}{5} - 30 = 0$$

$$F_{N34} = -16.67\text{kN}$$

$$\sum F_x = 0$$

$$F_{N35} + F_{N34} \times \frac{5}{3} - 66.67 \times \frac{4}{5} = 0$$

$$F_{N12} = 66.67\text{kN}$$

取结点 5 为研究对象，受力如图 11-13(e)所示。根据平衡条件得

$$\sum F_x = 0$$

$$F_{N57} - 66.67 = 0$$

$$F_{N57} = 66.67\text{kN}$$

$$\sum F_y = 0$$

$$F_{N54} = 0$$

左半边桁架各杆内力均已求出，由于该桁架为对称结构且在对称荷载作用下，其内力分

布必然也对称。因此，根据对称性，整个桁架的内力如图 11-13(f)所示。

综上，结点法求解桁架内力的步骤如下。

（1）求支座反力。选桁架整体为研究对象，根据平面一般力系的平衡条件求得。如果桁架为对称结构且受对称荷载作用，则可以利用对称性求支座反力。

（2）求杆件内力。首先根据零力杆规则判断轴力为零的杆件，然后以结点为研究对象，从支座结点开始，依次逐个结点计算，所选结点上未知内力的个数不超过两个，通过平面汇交力系的平衡条件建立方程求解。

2. 截面法

用一个假想的截面把桁架分成两部分，取其中一部分为研究对象，根据平衡条件求所截杆件内力的方法称为截面法。该方法适用于求桁架结构中某几根杆的内力的情形。

微课：应用
案例 11-5

【应用案例 11-5】 试用截面法求图 11-14(a)所示桁架 a、b、c 3 杆的内力。

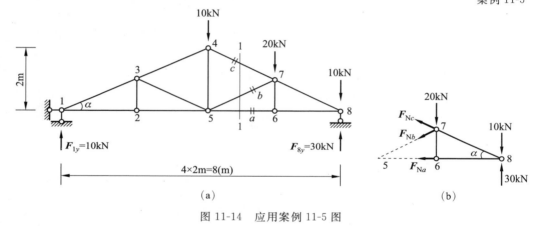

(a)　　　　　　　　(b)

图 11-14　应用案例 11-5 图

【解】（1）求支座反力。选桁架整体为研究对象，受力如图 11-14(a)所示。根据平衡条件得

$$\sum M_1(F)=0$$
$$-10\times4-20\times6-10\times8+F_{8y}\times8=0$$
$$F_{8y}=30\text{kN}$$
$$\sum F_y=0$$
$$F_{1y}+F_{8y}-10-20-10=0$$
$$F_{1y}=10\text{kN}$$
$$\sum F_x=0$$
$$F_{1x}=0$$

（2）求杆件内力。用 1—1 截面假想将 a、b、c 3 杆截开，取右边部分为研究对象，受力如图 11-14(b)所示。根据平衡条件得

$$\sum M_7(F)=0$$
$$-F_{Na}\times1-10\times2+30\times2=0$$

$$F_{Na} = 40\text{kN}$$

$$\sum M_5(F) = 0$$

$$F_{Nc}\sin\alpha \times 2 + F_{Nc}\cos\alpha \times 1 + 30 \times 4 - 10 \times 4 - 20 \times 2 = 0$$

$$F_{Nc} = -22.36\text{kN}$$

$$\sum M_8(F) = 0$$

$$F_{Nb}\sin\alpha \times 2 + F_{Nb}\cos\alpha \times 1 + 20 \times 2 = 0$$

$$F_{Nb} = -22.36\text{kN}$$

综上所述,截面法求解桁架内力的步骤如下。

(1) 求支座反力。选桁架整体为研究对象,根据平衡条件求得。

(2) 求杆件内力。选一截面截断要求内力的杆件,尽量使所截杆件不超过 3 根,根据一般平面力系的平衡条件建立平衡方程求解。

模 块 小 结

1. 知识体系

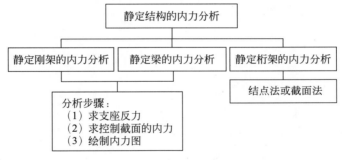

2. 能力培养

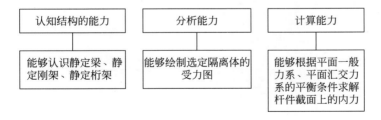

实验与讨论

1. 当外力垂直于直梁轴线作用时,为什么梁截面的内力只有剪力和弯矩? 若外力不垂直于直梁轴线,梁截面的内力有哪些?

2. 当荷载作用在多跨静定梁基本部分时,附属部分是否引起内力? 作用在附属部分时,基本部分是否引起内力?

3.刚架的弯矩图在刚结点处有什么特点?

4.如果刚架某区段用叠加法作弯矩图,为什么是竖坐标的叠加而不是图形的拼合?

5.桁架中有些杆是零力杆,那么是否可以把这些零力杆从结构体系中去掉?为什么?

6.采用截面法求桁架杆件内力时,所取截面截断的根数是否可以多于3根?什么情况下可以?

习　题

1.绘制图 11-15 所示单跨静定梁的内力图。

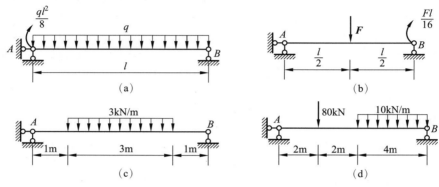

图 11-15　习题 1 图

2.绘制图 11-16 所示多跨静定梁的内力图。

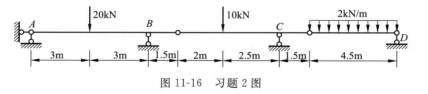

图 11-16　习题 2 图

3.绘制图 11-17 所示刚架的内力图。

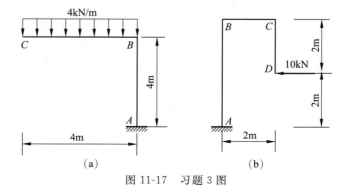

图 11-17　习题 3 图

4. 绘制图 11-18 所示刚架的内力图。

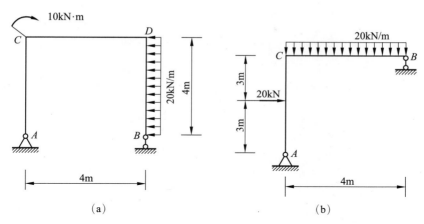

图 11-18　习题 4 图

5. 绘制图 11-19 所示刚架的内力图。

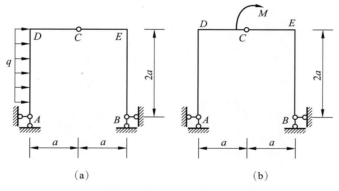

图 11-19　习题 5 图

6. 判断图 11-20 所示桁架的零力杆。

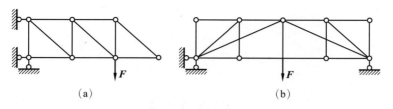

图 11-20　习题 6 图

7. 利用结点法求图 11-21 所示桁架结构的内力。

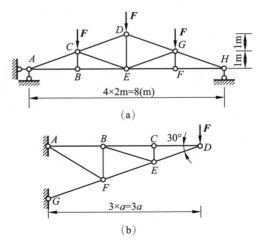

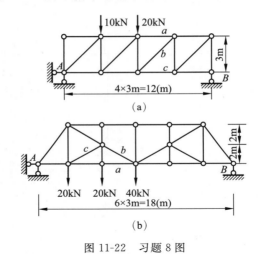

图 11-21　习题 7 图

8. 利用截面法求图 11-22 所示桁架结构中杆件的内力。

图 11-22　习题 8 图

习题参考答案

参考答案

模块 *12* 计算静定结构的位移

微课:学习指导

课件:模块 12 PPT

学习目标

知识目标:

1. 了解静定结构的位移类型;

2. 熟悉广义力、广义位移、实功、虚功的概念;

3. 熟悉虚功原理;

4. 掌握荷载作用下静定结构位移计算的步骤;

5. 掌握支座移动时静定结构位移计算的步骤。

能力目标:

1. 能够求解荷载作用下静定梁、静定刚架和静定桁架的位移;

2. 能够求解支座移动时静定结构的位移。

学习内容

本模块主要介绍静定结构的位移,利用单位荷载法求解静定结构在荷载作用下和支座移动时的位移,使学生具备静定结构位移计算分析的能力。本模块分为 4 个学习任务,学生可沿以下流程进行学习。

虚功原理→结构位移计算的一般公式→荷载作用下静定结构的位移计算→支座移动时静定结构的位移计算。

教学方法建议

本模块对学生的计算能力要求较高,学生首先要熟悉静定结构位移的类型,理解静定结构位移计算的原理——虚功原理,能够虚设单位荷载,利用单位荷载法得到求解静定结构位移的一般公式,然后针对不同的静定结构进行位移计算分析。教师利用典型例题进行讲解,学生通过课后习题提高计算能力。

12.1 虚 功 原 理

微课:广义力
与广义位移

12.1.1 广义力与广义位移

结构在荷载、温度变化、支座移动、制造误差等各种因素作用下,尺寸和形状会发生变化,这种变化称为变形。结构的变形可以用截面的位移来反映,结构杆件截面的移动和转动称为结构位移。

作用在结构上的荷载,可能是一个集中力或一个集中力偶,也可能是一对集中力或一对集中力偶,甚至是某一力系,统称为广义力。

结构位移分线位移和角位移两种。截面形心的移动称为线位移,通常分为水平线位移和竖向线位移;截面转动的角度称为角位移。杆件两个截面形心的相对移动称为相对线位移,通常分为相对水平线位移和相对竖向线位移;两个截面相对转动的角度称为相对角位移。

如图 12-1 所示,悬臂刚架在荷载作用下发生变形(如双点画线所示),D 点的线位移可用竖向线位移 Δ_{Dy}($\downarrow$)和水平线位移 Δ_{Dx}($\rightarrow$)两个分量表示;C 点的线位移可用竖向线位移 Δ_{Cy}($\uparrow$)和水平线位移 Δ_{Cx}($\rightarrow$)两个分量表示。C 点的竖向位移向上,D 点的竖向位移向下,这两个方向相反的竖向位移之和称为 C、D 两点的相对竖向线位移 Δ_{C-Dy},且 $\Delta_{C-Dy}=\Delta_{Cy}+\Delta_{Dy}$;$C$、$D$ 两点的水平线位移均向右,这两个方向相同的水平位移之差称为 C、D 两点的相对水平线位移 Δ_{C-Dx},且 $\Delta_{C-Dx}=\Delta_{Dx}+\Delta_{Cx}$。 截面 C、D 的角位移分别为 θ_C(逆时针方向)和 θ_D(顺时针方向),这两个转向相反的角位移之和称为两截面的相对角位移 θ_{C-D},且 $\theta_{C-D}=\theta_C+\theta_D$。

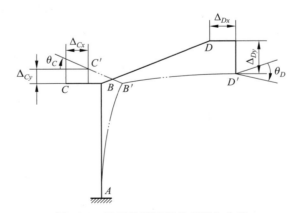

图 12-1　平面悬臂刚架的变形与位移

若广义力是集中力,则相应的广义位移为线位移;若广义力是集中力偶,则相应的广义位移为角位移;若广义力是一对集中力,则相应的广义位移为相对线位移;若广义力是一对集中力偶,则相应的广义位移为相对角位移;若广义力是一力系,则相应的广义位移为一组位移。

12.1.2　变形体的虚功原理

如图 12-2 所示,简支梁 AB 在 1 点受集中荷载 F_1 作用下达到平衡,集中荷载 F_1 作用点沿 F_1 方向的位移记为 Δ_{11},2 点处的位移记为 Δ_{21}。在此基础上接着在 2 点作用集中荷载 F_2 达到平衡,集中荷载 F_2 作用点沿 F_2 方向的位移记为 Δ_{22},1 点处又发生位移记为 Δ_{12},变形过程如图 12-2 中双点画线所示。位移 Δ_{ij} 表示由荷载 F_j 引起的在 i 点处沿荷载 F_i 作用方向的位移,即第一个下标表示位移发生的位置和方向,第二个下标表示位移发生的原因。

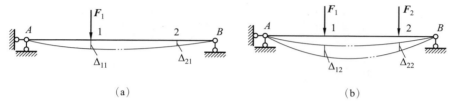

图 12-2　位移的表示方法

以上过程可以分解成彼此独立的两种状态,如图 12-3 所示。力在其自身引起的位移上所做的功称为实功。例如,图 12-3(a)中力状态的力 F_1 在力状态所对应的位移 Δ_{11} 上所做的功为实功,记为 $W_{11}=\dfrac{1}{2}F_1\Delta_{11}$;图 12-3(b)中力状态的力 F_2 在力状态所对应的位移 Δ_{22} 上所做的功为实功,记为 $W_{22}=\dfrac{1}{2}F_2\Delta_{22}$。力在其他因素所引起的位移上所做的功称为虚功。例如,图 12-3(a)中力状态的力 F_1 在位移状态所对应的位移 Δ_{12} 上所做的功为虚功,记为 $W_{12}=F_1\Delta_{12}$;图 12-3(b)中力状态的力 F_2 在位移状态所对应的位移 Δ_{21} 上所做的功为虚功,记为 $W_{21}=F_2\Delta_{21}$。功 W_{ij} 表示由荷载 F_i 在 i 点处沿由荷载 F_j 所引起的位移上所做的功,即第一个下标表示做功的力,第二个下标表示位移发生的原因。

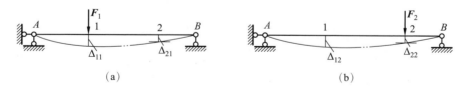

图 12-3　虚功彼此独立的两种状态

力状态和位移状态必须根据所讨论的虚功来确定。对虚功 $W_{12}=F_1\Delta_{12}$ 来说,图 12-3(a)所示的状态是力状态,图 12-3(b)所示的状态是位移状态;对虚功 $W_{21}=F_2\Delta_{21}$ 来说,图 12-3(a)所示的状态是位移状态,图 12-3(b)所示的状态是力状态。虚功中的力状态和位移状态是彼此独立无关的两种状态。

根据功能原理,杆系变形体结构的虚功原理可表述为:设变形体在力系的作用下处于平衡状态(力状态),又设该变形体由于其他与上述力系无关的原因作用下,发生符合约束条件的微小的连续变形(位移状态),则力状态的外力在位移状态的相应位移上所做的外力虚功的总和（记为 W_e），等于力状态中变形体的内力在位移状态的相应变形上所做的内力虚功的总和（记为 W_i），即 $W_e = W_i$，该方程称为虚功方程。

12.2　结构位移计算的一般公式

12.2.1　单位荷载法

根据虚功原理，当计算结构某指定的位移时，取结构的实际状态为位移状态，根据所求的未知位移虚设一个力状态，利用虚功方程即可得到结构位移计算的一般公式。

微课：单位荷载法

如图 12-4(a)所示，在荷载 F_1、F_2 及支座位移 C_1、C_2 等各种因素作用下，发生双点画线所示变形，这一状态称为实际状态。现在要计算实际状态中 C 点的竖向位移 Δ_C。

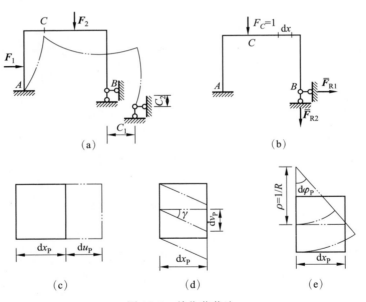

图 12-4　单位荷载法

为了利用虚功方程求 C 点的竖向位移，应选取一个虚设的力状态，如图 12-4(b)所示，即在 C 点处沿其竖向位移 Δ_C 方向施加一单位集中力 $F_C = 1$。由于力状态是虚设的，因此称为虚拟状态。虚拟状态的外力（包括支座反力）在实际状态的位移所做的总虚功为

$$W_e = F_C \Delta_C + \overline{F}_{R1} C_1 + \overline{F}_{R2} C_2 = \Delta_C + \sum \overline{F}_{Ri} C_i \qquad (12\text{-}1)$$

式中：$\overline{F}_{Ri}$ 为虚拟状态中的支座反力；C_i 为实际状态中相应的支座位移；$\sum \overline{F}_{Ri} C_i$ 为支座反力所做的虚功之和。

以 $\mathrm{d}u_P$、$\mathrm{d}v_P$、$\mathrm{d}\varphi_P$ 表示实际状态中微段 $\mathrm{d}x$ 的变形，以 $\overline{F}_N$、$\overline{F}_Q$、$\overline{M}$ 表示虚拟状态中同一

微段 dx 上的内力,则总内力虚功为

$$W_i = \sum \int \overline{F}_N du_P + \sum \int \overline{F}_Q dv_P + \sum \int \overline{M} d\varphi_P \qquad (12\text{-}2)$$

式中:$\int$ 为沿每一杆的全长积分;$\sum$ 为对结构中所有相关杆件求和。

由材料力学可知:

$$du_P = \varepsilon dx = \frac{F_{NP}}{EA} dx, \quad dv_P = \gamma dx = \frac{\kappa F_{QP}}{GA} dx, \quad d\varphi_P = \frac{1}{\rho} dx = \frac{M_P}{EI} dx$$

式中:ε 为轴向线应变;γ 为切应变;ρ 为中性轴的曲率半径,$\dfrac{1}{\rho}$ 是曲率;EA、GA、EI 为抗拉刚度、抗剪刚度、抗弯刚度;F_{NP}、F_{QP}、M_P 为实际荷载引起的轴力、剪力、弯矩。

总内力虚功可表示为

$$W_i = \sum \int \frac{\overline{F}_N F_{NP}}{EA} dx + \sum \int \frac{\kappa \overline{F}_Q F_{QP}}{GA} dx + \sum \int \frac{\overline{M} M_P}{EI} dx \qquad (12\text{-}3)$$

根据虚功方程,有

$$W_e = W_i$$

$$\Delta_C + \sum \overline{F}_{Ri} C_i = \sum \int \frac{\overline{F}_N F_{NP}}{EA} dx + \sum \int \frac{\kappa \overline{F}_Q F_{QP}}{GA} dx + \sum \int \frac{\overline{M} M_P}{EI} dx$$

即

$$\Delta_C = \sum \int \frac{\overline{F}_N F_{NP}}{EA} dx + \sum \int \frac{\kappa \overline{F}_Q F_{QP}}{GA} dx + \sum \int \frac{\overline{M} M_P}{EI} dx - \sum \overline{F}_{Ri} C_i \qquad (12\text{-}4)$$

式(12-4)即为静定结构位移计算的一般公式,这种利用虚功原理在所求位移方向虚设单位荷载计算结构位移的方法称为单位荷载法。

式(12-4)中有关内力的正负号规定如下:轴力 $\overline{F}_N$、F_{NP} 以拉力为正;剪力 $\overline{F}_Q$、F_{QP} 以使微段顺时针转向为正;弯矩 $\overline{M}$、M_P,当 $\overline{M}$ 与 M_P 使杆件同侧受拉时,其乘积取正值,反之取负值。

计算结果 Δ_C 若为正,则表示所求得的实际位移的方向与所假设的单位力 $F_C = 1$ 的指向相同;若为负值,则相反。

12.2.2　单位荷载的设置

微课:单位荷载
的设置情形

单位荷载法可以计算任意的广义位移,只要所设的广义单位荷载与所计算的广义位移相对应即可。单位荷载的设置主要有以下情形。

(1) 求 A 点某方向的线位移时,应在该点沿所求位移方向加一单位集中力 $F_A = 1$,如图 12-5(a)所示。

(2) 求梁或刚架 A 点的角位移时,应在该截面处加一单位力偶 $M_A = 1$,如图 12-5(b)所示。

(3) 求结构上两点的相对线位移时,应在其两点连线上加上一对指向相反的单位力,如图 12-5(c)所示。

(4) 求梁或刚架上两截面的相对角位移时,应在其两截面处加上一对转向相反的单位力偶,如图 12-5(d)所示。

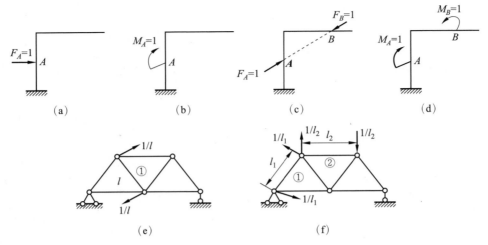

图 12-5　单位荷载的设置

（5）求桁架某杆的角位移时，应加单位力偶。构成这一力偶的两个集中力作用于该杆的两端，并与杆轴线垂直，其值为 $1/l$（l 为该杆长度），如图 12-5（e）所示。

（6）求桁架某两杆的相对角位移时，应加一对转向相反的单位力偶。单位力偶的两个集中力作用于杆的两端，并与杆轴线垂直，其值为 $1/l_1$、$1/l_2$（l_1、l_2 为两杆长度），如图 12-5（f）所示。

12.3　计算荷载作用下静定结构的位移

12.3.1　计算静定梁、静定刚架的位移

若结构没有支座移动，则仅在荷载作用下，对于梁和刚架，结构位移主要由弯矩引起，可以证明剪力和轴力对位移的影响很小，故忽略不计。因此，位移计算的一般公式可简化为

$$\Delta = \sum \int \frac{\overline{M}M_P}{EI} \mathrm{d}x \tag{12-5}$$

式（12-5）需要利用积分公式，如果结构杆件数目较多，荷载又较复杂，计算就比较麻烦。但是，如果结构各杆段满足以下 3 个条件，则可将积分运算转化为两个弯矩图相乘的方法，即为图乘法。

（1）各杆件的杆轴为直线。

（2）各杆段的 EI 为常数。

微课:图乘法

（3）各杆段的 $\overline{M}$ 图和 M_P 图中至少有一个是直线图形。

图 12-6 所示为直杆 AB 的两个弯矩图，如果结构上各杆段均可图乘，则位移计算公式可写成如下形式：

$$\Delta = \sum \int \frac{\overline{M}M_P}{EI} \mathrm{d}x = \sum \frac{Ay_C}{EI} \tag{12-6}$$

即计算结构位移时，先计算每杆段一个弯矩图的面积 A 乘以其形心处所对应的另一个直线

弯矩图上的竖标 y_C，再除以 EI，然后将结构所有杆段的计算值 $\dfrac{Ay_C}{EI}$ 求和。式（12-6）中，面积 A 与竖标 y_C 在杆的同侧时，乘积 Ay_C 取正号；反之，取负号。

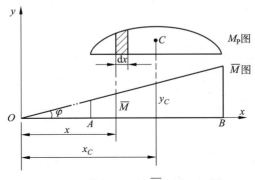

图 12-6　直杆 AB 的 $\overline{M}$ 图和 M_P 图

动画：图乘法下的几个规则图形的面积和形心位置确定

　　为了图乘方便，必须熟记常见几何图形的面积及其形心位置，如图 12-7 所示。

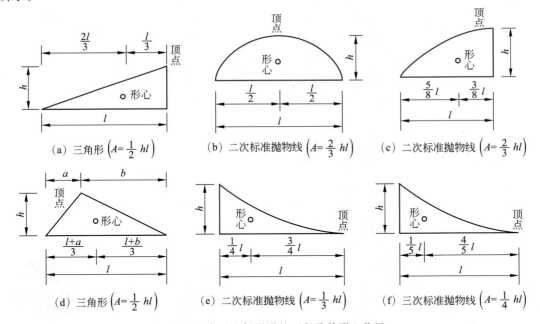

图 12-7　常见几何图形的面积及其形心位置

在利用图乘法时，要注意以下情形。

（1）如果 $\overline{M}$ 图和 M_P 图都是直线图形，则竖标 y_C 可取自其中任一图形。

（2）如果 $\overline{M}$ 图和 M_P 图中一个是曲线图形，一个是直线图形，则曲线图形只能取面积，直线图形取 y_C。

（3）如果某一个图形是由几段直线组成的折线，如图 12-8(a)中常见几何图形的面积及其形心，则应分段计算，得

$$\sum \int \frac{\overline{M}M_P}{EI}dx = \frac{1}{EI}(A_1y_1 + A_2y_2 + A_3y_3)$$

（4）如果两个图形都是梯形，如图 12-8（b）所示，则可将它分解成两个三角形，分别图乘后叠加，得

$$\sum \int \frac{\overline{M}M_P}{EI}dx = \frac{1}{EI}\left(\frac{al}{2}y_1 + \frac{bl}{2}y_2\right)$$

式中：$y_1 = \frac{2}{3}c + \frac{1}{3}d$；$y_2 = \frac{1}{3}c + \frac{2}{3}d$。

（5）如果两个直线图形具有正、负号两部分，如图 12-8（c）所示，则可将 M_P 图分解成两个三角形，得

$$\sum \int \frac{\overline{M}M_P}{EI}dx = \frac{1}{EI}\left(\frac{al}{2}y_1 + \frac{bl}{2}y_2\right)$$

式中：$y_1 = \frac{2}{3}c - \frac{1}{3}d$；$y_2 = \frac{2}{3}d - \frac{1}{3}c$。

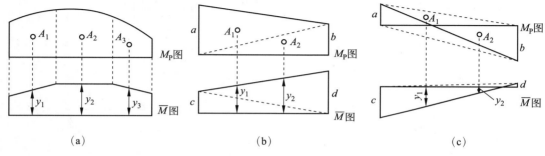

| (a) | (b) | (c) |

图 12-8　图乘分段

（6）对均布荷载作用杆段，其 M_P 图可视为对应简支梁两端受力偶作用的弯矩图与均布荷载作用下弯矩图的叠加结果。计算时可将 $\overline{M}$ 图分别与上述两部分图乘，再求出代数和即可。

【应用案例 12-1】　计算图 12-9 所示外伸梁 C 点的竖向位移，已知 $q = 3\text{kN/m}$，$EI = 2\times10^4\text{kN}\cdot\text{m}^2$。

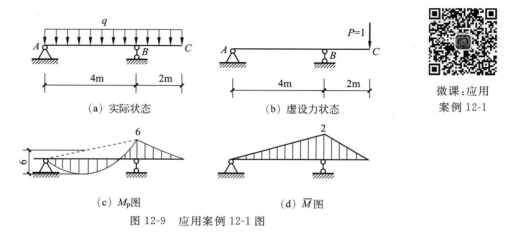

(a) 实际状态　　(b) 虚设力状态

微课：应用
案例 12-1

（c）M_P 图　　（d）$\overline{M}$ 图

图 12-9　应用案例 12-1 图

【解】 (1)绘制 M_P、$\overline{M}$ 图。虚设力状态如图 12-9(b)所示,弯矩图如图 12-9(c)和(d)所示。

(2)计算位移:

$$\Delta_{Cy} = \sum \frac{Ay_C}{EI} = \frac{1}{2 \times 10^4} \times \left(-\frac{2}{3} \times 6 \times 4 \times 1 + \frac{1}{2} \times 6 \times 4 \times \frac{2}{3} \times 2 + \frac{1}{3} \times 6 \times 2 \times \frac{3}{4} \times 2\right)$$

$$= 3.0 \times 10^4 = 0.3 (\text{mm})(\downarrow)$$

【应用案例 12-2】 计算图 12-10 所示悬臂梁 B 端的角位移,已知 $EI = 5 \times 10^4 \text{kN} \cdot \text{m}^2$。

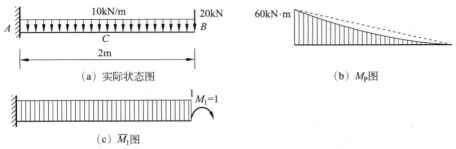

(a) 实际状态图　　　　　　(b) M_P图

(c) $\overline{M}_1$图

图 12-10　应用案例 12-2 图

【解】 (1)绘制 M_P、$\overline{M}$ 图。虚设力状态如图 12-10(c)所示,弯矩图如图 12-10(b)和(c)所示。

(2)计算位移:

$$\theta_B = \sum \frac{Ay_C}{EI} = \frac{1}{5 \times 10^4} \times \left(\frac{1}{2} \times 2 \times 60 \times 1 - \frac{2}{3} \times 2 \times \frac{10 \times 2^2}{8} \times 1\right)$$

$$\approx 1.1 \times 10^{-3} (\text{rad})(\text{顺时针})$$

【应用案例 12-3】 计算图 12-11 所示刚架 B 点的水平线位移。

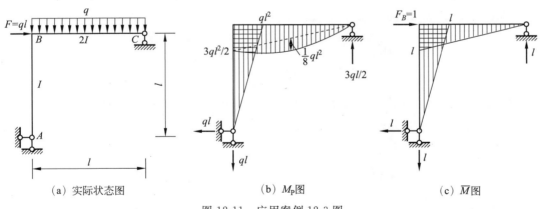

(a) 实际状态图　　　　　　(b) M_P图　　　　　　(c) $\overline{M}$图

图 12-11　应用案例 12-3 图

【解】 (1)绘制 M_P、$\overline{M}$ 图。虚设力状态如图 12-11(c)所示,弯矩图如图 12-11(b)和(c)所示。

(2)计算位移:

$$\Delta_{Bx} = \sum \frac{Ay_C}{EI} = \frac{1}{EI}\left(\frac{1}{2} \times ql^2 \times l\right) \times \frac{2l}{3} + \frac{1}{2EI}\left[\left(\frac{1}{2} \times \frac{3ql^2}{2} \times l\right) \times \frac{2l}{3} + \left(\frac{2}{3} \times \frac{ql^2}{8} \times l\right) \times \frac{l}{2}\right]$$

$$= \frac{29ql^4}{48EI}(\rightarrow)$$

综上所述,图乘法的计算步骤如下。

(1)绘制弯矩图。绘制结构在实际荷载作用下的弯矩图 M_P;根据所求位移选定相应的虚拟状态,画出单位弯矩图 $\overline{M}$。

(2)利用位移计算公式计算。分段计算一个弯矩图形的面积 A 及其形心 C 所对应的另一个弯矩图的竖标 y_C,注意判断 Ay_C 的正负,求和后得到计算位移。

12.3.2　计算静定桁架的位移

若结构没有支座移动,仅在荷载作用下,对于桁架内力只有轴力,且同一杆件的 $\overline{F}_\mathrm{N}$、F_NP、EA 沿杆长 l 均为常数,故位移计算的一般公式可简化为

微课:应用
案例 12-4

$$\Delta = \sum \int \frac{\overline{F}_\mathrm{N} F_\mathrm{NP}}{EA} \mathrm{d}x = \sum \frac{\overline{F}_\mathrm{N} F_\mathrm{NP} l}{EA} \tag{12-7}$$

【应用案例 12-4】　计算图 12-12 所示桁架下弦结点 B 的竖向位移,设 EA 为常数。

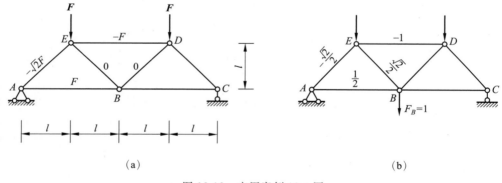

(a)　　　　　　　　　　　　　　(b)

图 12-12　应用案例 12-4 图

【解】　(1)求各杆轴力。在荷载作用下的轴力如图 12-4(a)所示,虚设单位荷载作用下的轴力如图 12-12(b)所示。

(2)计算位移:

$$\Delta = \sum \frac{\overline{F}_\mathrm{N} F_\mathrm{NP} l}{EA} = \frac{1}{EA}\left[2 \times \left(-\frac{\sqrt{2}}{2}\right) \times (-\sqrt{2}F) \times \sqrt{2}l + 2 \times \frac{1}{2} \times F \times 2l + (-1) \times (-F) \times 2l\right]$$

$$= \frac{6.83Fl}{EA}(\downarrow)$$

综上所述,桁架结构位移的计算步骤如下。

(1)求各杆轴力。计算结构在实际荷载作用下各杆的轴力 F_NP;根据所求位移选定相应的虚拟状态,计算虚拟单位荷载作用下各杆的轴力 $\overline{F}_\mathrm{N}$。

(2)利用位移计算公式计算。逐根杆件计算 $\dfrac{\overline{F}_\mathrm{N} F_\mathrm{NP} l}{EA}$ 的值,求和后得到计算位移。

12.4　计算支座移动时静定结构的位移

若结构只发生支座移动,没有外荷载的作用,对于静定结构不产生内力,也不产生变形,结构上各点只发生刚体位移,此时位移计算的一般公式简化为

$$\Delta = -\sum \overline{F}_{Ri}C_i \qquad\qquad (12\text{-}8)$$

式(12-8)中的正负号做如下规定:当虚拟支座反力 $\overline{F}_{Ri}$ 方向与实际支座位移 C_i 方向一致时,其乘积取正值;反之取负值。

【应用案例12-5】　图12-13所示刚架支座 B 有竖向沉陷 b,试计算 D 点水平位移。

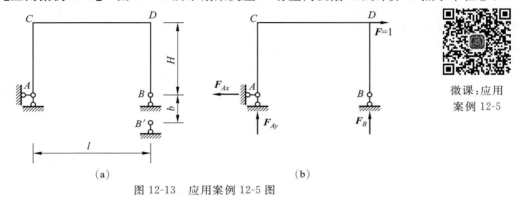

图12-13　应用案例12-5图

【解】　在 D 点施加一水平方向单位力 $F=1$,得虚拟状态如图12-13(b)所示,计算虚拟状态下各支座反力:

$$\overline{F}_{Ay}=-\frac{H}{l}(\downarrow),\quad \overline{F}_{B}=\frac{H}{l}(\uparrow),\quad \overline{F}_{Ax}=1(\leftarrow)$$

由位移计算公式得

$$\Delta = -\sum \overline{F}_{Ri}C_i = -(-\overline{F}_{By}\times b)=-\left(-\frac{H}{l}b\right)=\frac{Hb}{l}(\rightarrow)$$

模 块 小 结

1. 知识体系

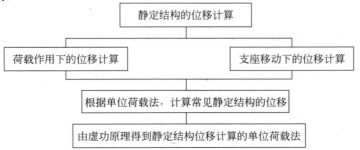

2. 能力培养

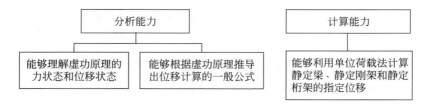

实验与讨论

1. 如何理解广义力和广义位移及它们之间的对应关系？

2. 虚功原理的核心是什么？我们已经学习了变形体的虚功原理，那么刚体的虚功原理应该如何表述？

3. 计算结构位移时为什么要虚设单位荷载？虚设单位荷载的原则是什么？

4. 应用单位荷载法求位移时，所求位移的方向如何确定？

5. 图乘法的应用条件是什么？怎样确定图乘结果的正负号？

6. 图 12-14 所示的图乘示意图是否正确？如不正确，请改正。

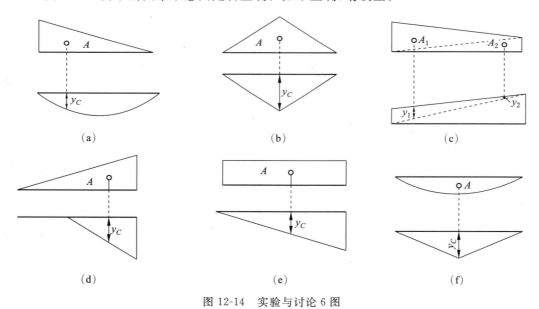

图 12-14　实验与讨论 6 图

7. 对于一些简单结构，当支座发生移动时，有没有其他方法可以计算结构的位移？依据是什么？

8. 在计算支座发生移动引起的结构位移时，有些支座发生移动，有些支座可能没有移动，那么没有发生移动的支座，其相应虚拟状态下的支座反力所做的虚功等于多少？为什么？

习   题

1. 计算图 12-15 所示梁指定截面的位移，EI 为常量。

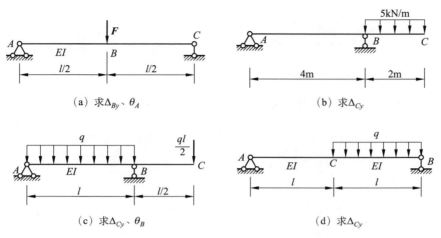

（a）求 Δ_{By}、θ_A

（b）求 Δ_{Cy}

（c）求 Δ_{Cy}、θ_B

（d）求 Δ_{Cy}

图 12-15　习题 1 图

2. 计算图 12-16 所示刚架指定截面的位移。

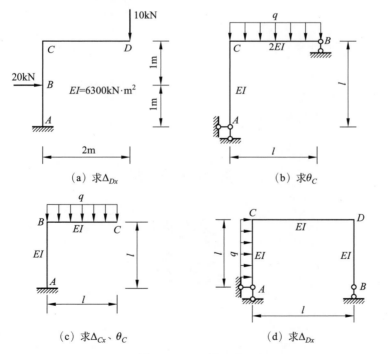

（a）求 Δ_{Dx}

（b）求 θ_C

（c）求 Δ_{Cx}、θ_C

（d）求 Δ_{Dx}

图 12-16　习题 2 图

3. 计算图 12-17 所示桁架 E 点的竖向位移,已知 $d=2\text{m}$,$F=80\text{kN}$,各杆 EA 均为常数。

4. 计算图 12-18 所示桁架 C 点的水平位移,已知各杆的截面面积均为 $A=1\,000\text{mm}^2$,$E=200\text{kN/mm}^2$,$F=20\text{kN}$,各杆 EA 均为常数。

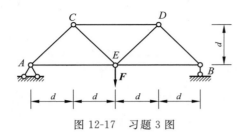

图 12-17 习题 3 图

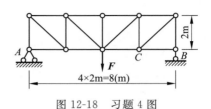

图 12-18 习题 4 图

5. 如图 12-19 所示简支刚架,支座 A 下沉 a,求 B 点的水平位移。

6. 如图 12-20 所示结构,当支座 A 产生水平线位移 c_1、竖向线位移 c_2 和角位移 c_3 时,求截面 B 的竖向线位移。

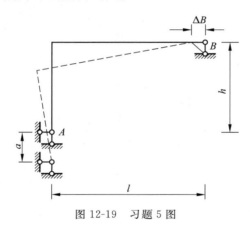

图 12-19 习题 5 图

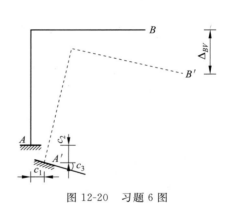

图 12-20 习题 6 图

习题参考答案

参考答案

模块 13 力法计算超静定结构内力

微课:学习指导

课件:模块 13 PPT

学习目标

知识目标:

1. 了解超静定结构的特点;
2. 熟悉超静定次数的确定方法;
3. 熟悉力法的基本原理;
4. 掌握利用力法求解超静定结构内力的步骤。

能力目标:

1. 能够快速地确定超静定结构的基本结构及基本未知量;
2. 能够快速地确定超静定次数;
3. 能够利用力法求解超静定结构的内力;
4. 能够快速地求解对称结构的内力。

学习内容

本模块主要介绍超静定结构内力计算的方法——力法,学生应能够了解超静定结构的特点,会判断超静定结构的超静定次数,理解力法的基本原理,并具备超静定结构计算分析的能力,分为 5 个学习任务,学生可沿以下流程进行学习。

超静定结构概述→力法基本原理→力法计算步骤和示例→对称性利用→计算超静定结构的位移和校核最后内力图。

教学方法建议

本模块对学生的计算能力要求较高,学生首先要熟悉超静定结构的基本概念及特点,理解力法的基本原理,能够建立力法的典型方程,然后针对不同的超静定结构进行内力计算分析。教师利用典型例题进行讲解,学生通过课后习题提高计算能力。

13.1 超静定结构概述

13.1.1 超静定结构的特点

工程结构中,把几何组成具有几何不变性且没有多余约束的结构称为静定结构,如图 13-1(a) 所示的简支梁;如果在它的基础上增加一根支座链杆,则称为多跨连续梁,如图 13-1(b) 所示,它有 4 个支座反力,但平衡方程只有 3 个,因此仅靠平衡方程不能求解全部支座反力,也无法求解各截面的内力。

工程结构中,把几何组成具有几何不变性而又有多余约束的结构称为超静定结构,图 13-1(b) 所示即为超静定结构。

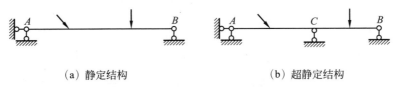

(a) 静定结构　　　　　　　　　(b) 超静定结构

图 13-1　静定结构和超静定结构

实际工程结构绝大多数是超静定结构,其类型很多,应用非常广泛,主要有超静定梁、超静定刚架、超静定桁架、超静定拱式结构和超静定组合结构等,如图 13-2 所示。

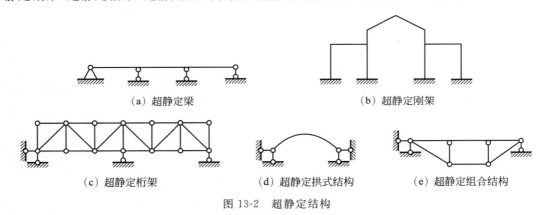

(a) 超静定梁　　　　　　　　　　　(b) 超静定刚架

(c) 超静定桁架　　　　(d) 超静定拱式结构　　　　(e) 超静定组合结构

图 13-2　超静定结构

13.1.2 超静定次数的确定

微课:超静定
次数的确定

超静定结构中多余约束或多余未知力的数目称为超静定次数。确定结构超静定次数的方法一般为去掉多余约束,将超静定结构转变为静定结构,而所撤除的多余约束的个数即为原超静定结构的超静定次数。

从超静定结构上撤除多余约束可归纳为以下几种情形。

(1) 去掉或切断一根链杆,相当于去掉一个约束。例如,图 13-3 所示的结构都有一个多余约束,都是一次超静定结构。

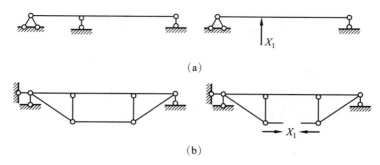

(a)

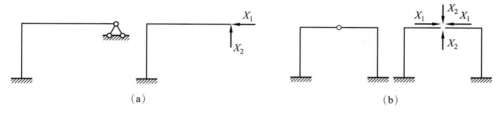

(b)

图 13-3　去掉或切断一根链杆

（2）去掉一个铰支座或一个单铰,相当于去掉两个约束。例如,图 13-4 所示的结构都有两个多余约束,都是二次超静定结构。

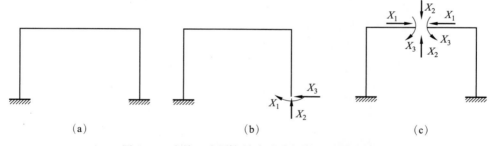

（a）　　　　　　　　　　　　　　　　　　（b）

图 13-4　去掉一个铰支座或一个单铰

（3）去掉一个固定端支座或切断一根梁式杆,相当于去掉三个约束。例如,图 13-5 所示的结构是三次超静定结构。

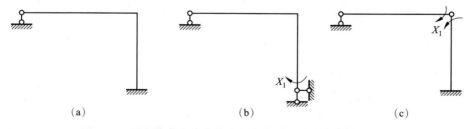

（a）　　　　　　　　　　（b）　　　　　　　　　　（c）

图 13-5　去掉一个固定端支座或切断一根梁式杆

（4）将一个固定端支座改为铰支座或者将一刚性连接改为单铰连接,相当于去掉一个约束。例如,图 13-6 所示的结构为一次超静定结构。

（a）　　　　　　　　　　（b）　　　　　　　　　　（c）

图 13-6　固定端支座改为铰支座或将刚性连接改为单铰连接

13.2 力法的基本原理

力法是计算超静定结构内力的基本方法之一,它的基本思路是:首先解除超静定结构的多余约束,用多余未知力代替;然后根据多余约束处的位移条件建立力法典型方程,求出多余约束力,这样就把超静定结构的计算问题转化为静定结构的计算问题。

下面通过一个简单的实例来说明力法的基本原理。

13.2.1 基本结构

将原超静定结构去掉多余约束而得到的静定结构称为原结构力法的基本结构。如图 13-7(a)所示的单跨超静定梁 AB,如果把支座 B 作为多余约束去掉,便得到悬臂梁[见图 13-7(b)],称为原结构力法的一个基本结构。一个超静定结构去掉多余约束的方法不同,得到的力法的基本结构也不同,但基本结构必须是几何不变的静定结构。

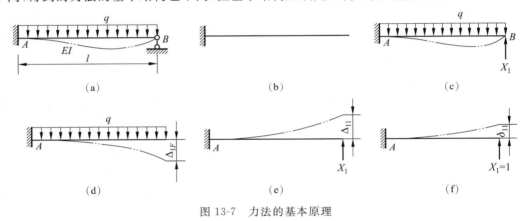

图 13-7 力法的基本原理

13.2.2 基本未知量

与多余约束对应的反力称为多余未知力,又称力法的基本未知量,记为 X_1,如图 13-7(c)所示。同一个超静定结构去掉多余约束的方法不同,得到的力法的基本结构不同,对应的基本未知量也不同,但基本未知量的数目是相同的。

基本结构在原有荷载和多余未知力共同作用下的情况称为力法的基本体系,如图 13-7(c)所示。

13.2.3 基本方程

求解基本未知量的方程称为力法的基本方程。当基本结构同时承受原有荷载和多余未知力 X_1 的共同作用时,它的受力情况和原结构完全相同。

动画:力法方程

通过比较原结构与基本体系的变形情况建立力法的基本方程。

原结构在支座 B 处由于有多余约束(链杆支座)而没有竖向位移,基本体系中该多余约束已被去掉,如果其受力情况和变形情况与原结构完全一致,则在荷载和多余未知力 X_1 的共同作用下,B 点沿多余未知力 X_1 方向上的位移也应该等于零,即

$$\Delta_1 = 0$$

上式是基本体系与原结构完全一致所必须满足的变形协调条件,又称位移条件。

设 Δ_{1F} 表示荷载单独作用在基本结构上引起的 B 点沿 X_1 方向的位移,如图 13-7(d)所示;Δ_{11} 表示多余未知力 X_1 单独作用在基本结构上引起的 B 点沿 X_1 方向的位移,如图13-7(e)所示,并规定其与所设 X_1 的方向一致时为正,反之为负。位移符号第一个下标表示位移的位置与性质,第二个下标表示产生位移的原因。根据叠加原理:

$$\Delta_1 = \Delta_{11} + \Delta_{1F}$$

那么,位移条件可写为

$$\Delta_{11} + \Delta_{1F} = 0$$

如果以 δ_{11} 表示基本结构由于单位多余未知力($X_1 = 1$)作用引起沿 X_1 方向的位移,如图 13-7(f)所示,则有

$$\Delta_{11} = \delta_{11} X_1$$

那么,位移条件可写为

$$\delta_{11} X_1 + \Delta_{1F} = 0$$

上式即为力法的基本方程。式中系数 X_1 和自由项 Δ_{1F} 都是基本结构在已知力作用下的位移,根据前面介绍的方法可以求得,从而可以通过基本方程求解出基本未知量 X_1。

综上所述,把超静定结构的多余约束全部去掉后,得到一静定的基本结构,以多余约束对应的未知力作为基本未知量,并根据基本体系在被去掉的多余约束处的已知位移条件建立基本方程,求出基本未知量(多余未知力),然后由平衡条件计算出其余的反力和内力,这种方法称为力法。整个计算过程自始至终都在基本结构上进行,把超静定结构的计算问题巧妙地转化为静定结构的内力和位移计算问题。

13.2.4　典型方程

由力法的基本原理可知,力法计算超静定结构的关键在于根据位移条件建立力法的基本方程,求解多余未知力。对于多次超静定结构,其计算原理与一次超静定结构完全相同,下面通过一个实例说明力法求解多次超静定结构的典型方程。

图 13-8(a)所示为一个三次超静定刚架,选取基本体系如图 13-8(b)所示,去掉固定端支座 B 处的多余约束,分别用基本未知量 X_1、X_2、X_3 代替。

由于原结构 B 处为固定端支座,其线位移和角位移均为零。因此,基本结构在荷载及 X_1、X_2、X_3 共同作用下,B 点沿 X_1、X_2、X_3 方向的位移都等于零,即基本结构的位移条件 $\Delta_1 = 0$、$\Delta_2 = 0$、$\Delta_3 = 0$。根据叠加原理,其位移条件可表示为

$$\left.\begin{aligned}
\Delta_1 &= \Delta_{11} + \Delta_{12} + \Delta_{13} + \Delta_{1F} = 0 \\
\Delta_2 &= \Delta_{21} + \Delta_{22} + \Delta_{23} + \Delta_{2F} = 0 \\
\Delta_3 &= \Delta_{31} + \Delta_{32} + \Delta_{33} + \Delta_{3F} = 0
\end{aligned}\right\}$$

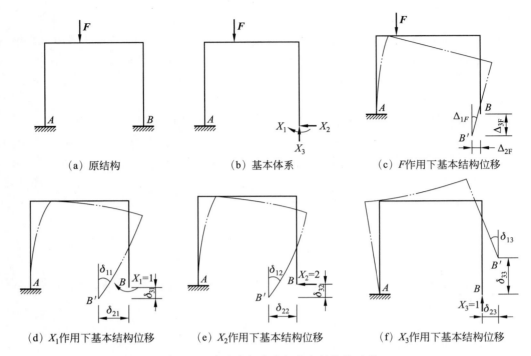

（a）原结构　　　　　　　　　（b）基本体系　　　　　　（c）F作用下基本结构位移

（d）X_1作用下基本结构位移　　　（e）X_2作用下基本结构位移　　　（f）X_3作用下基本结构位移

图 13-8　力法求解多次超静定结构的过程

第一式中 Δ_{1F}、Δ_{11}、Δ_{12}、Δ_{13} 分别为荷载 F 及其多余未知力 X_1、X_2、X_3 分别作用在基本结构上沿 X_1 方向产生的位移。如果用 δ_{11}、δ_{12}、δ_{13} 表示单位力 $X_1=1$、$X_2=1$、$X_3=1$ 作用于基本结构上沿 X_1 方向分别产生的位移,如图 13-8(d)～(f)所示,则 Δ_{11}、Δ_{12}、Δ_{13} 可表示为 $\Delta_{11}=\delta_{11}X_1$、$\Delta_{12}=\delta_{12}X_2$、$\Delta_{13}=\delta_{13}X_3$。式中第一项可写成

$$\Delta_1=\delta_{11}X_1+\delta_{12}X_2+\delta_{13}X_3+\Delta_{1F}=0$$

同理,另外两项也可这样表示,则位移条件可表示为

$$\begin{cases}\Delta_1=\delta_{11}X_1+\delta_{12}X_2+\delta_{13}X_3+\Delta_{1F}=0\\\Delta_2=\delta_{21}X_1+\delta_{22}X_2+\delta_{23}X_3+\Delta_{2F}=0\\\Delta_3=\delta_{31}X_1+\delta_{32}X_2+\delta_{33}X_3+\Delta_{3F}=0\end{cases}$$

对于 n 次超静定结构有 n 个多余约束,也就有 n 个多余未知力 X_1、X_2、$\cdots$、X_n,且在 n 个多余约束处有 n 个已知的位移条件,故可建立 n 个方程,即

$$\begin{cases}\Delta_1=\delta_{11}X_1+\delta_{12}X_2+\cdots+\delta_{1n}X_n+\Delta_{1F}=0\\\Delta_2=\delta_{21}X_1+\delta_{22}X_2+\cdots+\delta_{2n}X_n+\Delta_{2F}=0\\\qquad\qquad\qquad\vdots\\\Delta_n=\delta_{n1}X_1+\delta_{n2}X_2+\cdots+\delta_{nn}X_n+\Delta_{nF}=0\end{cases}$$

该式称为力法典型方程。其物理意义是,基本结构在全部多余未知力和已知荷载作用下,沿着每个多余未知力方向的位移应与原结构相应的位移相等。

在力法典型方程中,Δ_{iF} 项不包含未知量,称为自由项,是基本结构在荷载单独作用下沿 X_i 方向产生的位移,与 X_i 方向一致为正,反之为负,也可能为 0。从左上方的 δ_{11} 到右下方的 δ_{nn} 主对角线上的系数项称为主系数,它总是与 X_i 方向一致,恒为正。其余系数 δ_{ij} 称为

副系数,与 X_i 方向一致为正,反之为负,也可能为 0。

由力法典型方程求解出多余未知力 X_1、X_2、$\cdots$、X_n 后,即可按照静定结构的分析方法求得原结构的约束力和内力,或按照下述叠加公式求出截面弯矩:

$$M = \overline{M}_1 X_1 + \overline{M}_2 X_2 + \cdots + \overline{M}_n X_n + M_F$$

根据平衡条件可求其剪力和轴力。

13.3 力法的计算步骤和示例

13.3.1 力法的计算步骤

用力法计算超静定结构的步骤可以归纳如下。

（1）判断原结构的超静定次数 n,去掉全部多余约束并代之以多余未知力 X_1、X_2、$\cdots$、X_n 后,得到基本结构。

（2）基本结构在多余约束处的位移等于原结构相应位置的已知位移,即建立 n 次力法典型方程。

（3）分别将原荷载和单位多余未知力单独作用在基本结构上,绘制出它们的弯矩图,利用积分法或图乘法求出力法方程中的系数和自由项。

（4）将系数和自由项代入力法方程,求解各多余未知力。

（5）根据 $M = \overline{M}_1 X_1 + \overline{M}_2 X_2 + \cdots + \overline{M}_n X_n + M_F$ 绘制弯矩图。

13.3.2 力法的应用举例

【应用案例 13-1】 试用力法计算图 13-9(a)所示超静定梁的内力,并绘制弯矩图。

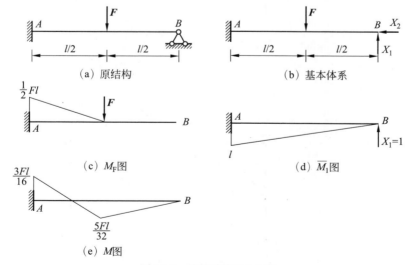

图 13-9 应用案例 13-1 图

【解】　(1) 建立基本体系。该梁为二次超静定结构,去掉 B 端的固定铰支座,代之以多余未知力 X_1、X_2,得到一悬臂梁基本体系,如图 13-9(b)所示。在竖向荷载作用下,当不计梁中轴向变形时,$X_2=0$,故只需计算多余未知力 X_1。

(2) 建立典型方程。由基本结构在多余未知力 X_1 及荷载的共同作用下,B 点处沿 X_1 方向上的位移等于零的变形条件,建立力法典型方程:

$$\delta_{11}X_1+\Delta_{1F}=0$$

(3) 画 M_F 图和 $\overline{M}_1$ 图,计算系数和自由项。分别作出基本结构在荷载 F 作用下的弯矩图 M_F 及在单位多余未知力 $X_1=1$ 作用下的弯矩图 $\overline{M}_1$,如图 13-9(c)和(d)所示。由图乘法得

$$\delta_{11}=\sum\int\frac{\overline{M}_1\overline{M}_1}{EI}\mathrm{d}x=\frac{1}{EI}\left(\frac{1}{2}\times l\times l\times\frac{2}{3}l\right)=\frac{l^3}{3EI}$$

$$\Delta_{1F}=\sum\int\frac{\overline{M}_1 M_F}{EI}\mathrm{d}x=-\frac{1}{EI}\left(\frac{1}{2}\times\frac{Fl}{2}\times\frac{l}{2}\times\frac{5}{6}l\right)=-\frac{5Fl^3}{48EI}$$

(4) 解方程求多余未知力。将求得的系数和自由项代入典型方程,有

$$\frac{l^3}{3EI}X_1+\left(-\frac{5Fl^3}{48EI}\right)=0$$

得

$$X_1=\frac{5F}{16}$$

(5) 绘制弯矩图。由 $M=\overline{M}_1 X_1+M_F$ 得出最后的弯矩图,如图 13-9(e)所示。

【应用案例 13-2】　试用力法计算图 13-10(a)所示超静定刚架的内力,并画出弯矩图。

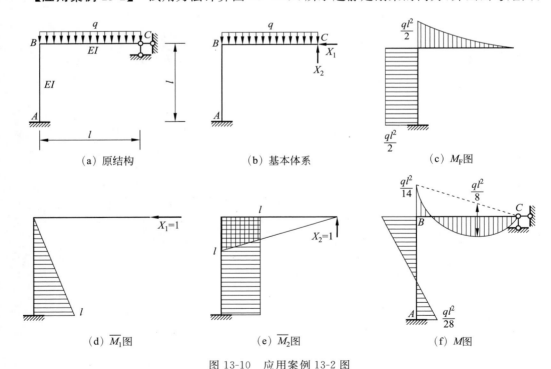

(a) 原结构　　　　(b) 基本体系　　　　(c) M_F 图

(d) $\overline{M}_1$ 图　　　　(e) $\overline{M}_2$ 图　　　　(f) M 图

图 13-10　应用案例 13-2 图

【解】 （1）建立基本体系。该刚架为二次超静定结构，去掉 C 处的两个多余约束，得基本体系，如图 13-10(b)所示。

（2）建立典型方程：

$$\delta_{11}X_1 + \delta_{12}X_2 + \Delta_{1F} = 0$$
$$\delta_{21}X_1 + \delta_{22}X_2 + \Delta_{2F} = 0$$

（3）绘制 M_F 图和 $\overline{M}_1$、$\overline{M}_2$ 图，计算系数和自由项。如图 13-10(c)~(e)所示，由图乘法得

$$\delta_{11} = \frac{1}{EI}\left(\frac{1}{2}\times l\times l\times\frac{2}{3}l\right) = \frac{l^3}{3EI}$$

$$\delta_{22} = \frac{1}{EI}\left(\frac{1}{2}\times l\times l\times\frac{2}{3}l + l^3\right) = \frac{4l^3}{3EI}$$

$$\delta_{12} = \delta_{21} = \frac{1}{EI}\left(\frac{1}{2}\times l\times l\times l + 0\right) = \frac{l^3}{2EI}$$

$$\Delta_{1F} = -\frac{1}{EI}\left(\frac{1}{2}\times l\times l\times\frac{ql^2}{2}\right) = -\frac{ql^4}{4EI}$$

$$\Delta_{2F} = -\frac{1}{EI}\left(\frac{ql^2}{2}\times l\times l + \frac{1}{3}\times\frac{ql^2}{2}\times l\times\frac{3l}{4}\right) = -\frac{5ql^4}{8EI}$$

（4）解方程求多余未知力。将求得的系数和自由项代入典型方程，有

$$\frac{l^3}{3EI}X_1 + \frac{l^3}{2EI}X_2 + \left(-\frac{ql^4}{4EI}\right) = 0$$

$$\frac{l^3}{2EI}X_1 + \frac{4l^3}{3EI}X_2 + \left(-\frac{5ql^4}{8EI}\right) = 0$$

得

$$X_1 = \frac{3ql}{28}, \quad X_2 = \frac{3ql}{7}$$

（5）绘制弯矩图。由 $M = \overline{M}_1X_1 + \overline{M}_2X_2 + M_F$ 得出最后的弯矩图，如图 13-10(f)所示。

13.4 对称性的利用

在土建工程中，很多结构是对称的。利用结构的对称性，恰当地选取基本结构，可使力法典型方程中尽可能多的副系数等于零，从而简化计算工作。

13.4.1 对称结构

如图 13-11(a)所示结构，它有一个对称轴，即结构的几何形状和支座是对称于该轴的，各杆的刚度也是对称于该轴的。也就是说，若将结构绕对称轴对折，则左右两部分的几何尺寸和刚度能完全重合。这种结构的几何形状、支承情况、构件刚度及截面尺寸均关于某一坐标轴对称，称为对称结构。

动画:对称结构

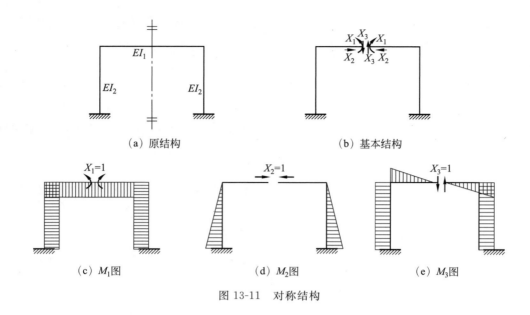

（a）原结构　　　　　　　　　　　（b）基本结构

（c）M_1图　　　　　（d）M_2图　　　　　（e）M_3图

图 13-11　对称结构

13.4.2　正对称荷载和反对称荷载

若将此刚架在对称轴上的截面切开,便得到一个对称的基本结构,如图 13-11(b)所示,此时多余未知力包括 3 对力:一对弯矩 X_1、一对轴力 X_2 和一对剪力 X_3。对称轴两边的力如果大小相等,绕对称轴对折后作用点重合且方向相同,则称为正对称(或简称对称)力,如 X_1、X_2;对称轴两边的力若大小相等,绕对称轴对折后作用点重合但方向相反,则称为反对称力,如 X_3。

在绘制单位弯矩图时,由于选取了对称的基本结构,因此对称力 X_1、X_2 作用下的单位弯矩图 M_1 和 M_2 是对称的,如图 13-11(c)和(d)所示;而反对称力 X_3 作用下的单位弯矩图 M_3 则是反对称的,如图 13-11(e)所示。图乘时,由于对称图和反对称图相乘的数值恰好正负抵消,因此图乘结果应等于零。由图 13-11(c)～(e)所示有

$$\delta_{13} = \delta_{31} = \sum \int_l M_1 M_3 \, \mathrm{d}x / EI = 0$$

$$\delta_{23} = \delta_{32} = \sum \int_l M_2 M_3 \, \mathrm{d}x / EI = 0$$

所以,3 次超静定结构的力法典型方程可简化为

$$\delta_{11} X_1 + \delta_{12} X_2 + \Delta_{1F} = 0$$
$$\delta_{21} X_1 + \delta_{22} X_2 + \Delta_{2F} = 0$$
$$\delta_{33} X_3 + \Delta_{3F} = 0$$

动画:反对称
结构

由此可见,一个对称结构,若选取对称的基本结构,则力法典型方程可分为两组,一组只包含正对称的多余未知力 X_1、X_2,另一组只包含反对称的多余未知力 X_3。显然,计算工作比一般情况要简单得多。

如果作用在结构上的荷载是正对称的,如图 13-12(a)所示,则 M_F 图也是正对称的,如图 13-12(b)所示。于是又有自由项 $\Delta_{3F} = 0$,从而由典型方程的第三式可知反对称的多余

未知力 $X_3 = 0$，因而只有正对称的多余未知力 X_1、X_2，最后弯矩图为 $M = \overline{M}_1 X_1 + \overline{M}_2 X_2 + M_F$ 也是正对称的，如图 13-12(c)所示。并由此推知，此时结构的所有反力、内力和位移都是正对称的。

如果作用在结构上的荷载是反对称的，如图 13-12(d)所示。则同理可知，此时 M_F 图也是反对称的，如图 13-12(e)所示。于是 $\Delta_{1F} = 0$、$\Delta_{2F} = 0$，正对称的多余未知力 $X_1 = X_2 = 0$，只有反对称的多余未知力 X_3，最后弯矩图为 $M = \overline{M}_3 X_3 + M_F$ 也是反对称的，如图 13-12(f)所示，并且该结构所有反力、内力和位移都是反对称的。

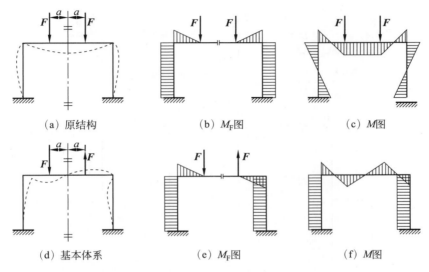

(a) 原结构　　　　(b) M_F图　　　　(c) M图

(d) 基本体系　　　　(e) M_F图　　　　(f) M图

图 13-12　反对称荷载作用下的内力图

由上述内容可得如下结论:对称结构在正对称荷载作用下,其内力和位移都是正对称的;在反对称荷载作用下,其内力和位移都是反对称的。利用这一结论可使计算得到很大的简化。

当对称结构受任意荷载作用时,如图 13-13(a)所示,可将荷载分解为对称的与反对称的两部分,分别如图 13-13(b)和(c)所示,然后分别求解,将结果叠加便得到最后的内力图。

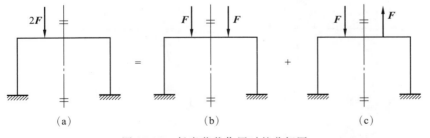

(a)　　　　　　　　(b)　　　　　　　　(c)

图 13-13　任意荷载作用时的分解图

微课:应用
案例 13-3

【应用案例 13-3】　作图 13-14(a)所示刚架的弯矩图,设各杆 EI 为常数。

【解】　(1)确定超静定次数,选择基本结构。这是一个对称结构,为 4 次

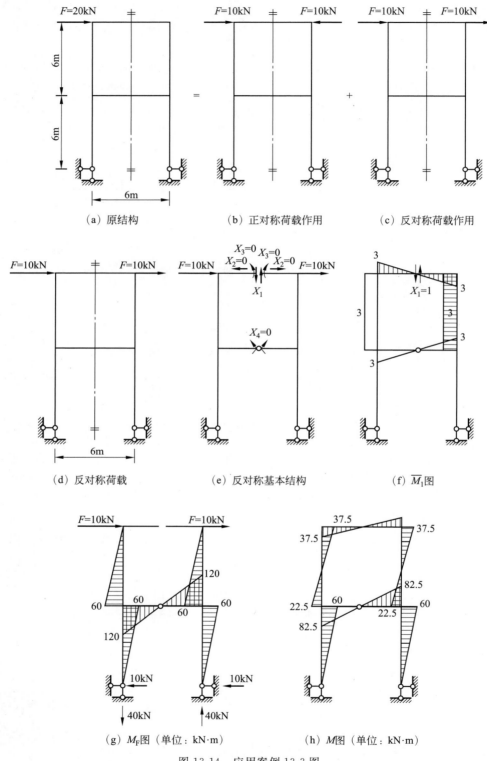

图 13-14　应用案例 13-3 图

超静定。由于承受任意水平荷载 $F=20kN$ 作用,为了采用对称的基本结构,因此将荷载分解为对称的和反对称的两种情况,如图 13-14(b)和(c)所示。再分别选取基本结构。图 13-14(b)是在对称荷载作用下,顶层的横杆为二力杆,故 $F_N \neq 0$,但结构的弯矩都为零,即 $M_{对}=0$;而图 13-14(c)在反对称荷载作用下,所有对称的多余未知力 $X_2=X_3=X_4=0$,只有反对称多余未知力 X_1。基本结构和多余未知力 X_1、X_2、X_3、X_4 如图 13-14(e)所示。

(2)建立力法方程。由图 13-14(e)可得简化的力法方程:

$$\delta_{11}X_1 + \Delta_{1F} = 0$$

(3)求系数和自由项,并解出多余未知力 X_1。分别作出 $\overline{M}_1$ 图和 M_F 图,如图 13-14(f)和(g)所示,则

$$\delta_{11} = \frac{1}{EI}\left(\frac{1}{2} \times 3 \times 3 \times 2 + 3 \times 6 \times 3\right) \times 2 = 126/EI$$

$$\Delta_{1F} = \frac{1}{EI}\left(3 \times 6 \times 30 + \frac{1}{2} \times 3 \times 3 \times 80\right) \times 2 = 1\,800/EI$$

代入方程解得

$$X_1 = -\Delta_{1F}/\delta_{11} = -1\,800/144 = -12.5(\text{kN})$$

(4)作弯矩图。由 $M = M_{对} + M_{反} = 0 + \overline{M}_1 X_1 + M_F$,得图 13-14(h)所示的 M 图。

13.4.3 半结构法

当对称结构承受正对称或者反对称荷载时,也可以只取结构的 1/2 来进行计算。下面就奇数跨和偶数跨两种对称结构(刚架、连续梁等)进行介绍。

微课:半结构法

(1)奇数跨对称刚架。如图 13-15(a)所示刚架,在对称荷载作用下,由于只产生正对称的内力和位移(变形曲线如虚线所示),因此可知在对称轴上的截面 C 处不发生转角和水平线位移,但有竖向的位移;同时该截面上将有弯矩和轴力,而无剪力。所以取 1/2 来计算时,在对称轴截面 C 处可以用一定向支座(滑动支座)代替原有联系,则得图 13-15(b)所示计算简图。

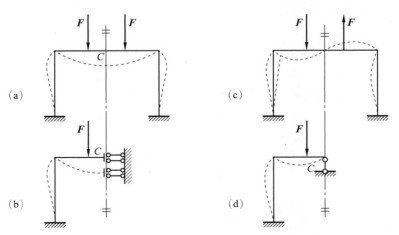

图 13-15 奇数跨对称刚架

在反对称荷载的作用下,如图 13-15(c)所示,由于只产生反对称的内力和位移,因此可

知在对称轴上的截面 C 处无竖向和水平的位移,但有转角;同时该截面上弯矩和轴力均为零,而只有剪力存在。因此,在对称轴截面 C 处可用一竖向链杆代替原有联系,则得图 13-15(d)所示的计算简图。

(2) 偶数跨对称刚架。如图 13-16(a)所示双跨对称刚架,在对称荷载作用下(变形曲线如虚线所示),对称轴上的结点 C 处将不产生任何位移(因略去杆件的轴向变形),故在 C 处横梁杆端有弯矩、剪力和轴力。因此,当取半结构时,可将 C 处用固定端支座代替原来约束,其计算简图如图 13-16(b)所示。

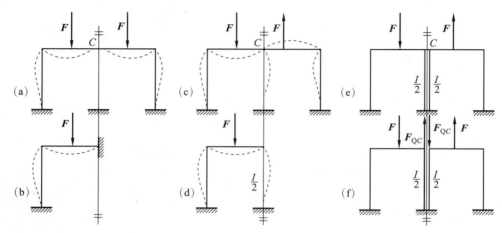

图 13-16　偶数跨对称刚架

在反对称荷载作用下,如图 13-16(c)所示,可设想刚架中柱由两根各具 1/2 的竖柱所组成,它们分别在对称轴的两侧与横梁刚性连接,如图 13-16(e)所示。显然这与原结构是等效的。再设想将此两柱中间的横梁切开,由于荷载是反对称的,因此该截面上只有剪力 F_{QC} 存在,如图 13-16(f)所示。这对剪力只对中间两根竖柱产生大小相等而性质相反的轴力,并不影响其他杆件的弯矩。由于原来中间柱的内力是这两根柱的内力之和,因此叠加后 F_{QC} 对原结构的内力和变形均无影响,因此可以不考虑 F_{QC} 的影响而选取图 13-16(d)所示 1/2 刚架的计算简图。

【应用案例 13-4】　试用选取 1/2 个结构的方法求作图 13-17(a)所示刚架的弯矩图,设各杆 EI 为常数。

【解】　这是一个 3 次超静定刚架,结构、荷载及变形均正对称于 x、y 两个对称轴,故可选取图 13-17(b)所示的 1/4 刚架计算简图来分析。显然其仅为一次超静定问题,取基本结构如图 13-17(c)所示,多余未知力为弯矩 X_1。利用截面 A 转角为零的变形条件建立相应的力法典型方程:

微课:应用案例 13-4

$$\delta_{11}X_1 + \Delta_{1F} = 0$$

分别画出 $\overline{M}_1$ 图和 M_F 图,如图 13-17(d)和(e)所示。由图乘法求得

$$\delta_{11} = \frac{2}{EI}\left(1 \times \frac{a}{2} \times 1\right) = a/EI$$

$$\Delta_{1F} = \frac{1}{EI}\left(\frac{1}{2} \times \frac{Fa}{4} \times \frac{a}{2} \times 1 + \frac{Fa}{4} \times \frac{a}{2} \times 1\right) = -3Fa^2/16EI$$

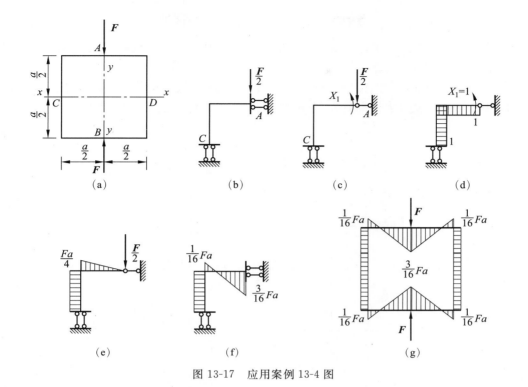

图 13-17 应用案例 13-4 图

代入方程解得

$$X_1 = \frac{-\Delta_{1F}}{\delta_{11}} = \frac{3Fa}{16}$$

作弯矩图,由 $M = X_1\overline{M}_1 + M_F$,得 1/4 刚架弯矩图 13-17(f),根据对称性则整个刚架的弯矩图为图 13-17(g)。

13.5　计算超静定结构的位移和校核最后内力图

13.5.1　计算超静定结构的位移

用力法计算超静定结构,是根据基本结构在荷载和全部多余未知力共同作用下,其内力和位移与原结构完全一致这个条件来进行的。也就是说,在荷载及多余未知力共同作用下的基本结构与在荷载作用下的原结构是完全等价的,它们之间并不存在任何差别。因此,计算超静定结构的位移,就是求基本结构的位移。其具体计算步骤如下。

(1)用力法求解超静定结构,作出其最后内力图,即基本结构的实际位移状态内力图。

(2)将单位力 $F = 1$ 加在基本结构上建立虚拟力状态,求出其相应内力或作出其内力图。因为基本结构是静定的,所以此时的内力仅由平衡条件便可求得。

(3)对于基本结构实际位移状态和虚拟力状态,用虚功原理的位移计算公式或图乘法即可计算出所求位移。

　　由于超静定结构的最后内力图并不因所选取基本结构的不同而异,因此其实际内力可以看作选取任一形式的基本结构求得的。所以在求位移时,可以选择较为简单的基本结构作为虚设力状态以简化计算。

【应用案例 13-5】　如图 13-18(a)所示的超静定刚架,其最终弯矩图已经求出,如图 13-18(b)所示。设 EI 为常数,试求刚架 D 点的水平位移 Δ_{DH} 和横梁中点 F 的竖向位移 Δ_{FV}。

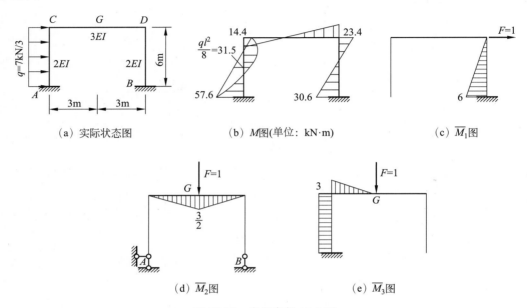

(a) 实际状态图　　　　(b) M图(单位: kN·m)　　　　(c) $\overline{M}_1$图

(d) $\overline{M}_2$图　　　　　　(e) $\overline{M}_3$图

图 13-18　应用案例 13-5 图

【解】　求 D 点水平位移 Δ_{DH} 时,可选取图 13-18(c)所示基本结构,在 D 点加水平单位荷载 $F=1$,得虚拟力状态 $\overline{M}_1$ 图。将图 13-18(b)与图 13-18(c)互乘得

$$\Delta_{DH}=\frac{1}{2EI}\left[\frac{1}{2}\times 6\times 6\times\left(\frac{2}{3}\times 30.6-\frac{1}{3}\times 23.4\right)\right]=\frac{113.4}{EI}$$

计算结果为正值,表示位移方向与所设单位荷载的方向一致,即水平向右。

　　求横梁中点 G 的竖向位移 Δ_{FV} 时,为使计算简化,可选取图 13-18(d)所示基本结构,在 G 点加竖向单位荷载 $F=1$,得虚拟力状态的 $\overline{M}_2$ 图,如图 13-18(d)所示。将图 13-18(b)与图 13-18(d)互乘得

$$\Delta_{FV}=\frac{1}{3EI}\left(\frac{1}{2}\times\frac{3}{2}\times 6\times\frac{14.4-23.4}{2}\right)=\frac{-6.75}{EI}$$

所得结果为负,表示 G 点的位移方向与所设单位荷载方向相反,即竖直向上。

　　计算 G 点竖向位移也可选用图 13-18(e)所示基本结构,加上单位荷载,作相应虚拟力状态的 $\overline{M}_3$ 图,再与图 13-18(b)互乘得

$$\Delta_{FV}=\frac{1}{2EI}\left[\frac{1}{2}\times(57.6-14.4)\times 6\times 3-\frac{2}{3}\times 31.5\times 6\times 3\right]-\frac{1}{3EI}\times\frac{1}{2}\times 3\times 3$$

$$\times\left(\frac{1}{6}\times 23.4-\frac{5}{6}\times 14.4\right)=\frac{-6.75}{EI}$$

与上述计算结果完全相同。显然,选图 13-18(e)所示基本结构计算 F 点的竖向位移比选图 13-18(d)所示基本结构复杂。所以,在计算超静定结构的位移时,选取什么样的基本结构十分重要。

13.5.2　校核超静定结构最后内力图

最后内力图是结构设计的依据,必须保证其正确性。对内力图的校核一般包括下面两个方面。

(1) 静力平衡条件校核,即所求得的各种内力是否能够使结构的任何一个部分都满足平衡条件。其校核的方法与静定结构相同,即切取结构的一个部分为隔离体,把作用于该部分的荷载及各切口处的内力都看成作用于隔离体上的已知外力,然后计算它们是否满足静力平衡条件来进行校核。对于刚架,一般是切取它的刚结点为隔离体。

(2) 位移条件校核。对于超静定结构,只进行静力平衡条件的校核是不够的,因为仅仅满足超静定结构的静力平衡条件的解可以有无限多个。换句话说,错误的结果也可能会满足静力平衡条件。因此,除了进行平衡条件校核以外,还必须进一步进行位移条件的校核,即校核原超静定结构在各多余未知力作用点沿相应多余未知力方向的位移是否与实际情况相符合。

【应用案例 13-6】　如图 13-19(a)所示刚架,已知其弯矩图、剪力图和轴力图,如图 13-19(b)～(d)所示。试校核该刚架的弯矩图。

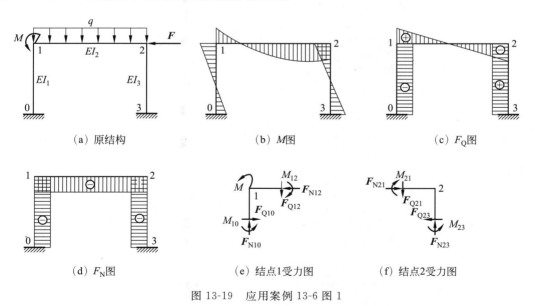

(a) 原结构　　　　(b) M图　　　　(c) F_Q图

(d) F_N图　　　　(e) 结点1受力图　　　　(f) 结点2受力图

图 13-19　应用案例 13-6 图 1

【解】　先作静力平衡条件的校核,一般分别取刚架的各个刚结点为隔离体。在此取结点 1 为隔离体,如图 13-19(e)所示,则有

$$\sum F_x = F_{Q10} - F_{N12} = 0$$

$$\sum F_y = F_{N10} - F_{Q12} = 0$$

$$\sum M = -M_{12} + M_{10} + M = 0$$

如果这些式子不满足,则说明最后弯矩图有误。用同样的方法可以对结点 2 进行校核,如图 13-19(f)所示。

然后进行位移条件的校核。取图 13-20(a)所示基本结构,并且只考虑弯矩一项对位移的影响。为此作出各单位弯矩图,分别如图 13-20(b)~(d)所示,以它们作为虚拟力状态来研究位移条件。

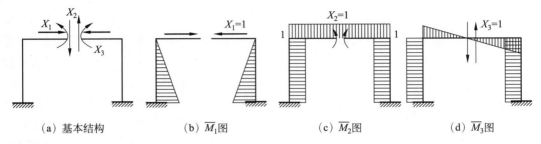

(a) 基本结构　　　　(b) $\overline{M}_1$图　　　　(c) $\overline{M}_2$图　　　　(d) $\overline{M}_3$图

图 13-20　应用案例 13-6 图 2

根据沿 X_1 方向的位移为零,应该有

$$\sum \int_l \frac{\overline{M}_1 M}{EI} dx = 0 \qquad (a)$$

根据沿 X_2 方向的位移为零,应该有

$$\sum \int_l \frac{\overline{M}_2 M}{EI} dx = 0 \qquad (b)$$

根据沿 X_3 方向的位移为零,应该有

$$\sum \int_l \frac{\overline{M}_3 M}{EI} dx = 0 \qquad (c)$$

如果式(a)~式(c)不满足,则说明最后弯矩图有误。

现在研究式(b),因原结构是一个闭合的多边形,而且没有铰存在,所以把 $\overline{M}_1$ 代入,可以得到

$$\sum \int_l \frac{M}{EI} dx = \sum \frac{1}{EI} \int_l 1 \times M dx = \sum \omega \frac{M}{EI} = 0$$

式中:ωM 为原结构闭合周边各杆上弯矩图的面积。

如果原结构闭合周边各杆的 EI 都相同,则上式还可以写成 $\sum \omega M = 0$。

上面的论证对于任何没有铰的闭合多边形结构也是适用的。因此,可以得到结论:对于任何一个没有铰的闭合多边形结构,如果将它在这个闭合部分的各杆的弯矩图面积除以本杆的 EI,其代数和应该等于零;如果各杆的 EI 也都相等,则此部分各杆弯矩图面积的代数和应该等于零。

模 块 小 结

1. 知识体系

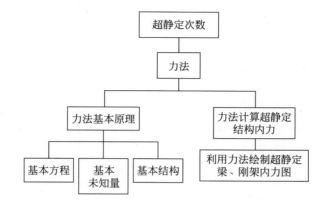

2. 能力培养

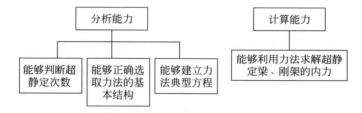

实验与讨论

1. 超静定结构与静定结构相比,其受力和变形有何特点?
2. 确定超静定结构的次数除了撤除多余约束外,还有没有其他方法?
3. 在力法中,基本体系与原结构有何异同? 基本体系与基本结构有何异同?
4. 在力法中,能否采用超静定结构作为基本结构? 为什么?
5. 力法典型方程中的主系数和副系数其值有何特点?

习　　题

1. 判定图 13-21 所示结构的超静定次数。
2. 试用力法计算图 13-22 所示超静定刚架的内力,并绘制弯矩图。
3. 试用力法计算图 13-23 所示超静定梁的内力,并绘制弯矩图。

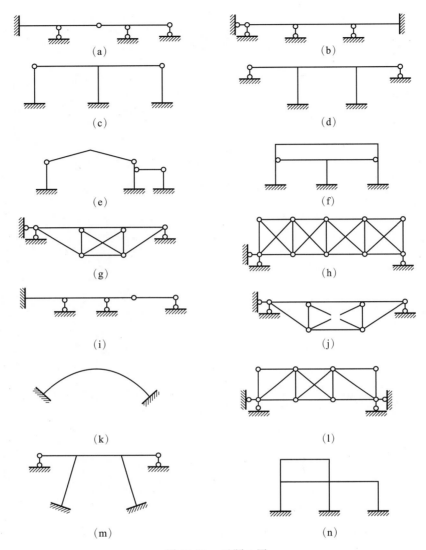

图 13-21　习题 1 图

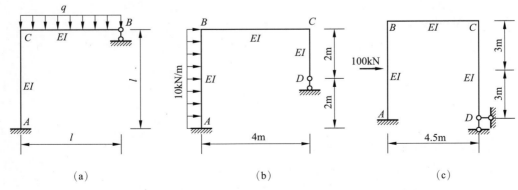

图 13-22　习题 2 图

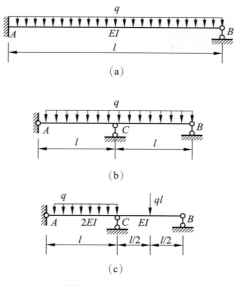

图 13-23 习题 3 图

习题参考答案

参考答案

模块 14 位移法计算超静定结构内力

微课:学习指导

课件:模块 14 PPT

学习目标

知识目标:
1. 掌握位移法的基本原理;
2. 掌握位移法的典型方程;
3. 掌握位移法的计算步骤。

能力目标:
1. 能够准确地判断基本未知量;
2. 能够利用位移法的典型方程进行准确的位移计算;
3. 能够利用对称性的特性准确地画出结构的受力图。

学习内容

本模块主要介绍用于多高层计算的位移法的基本原理及计算步骤,使学生能够对高次超静定结构进行受力分析及绘制物体的内力图。本模块主要分为 4 个学习任务,学生应沿着以下流程进行学习。

位移法的基本原理→位移法的典型方程→位移法的计算步骤和示例→对称性的利用。

教学方法建议

本模块对学生的计算能力要求较高,学生首先要熟悉超静定结构的基本概念及特点,理解位移的基本原理,能够建立位移法的典型方程,然后针对不同的超静定结构进行内力计算分析。

采用"教、看、学、做"一体化进行教学,利用多媒体课件和仿真动画对典型例题进行精确详细的讲解,同时课后给学生布置覆盖上课所学知识点的一定数量的习题,让学生通过对课后习题的练习,掌握所学的知识点,提高自身的计算能力。

位移法是分析超静定结构的另一种基本方法,它比力法发展稍晚。力法在 19 世纪末已经用于分析各种超静定结构,随后由于钢筋混凝土结构的问世,刚架这一结构形式得到了广泛的应用,高层、多跨刚架都是高次超静定结构,如果仍用力法来计算将十分烦琐。于是,在 20 世纪初便产生了适宜于计算这类复杂刚架的位移法。

结构在一定的荷载、温度变化、支座位移作用下,其内力与位移之间有一定的关系,确定的内力可与确定的位移相对应。在分析超静定结构时,力法以结构的多余未知力作为基本未知量,求出多余未知力后即利用平衡条件确定结构的内力;而位移法则以结构上的某些位移作为基本未知量,求出这些位移后即可据此确定计算结构的内力。

14.1 位移法的基本原理

为了说明位移法的基本原理,下面分析图 14-1(a)所示刚架。在荷载 F、q 作用下,刚架将发生如双点画线所示的变形,在刚结点 C 处的两杆(AC、CD 杆)的杆端均发生了相同的转角 θ_C,同时还有线位移。对于受弯直杆,通常都略去轴向变形的影响,并认为弯曲变形也是微小的,于是可以假设杆件两端之间的距离在变形前后保持不变。这样,每根受弯直杆的两端只发生沿垂直于杆轴方向的相对线位移(侧移),没有沿杆轴方向的相对线位移。根据这一假设,图 14-1 所示刚架中,支座 A 不能移动,刚结点 C 没有竖向线位移而只有水平线位移 Δ_{CA}。同样,铰接端 D 也没有竖向线位移而只有水平线位移 Δ_{DB},并且由于 CD 杆受弯后两端之间的距离保持不变,因此 $\Delta_{DB}=\Delta_{CA}=\Delta$。

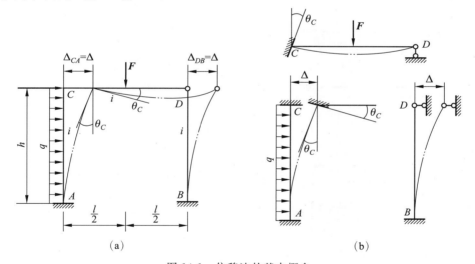

(a)   (b)

图 14-1 位移法的基本概念

对于 AC 杆,可以把它看作一根两端固定的梁,除了受均布荷载 q 作用外,固定支座 C 还发生了转角 θ_C 和侧移 Δ,如图 14-1(b)所示。BD 杆可以看作一根一端固定另一端铰接的梁,在铰接端 D 有侧移 Δ,如图 14-1(b)所示。对 CD 杆,也可以看作一端固定另一端铰接的梁,如图 14-1(b)所示。由于杆件沿轴线方向的线位移不引起弯矩,可不予考虑,因此除荷载 F 作用外,只需考虑固定支座 C 发生的转角 θ_C。结点 C 的转角 θ_C 及 C、D 两结点的水平线位移 Δ 尚未知,如果设法把 θ_C 和 Δ 求出,则根据转角位移方程即可求出上述各杆的杆端弯矩,随之各杆的内力也可确定。

等截面单跨超静定梁的杆端弯矩和剪力如表 14-1 所示。

表 14-1　等截面单跨超静定梁的杆端弯矩和剪力

编号	梁的简图	弯　矩		剪　力	
		M_{AB}	M_{BA}	F_{QAB}	F_{QBA}
1		$\dfrac{4EI}{l}=4i$	$\dfrac{2EI}{l}=2i$	$-\dfrac{6EI}{l^2}=-6\dfrac{i}{l}$	$-\dfrac{6EI}{l^2}=-6\dfrac{i}{l}$
2		$-\dfrac{6EI}{l^2}=-6\dfrac{i}{l}$	$-\dfrac{6EI}{l^2}=-6\dfrac{i}{l}$	$\dfrac{12EI}{l^3}=-12\dfrac{i}{l^2}$	$\dfrac{12EI}{l^3}=12\dfrac{i}{l^2}$
3		$-\dfrac{F_P ab^2}{l^2}$ $-\dfrac{F_P l}{8}$ $\left(当\,a=b=\dfrac{l}{2}\right)$	$\dfrac{F_P a^2 b}{l^2}$ $\dfrac{F_P l}{8}$	$\dfrac{F_P b^2(l+2a)}{l^3}$ $\dfrac{F_P}{2}$	$-\dfrac{F_P a^2(l+2b)}{l^3}$ $-\dfrac{F_P}{2}$
4		$-\dfrac{1}{12}ql^2$	$\dfrac{1}{12}ql^2$	$\dfrac{1}{2}ql$	$-\dfrac{1}{2}ql$
5		$-\dfrac{1}{20}ql^2$	$\dfrac{1}{30}ql^2$	$\dfrac{7}{20}ql$	$-\dfrac{3}{20}ql$
6		$\dfrac{b(3a-l)}{l^2}M$	$\dfrac{a(3b-l)}{l^2}M$	$-\dfrac{6ab}{l^3}M$	$-\dfrac{6ab}{l^3}M$
7		$\dfrac{3EI}{l}=3i$	0	$-\dfrac{3EI}{l^2}=-3\dfrac{i}{l}$	$-\dfrac{3EI}{l^3}=-3\dfrac{i}{l}$
8		$-\dfrac{3EI}{l^2}=-3\dfrac{i}{l}$	0	$\dfrac{3EI}{l^3}=3\dfrac{i}{l^2}$	$\dfrac{3EI}{l^3}=3\dfrac{i}{l^2}$
9		$-\dfrac{7}{120}ql^2$	0	$\dfrac{9}{40}ql$	$-\dfrac{11}{40}ql$
10		$\dfrac{l^2-3b^2}{2l^2}M$ $\dfrac{M}{8}$ $\left(当\,a=b=\dfrac{1}{2}\right)$	0 $(a<l)$	$-\dfrac{3(l^2-b^2)}{2l^2}M$ $-\dfrac{9}{8l}M$	$-\dfrac{3(l^2-b^2)}{2l^2}M$ $-\dfrac{9}{8l}M$

续表

编号	梁的简图	弯　矩		剪　力	
		M_{AB}	M_{BA}	F_{QAB}	F_{QBA}
11	$\theta=1$　A　B　l	$\dfrac{EI}{l}=i$	$-\dfrac{EI}{l}=-i$	0	0
12	A　a　F_P　b　B　l	$-\dfrac{F_P a(l+b)}{2l}$ $-\dfrac{3F_P l}{8}$ $\left(当\,a=b=\dfrac{l}{2}\right)$	$-\dfrac{F_P a^2}{2l}$ $-\dfrac{F_P l}{8}$	F_P	0 $a=1\,时,F_P$
13	A　q　B　l	$-\dfrac{1}{3}ql^2$	$-\dfrac{1}{6}ql^2$	ql	0
14	A　q　B　l	$-\dfrac{1}{8}ql^2$	$-\dfrac{1}{24}ql^2$	$\dfrac{1}{2}ql$	0
15	A　qB　l	$-\dfrac{5}{24}ql^2$	$-\dfrac{1}{8}ql^2$	$\dfrac{1}{2}ql$	0
16	A　M　a　b　B　l	$-M\dfrac{b}{l}$ $-\dfrac{M}{2}$ $\left(当\,a=b=\dfrac{l}{2}\right)$	$-M\dfrac{a}{l}$ $-\dfrac{M}{2}$	0	0

14.2　位移法的典型方程

微课：基本未
知量的确定

14.2.1　基本未知量

将结构拆散并用单跨超静定梁的转角位移方程求解各杆的杆端弯矩时,除了需知道各杆刚结点(相当于固定端)的转角外,还要求知道各杆端(无论刚接还是铰接)的线位移,以确定杆件的侧移。用位移法解题时,基本未知量就是指要求的结构各杆端内力所需要的独立的结点转角和独立的结点线位移。

1. 独立的结点角位移未知量

根据变形连续条件,结构中刚结点处各杆的杆端转角都相等,且等于该刚结点的转角。因此,当结构中的每个刚结点的转角求出后,则各杆端的转角就能全部被确定。在结构中每个刚结点都可能各自独立转动。因此,在位移法中各刚结点的转角(角位移)是基本未知量,独立的结点角位移基本未知量的个数等于结构的刚结点数。

如图 14-2(a)所示刚架,有 D、F 两个刚结点,故其结点角位移基本未知量的数目为 2。如图 14-2(b)所示刚架,DE、BE 在 E 处刚接后再与 EF 杆铰接,刚架有 3 个刚结点,故结点角位移基本未知量数目为 3。同样,如图 14-2(c)所示,刚架中杆 CD 与杆 DE 刚接,所以其结点角位移基本未知量数目为 2。

但在图 14-2(d)所示刚架中,外伸臂 DE 部分的内力可根据平衡条件确定,若将外伸臂 DE 去掉,以杆端内力 M_{DE}、F_{QDE} 代替,如图 14-2(e)所示,则杆件 CD 与杆 BD 铰接,结点角位移基本未知量只需考虑 1 个。由此可知,在确定位移法的基本未知量的数目时,可将结构中的静定部分去掉,然后进行分析。

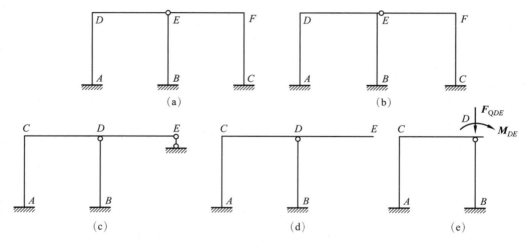

图 14-2　独立的结点角位移未知量

2. 独立的结点线位移未知量

在一般情况下,每个结点均可能有水平和竖向两个位移。采用推导直杆转角位移方程时的假设,即不考虑受弯杆件的轴向变形,并设弯曲变形是微小的,于是认为受弯直杆两端之间的距离在变形前后保持不变,从而减少了结构中独立的结点线位移数目。

如图 14-2(a)所示刚架中,A、B、C 3 个固定端都是不动的点,3 根柱子的顶端与固定端之间的距离又保持不变,因而结点 D、E、F 均无竖向位移;又由于两根横梁的两端之间的距离也保持不变,因此 D、E、F 3 个结点均有相同的水平位移。因此,此结构只有一个独立的结点线位移。

对于一般刚架,独立的结点线位移数目可直接观察判定,图 14-2 所示各刚架都只有一个独立的结点线位移。如图 14-3(a)所示两层刚架,4 个刚结点 A、B、C、D 有 4 个结点角位移。一层柱顶结点 C、D 的水平位移均为 Δ_2,二层柱顶结点 A、B 的水平位移均为 Δ_1,各点没有竖向位移,每层有一个独立的结点线位移。因此,结构的独立结点线位移的数目等于刚架的层数。

独立的结点线位移数目还可用铰化结点法来确定:把原结构的所有刚结点均改为铰结点,固定端支座改为固定铰支座,得到一个相应的铰化体系。若铰化后的体系为几何不变体系,则原结构的所有结点均无线位移;若铰化后的体系是可变体系或瞬变体系,用增设链杆的方法使之成为几何不变体系,而所需增设的最少链杆数目就是原结构独立的结点线位移数目。

如图 14-3(a)所示刚架,其相应铰接体系如图 14-3(c)所示,它是几何可变的,必须在每一层各增设一根非竖向的链杆才能成为几何不变,可知原结构独立的结点线位移数目为 2。又如图 14-3(b)所示刚架,将固定端支座和刚结点都改为铰链后,仍为几何不变体系,如图 14-3(d)所示,无须再加链杆,由此可判定原结构没有结点线位移。

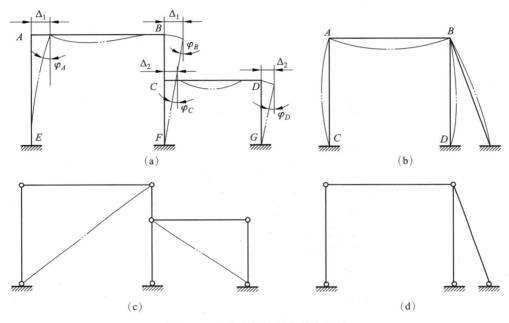

图 14-3　独立的结点线位移未知量

14.2.2　基本结构

位移法的基本结构是在原结构上增加与基本未知量相对应的附加约束,得到一个超静定杆的综合体。图 14-4(b)所示是图 14-4(a)结构的位移法基本结构,它是在结点 C 增加了与结点 C 转角相对应的约束(以控制结点 C 的转动),称为附加刚臂;在结点 C 或 D 增加了与线位移相对应的水平链杆(以控制结点 C、D 的水平位移),称为附加链杆。

动画:位移法的
基本结构

加上附加约束后得到的基本结构,是将原来的整体结构分隔成若干杆件。基本结构,如图 14-4(b)所示结构,就可视为由 3 根独立的单跨超静定梁组成,其组成如图 14-4(c)所示,第一根梁为两端固定的 AC 杆,第二根梁为 B 端固定 D 端铰接的 BD 杆,第三根梁为 C 端固定 D 端铰接的 CD 杆。各杆独立变形,互不干扰。结构的整体计算拆成若干单根杆件的计算,从而使计算得到简化。

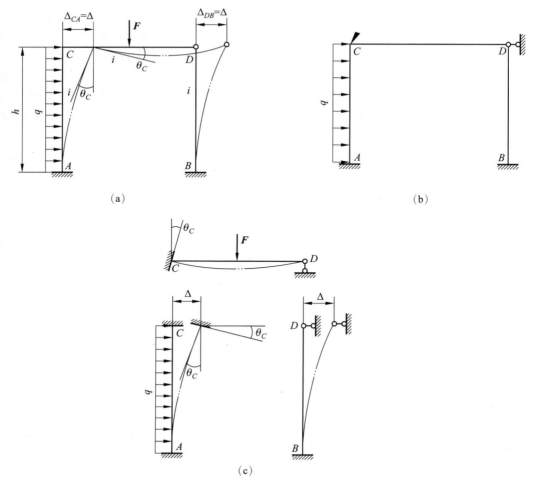

图 14-4　位移法的基本结构

14.2.3　基本方程

微课:基本方程的建立

　　如图 14-5(a)所示的连续梁,在结点 B 处施加控制转动的附加刚臂,如图 14-5(b)所示,原结构变成了由 AB 和 BC(一端固定另一端铰接的单跨超静定梁)组成的基本结构。

　　图 14-5(d)所示为基本结构在荷载和 Q_B 的共同作用下,要转化为原结构的条件,就是控制附加刚臂的约束力矩 R_1,即 $R_1=0$。因为原结构在 B 处没有约束,所以基本结构在载荷和 B 的共同作用下,在结点 B 处应与原结构完全相同,即 $R_1=0$。只有这样,图 14-5(d)所示结构的内力和变形才能与原结构的内力和变形完全相符合。

　　现根据使 $R_1=0$ 的条件来建立位移法方程。$R_1=0$ 的实质即平衡方程,方程的建立可分为以下两种叠加的情形。

　　(1) 基本结构在荷载单独作用下,如图 14-5(c)所示,结点 B 处于锁住状态。先求出基本结构在荷载作用下 BC 杆的杆端力,之后可求出附加刚臂的约束力矩 R_{1F}。

　　(2) 基本结构在基本未知量 θ_B 单独作用下,如图 14-5(e)所示,即使基本结构的结点 B

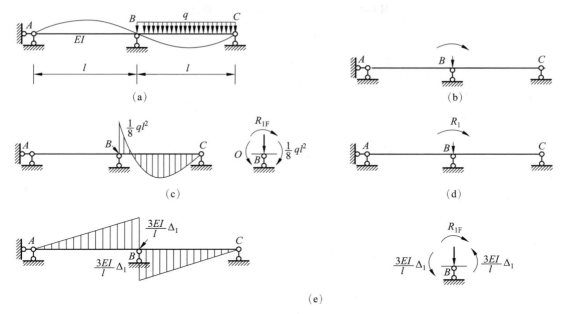

图 14-5　用位移法求解连续梁问题图示

发生结点角位移 Δ_1（$\Delta_1=0$）。这时可求出杆件 BA 和 BC 的杆端力,便可知附加刚臂的约束力矩 R_{11}。

根据以上分析得

$$R_1=R_{1F}+R_{11}=0 \tag{14-1}$$

进一步应用叠加原理,将 R_{11} 表示成与 Δ_1 有关的量,如下:

$$R_1=r_{11}\Delta_1+R_{1F}=0 \tag{14-2}$$

式中: r_{11} 为基本结构在单位位移 $\Delta_1=1$ 的单独作用下,附加刚臂中的约束力矩; R_{1F} 为基本结构在荷载单独作用下,附加刚臂中的约束力矩。

式(14-2)就是求解基本未知量 Δ_1 的位移法基本方程。

14.2.4　典型方程

现结合图 14-6(a)所示刚架,来说明一般情况下具有多个基本未知量的结构如何建立位移法方程。该刚架有 3 个基本未知量:结点 C 的转角 Δ_1、结点 D 的转角 Δ_2、结点 C 和结点 D 的水平线位移 Δ_3。增加与基本未知量相对应的附加约束后,得到其基本结构,如图 14-6(b)所示。

微课:典型方程
的建立

将原荷载作用在基本结构上,如图 14-6(c)所示,并与原结构加以比较后,应从两个方面消除两者之间的差异:一是人为控制附加约束使 Δ_1、Δ_2、Δ_3 发生,而让两者变形一致;二是让基本结构在原荷载和 Δ_1、Δ_2、Δ_3 共同作用下附加约束上的反力为零。

$$R_1=0$$
$$R_2=0$$
$$R_3=0$$

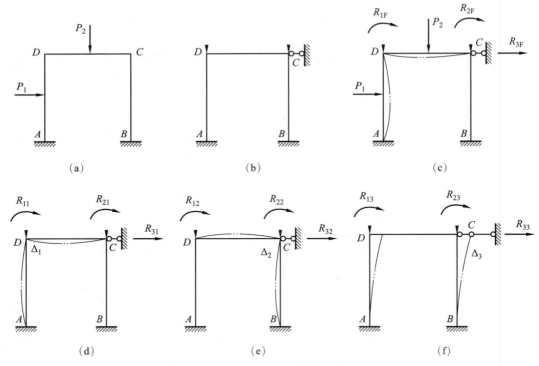

图 14-6　确定 3 个未知量结构的典型方程

因为每一个约束反力都是由 Δ_1、Δ_2、Δ_3 和荷载共同作用下产生的,因此根据叠加原理,可以先求出各个因素单独作用下的约束反力,然后叠加。基本结构的受力情况可以看成由图 14-6(c)～(f)所示的 4 种情况叠加而成,故有:

$$\left.\begin{array}{l} R_1 = R_{11} + R_{12} + R_{13} = 0 \\ R_2 = R_{21} + R_{22} + R_{23} = 0 \\ R_3 = R_{31} + R_{32} + R_{33} = 0 \end{array}\right\} \tag{14-3}$$

若用 r_{ij} 表示基本结构由于 $\Delta_j = 1$,在第 i 个附加约束上产生的反力,第一个下标表示约束力作用处,第二个下标表示产生的原因,则 $R_{ij} = r_{ij}\Delta_j$。

根据叠加原理,式(14-3)可写成

$$\left.\begin{array}{l} r_{11}\Delta_1 + r_{12}\Delta_2 + r_{13}\Delta_3 + R_{1F} = 0 \\ r_{21}\Delta_1 + r_{22}\Delta_2 + r_{23}\Delta_3 + R_{2F} = 0 \\ r_{31}\Delta_1 + r_{32}\Delta_2 + r_{33}\Delta_3 + R_{3F} = 0 \end{array}\right\} \tag{14-4}$$

这就是有 3 个基本未知量时的位移法典型方程。利用式(14-4)可解出基本未知量 Δ_1、Δ_2 和 Δ_3。

若结构有 n 个基本未知量,建立基本结构时需加 n 个附加约束,可以建立 n 个典型方程,则可以推广为方程:

$$
\left.
\begin{array}{l}
R_1=0, r_{11}\Delta_1+r_{12}\Delta_2+\cdots+r_{1i}\Delta_i+\cdots+r_{1n}\Delta_n+R_{1F}=0 \\
R_2=0, r_{21}\Delta_1+r_{22}\Delta_2+\cdots+r_{2i}\Delta_i+\cdots+r_{2n}\Delta_n+R_{2F}=0 \\
\qquad\qquad\qquad\qquad\vdots \\
R_i=0, r_{i1}\Delta_1+r_{i2}\Delta_2+\cdots+r_{ii}\Delta_i+\cdots+r_{in}\Delta_n+R_{iF}=0 \\
\qquad\qquad\qquad\qquad\vdots \\
R_n=0, r_{n1}\Delta_1+r_{n2}\Delta_2+\cdots+r_{ni}\Delta_i+\cdots+r_{nn}\Delta_n+R_{nF}=0
\end{array}
\right\}
\qquad (14\text{-}5)
$$

位移法典型方程一般形式具有如下特征。

(1) 方程中处于主对角线上的系数 r_{ij} 称为主系数,是基本结构由于 $\Delta_i=1$ 引起的第 i 个附加约束上的反力,恒大于零。处于主对角线两侧的系数($i\neq j$)称为副系数,是基本结构由于 $\Delta_j=1$ 引起的第 i 个附加约束上的反力,可正可负,也可为零。根据反力互等定理,可知 $r_{ij}=r_{ji}$。R_{1F} 为方程中的自由项,是基本结构由于原荷载引起的第 i 个附加约束上的反力,可正可负,也可为零。

(2) 典型方程为多元一次线性方程,每一个方程都是力的平衡方程,系数与自由项是根据力的平衡条件求解的。例如,刚臂上的约束力(力偶矩)可由结点的力矩平衡求得,链杆的约束力可以根据某部分隔离体的平衡求得。

(3) 在建立位移法方程时,基本未知量 Δ_1、Δ_2、$\cdots$、Δ_n 都假设为正号。当计算结果为正时,说明 Δ_1、Δ_2、$\cdots$、Δ_n 的方向与所设方向一致;计算结果为负时,说明 Δ_1、Δ_2、$\cdots$、Δ_n 的方向与所设的方向相反。

(4) 系数只与基本结构有关,而自由项既与基本结构有关,又与作用于结构上的外来因素有关。系数、自由项求得后可解出基本方程的基本未知量,然后按叠加原理求得最后内力。

14.3　位移法的计算步骤和示例

根据位移法的基本概念和典型方程,可知位移法适用于求解刚架和连续梁。其解题步骤如下。

(1) 确定基本未知量。在原结构上增加与基本未知量相对应的附加约束,从而确定对应的基本结构。后面的大部分计算都是在基本结构上进行的。

(2) 确定基本方程。根据式(14-5)写出 n 个未知量对应的 n 个典型方程。

微课:位移法的
解题步骤

(3) 确定方程的各项系数和自由项。查表 14-1 可求出原荷载作用在基本结构上引起的各杆端弯矩(称为固端弯矩),并作出弯矩图(M_F 图);求出分别由 $\Delta_1=1$、$\Delta_2=1$、$\Delta_3=1$ 单独作用在基本结构上的各杆端弯矩,并分别作出相应的弯矩图($\overline{M}_1$、$\overline{M}_2$、$\overline{M}_3$、$\cdots$、$\overline{M}_n$)。在各个图中求出各附加约束上的反力:附加刚臂上的约束反力矩可由结点的力矩平衡求得,附加链杆的约束反力可以根据某部分隔离体的平衡求得。

(4) 将求得的各系数代入典型方程,求出基本未知量。

(5) 根据叠加原理,由式 $M=\overline{M}_1\Delta_1+\overline{M}_2\Delta_2+\overline{M}_3\Delta_3+\cdots+\overline{M}_n\Delta_n+M_F$ 计算出各杆端弯矩值,再用区段叠加法作出最后的弯矩图。

【应用案例 14-1】　用位移法计算图 14-7(a)所示刚架,并作弯矩图。

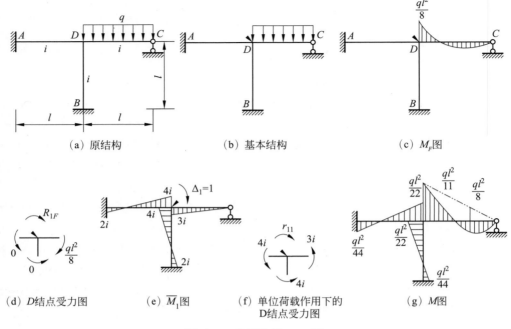

（a）原结构　　　（b）基本结构　　　（c）M_F图

（d）D结点受力图　　（e）$\overline{M}_1$图　　（f）单位荷载作用下的　　（g）M图
　　　　　　　　　　　　　　　　　　D结点受力图

图 14-7　应用案例 14-1 图

微课：应用
案例 14-1

【解】　（1）基本未知量与基本结构。此刚架为无侧移刚架，只有结点 D 的转角未知量 Δ_1。取图 14-7(b)所示的基本结构，即在结点 D 加一个与 Δ_1 相对应的附加刚臂，将结点锁住。

（2）基本方程。一个未知量的典型方程为

$$r_{11}\Delta_1 + R_{1F} = 0$$

（3）求系数。

① 作荷载单独作用时的弯矩图（M_F 图），DC 杆为一端固定一端铰接，$M_{DC}^F = -\dfrac{ql^2}{8}$，其余两杆无荷载，故无固端弯矩，作出 M_F 图，如图 14-7(c)所示。取结点 D 的力矩平衡，如图 14-7(d)所示，可得

$$R_1^F = -\frac{ql^2}{8}$$

② 作 $\Delta_1 = 1$ 单独作用下的 $\overline{M}_1$ 图，如图 14-7(e)所示。由结点 B 的力矩平衡条件，如图 14-7(d)所示，求得

$$r_{11} = 11i$$

（4）解方程。将求得的系数和自由项代入位移法基本方程，得

$$11i\Delta_1 - \frac{ql^2}{8} = 0$$

解得

$$\Delta_1 = -\frac{ql^2}{88i}$$

（5）最后 M 图。由叠加公式 $M=\overline{M}_1\Delta_1+M_F$ 计算，如：

$$M_{DC}=3i\times\frac{ql^2}{88i}-\frac{ql^2}{8}=\frac{ql^2}{11}（上侧受拉）$$

$$M_{DA}=4i\times\frac{ql^2}{88i}=\frac{ql^2}{22}（上侧受拉）$$

$$M_{BA}=4i\times\frac{ql^2}{88i}=-\frac{ql^2}{22}（左侧受拉）$$

根据杆端弯矩与荷载情况，用区段叠加法作出弯矩图，如图 14-7(g)所示。

【应用案例 14-2】 用位移法计算图 14-8(a)所示连续梁，并作弯矩图。

【解】 （1）基本未知量。此连续梁有两个基本未知量，即结点 B、C 的转角 Δ_1、Δ_2。

微课：应用
案例 14-2

如图 14-8(b)所示的基本结构，即在 B、C 结点各加一个附加刚臂。

（2）基本方程。根据两个基本未知量的典型方程，有

$$r_{11}\Delta_1+r_{12}\Delta_2+R_{1F}=0$$
$$r_{21}\Delta_1+r_{22}\Delta_2+R_{2F}=0$$

（3）计算方程系数。

① 作荷载单独作用时的弯矩图（M_F 图）。AB 跨无荷载，BC 跨可看成两端固定受一集中力作用、CD 跨为一端固定一端铰接，各固端弯矩为

$$M_{BC}^F=Fa\times\frac{b^2}{l^2}=-12\times6\times\frac{3^2}{9^2}=-8(\text{kN}\cdot\text{m})$$

$$M_{CB}^F=Fa^2\times\frac{b}{l^2}=-12\times6^2\times\frac{3}{9^2}=-16(\text{kN}\cdot\text{m})$$

$$M_{CD}^F=-\frac{ql^2}{8}=-2\times\frac{6^2}{8}=-9(\text{kN}\cdot\text{m})$$

由结点 B 的力矩平衡条件，如图 14-8(d)所示，求得

$$R_{1F}=-8\text{kN}\cdot\text{m}$$

由结点 C 的力矩平衡条件，如图 14-8(e)所示，求得

$$R_{2F}=16-9=7(\text{kN}\cdot\text{m})$$

② 作 $\Delta_1=1$ 单独作用下的 $\overline{M}_1$ 图，如图 14-8(f)所示。由结点 B 的力矩平衡条件，如图 14-7(g)所示，求得

$$r_{11}=16i$$

由结点 C 的力矩平衡条件，如图 14-7(h)所示，求得

$$r_{21}=6i$$

③ 作 $\Delta_2=1$ 单独作用下的 $\overline{M}_2$ 图，如图 14-8(i)所示。由结点 B 的力矩平衡条件，如图 14-8(j)所示，求得

$$r_{12}=6i$$

由结点 B 的力矩平衡条件，如图 14-8(j)所示，求得

$$r_{22}=12i+6i=18i$$

（4）将求得的系数和自由项代入位移法基本方程，得

$$16i\Delta_1+6i\Delta_2-8=0$$

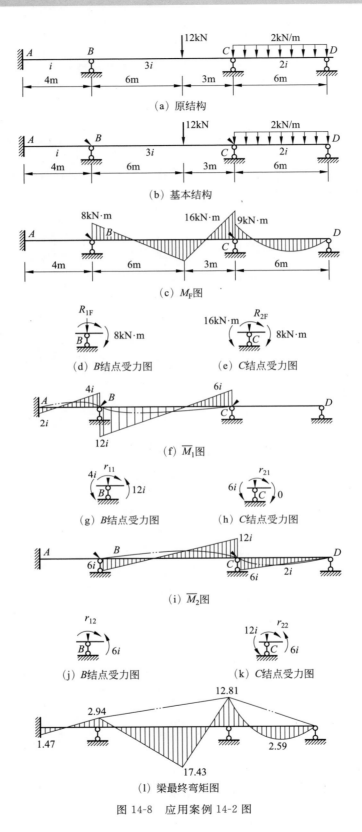

(a) 原结构

(b) 基本结构

(c) M_F图

(d) B结点受力图　　　　(e) C结点受力图

(f) $\overline{M}_1$图

(g) B结点受力图　　　　(h) C结点受力图

(i) $\overline{M}_2$图

(j) B结点受力图　　　　(k) C结点受力图

(l) 梁最终弯矩图

图 14-8　应用案例 14-2 图

$$6i\Delta_1 + 18i\Delta_2 + 7 = 0$$

解得

$$\Delta_1 = \frac{0.737}{i}$$

$$\Delta_2 = -\frac{0.635}{i}$$

（5）用叠加原理作弯矩图。杆端最终弯矩用叠加公式 $M = \overline{M}_1\Delta_1 + \overline{M}_2\Delta_2 + M_{\mathrm{F}}$ 计算，如：

$$M_{AB} = 2i \times \frac{0.737}{i} \approx 1.47(\mathrm{kN \cdot m})$$

$$M_{BA} = 4i \times \frac{0.737}{i} \approx 2.95(\mathrm{kN \cdot m})$$

$$M_{BC} = 12i \times \frac{0.737}{i} + 6i\left(-\frac{0.635}{i}\right) - 8 \approx -2.97(\mathrm{kN \cdot m})$$

$$M_{CD} = 6i\left(-\frac{0.635}{i}\right) - 9 = -12.81(\mathrm{kN \cdot m})$$

由以上杆端弯矩及荷载情况可作出连续梁的弯矩图，如图 14-8(l)所示。

【应用案例 14-3】　试计算图 14-9(a)所示刚架，并作弯矩图。

【解】　（1）基本未知量与基本结构。此刚架有两个基本未知量，即结点 A 的转角 Δ_1 和水平线位移 Δ_2。取基本结构，如图 14-9(b)所示，在结点 A 加一个附加刚臂以阻止结点的转动，在 B 处加一个水平附加链杆以阻止结点的水平移动。

（2）基本方程。根据两个基本未知量的典型方程，有

$$r_{11}\Delta_1 + r_{12}\Delta_2 + R_{1\mathrm{F}} = 0$$
$$r_{21}\Delta_1 + r_{22}\Delta_2 + R_{2\mathrm{F}} = 0$$

（3）计算方程系数。

① 基本结构在原荷载作用下的各杆端弯矩为

$$M_{CA}^{\mathrm{F}} = -\frac{ql^2}{12} = -\frac{2 \times 6^2}{12} = -6(\mathrm{kN \cdot m})$$

$$M_{AC}^{\mathrm{F}} = \frac{ql^2}{12} = \frac{2 \times 6^2}{12} = 6(\mathrm{kN \cdot m})$$

$$M_{AB}^{\mathrm{F}} = \frac{3Fl}{16} = \frac{3 \times 24 \times 6}{16} = -27(\mathrm{kN \cdot m})$$

作 M_{F} 图，如图 14-9(c)所示，取结点 A 为隔离体，如图 14-9(d)所示，由 $\sum M_A = 0$ 得

$$R_{1\mathrm{F}} = 6 - 27 = -21(\mathrm{kN \cdot m})$$

先取 AC 杆为隔离体，如图 14-9(e)所示，由平衡条件得

$$F_{QAC}^{\mathrm{F}} = 6\mathrm{kN}$$

再取 AB 杆为隔离体，如图 14-9(e)所示，由 $\sum F_x = 0$ 得

$$R_{2\mathrm{F}} = -6\mathrm{kN}$$

② 作 $\Delta_1 = 1$ 单独作用在基本结构的 $\overline{M}_1$ 图，如图 14-9(f)所示。

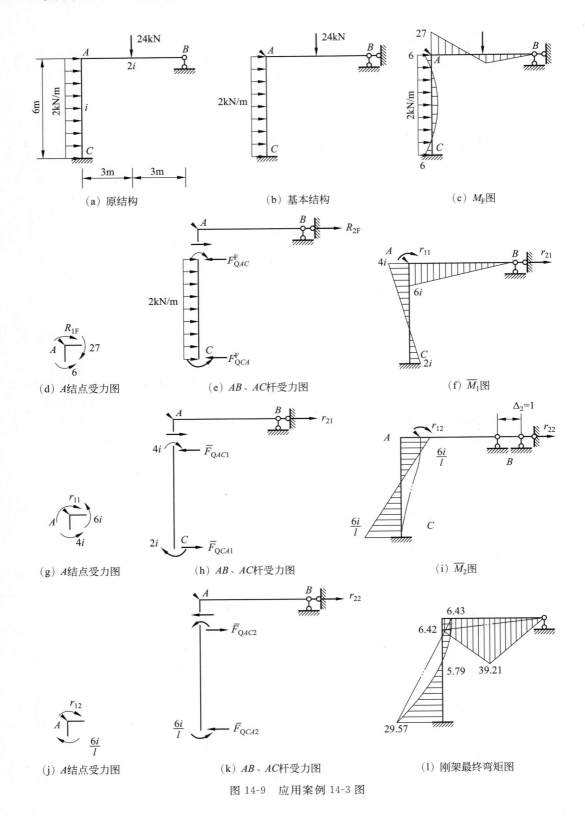

（a）原结构　　　　（b）基本结构　　　　（c）M_F图

（d）A结点受力图　　　（e）AB、AC杆受力图　　　（f）$\overline{M}_1$图

（g）A结点受力图　　　（h）AB、AC杆受力图　　　（i）$\overline{M}_2$图

（j）A结点受力图　　　（k）AB、AC杆受力图　　　（1）刚架最终弯矩图

图 14-9　应用案例 14-3 图

由结点 A 的力矩平衡条件,如图 14-9(g)所示,求得

$$r_{11}=10i$$

先取 AC 杆为隔离体,如图 14-9(h)所示,由平衡条件得

$$\overline{F}_{\mathrm{Q}AC1}=\frac{6i}{l}$$

再取 AB 杆为隔离体,如图 14-9(h)所示,由 $\sum F_x=0$ 得

$$r_{21}=-\frac{6i}{l}$$

③ 作 $\Delta_2=1$ 单独作用在基本结构的 $\overline{M}_2$ 图,如图 14-9(i)所示。

由结点 A 的力矩平衡条件,如图 14-9(j)所示,求得

$$r_{12}=-\frac{6i}{l}$$

先取 AC 杆为隔离体,如图 14-9(k)所示,由 $\sum F_x=0$ 得

$$\overline{F}_{\mathrm{Q}AC1}=-\frac{12i}{l^2}$$

再取 AB 杆为隔离体,如图 14-9(k)所示,由 $\sum F_x=0$ 得

$$r_{12}=\frac{12i}{l^2}$$

(4) 将求得的系数和自由项代入位移法基本方程,得

$$10i\Delta_1-\frac{6i}{l}\Delta_2-21=0$$

$$-\frac{6i}{l}\Delta_1+\frac{12i}{l^2}\Delta_2-6=0$$

解得

$$\Delta_1=\frac{5.57}{i}$$

$$\Delta_2=\frac{34.71}{i}$$

(5) 用叠加原理作弯矩图。杆端最终弯矩用叠加公式 $M=\overline{M}_1\Delta_1+\overline{M}_2\Delta_2+M_{\mathrm{F}}$ 计算,如:

$$M_{AB}=6i\times\frac{5.57}{i}-27=6.42(\mathrm{kN\cdot m})$$

$$M_{AC}=4i\times\frac{5.57}{i}-i\times\frac{34.71}{i}+6=-6.43(\mathrm{kN\cdot m})$$

$$M_{CA}=2i\times\frac{5.57}{i}-i\frac{34.71}{i}-6=-29.57(\mathrm{kN\cdot m})$$

根据以上杆端弯矩值及荷载情况,作刚架的最后弯矩图,如图 14-9(l)所示。

从本应用案例中可以看出,求解 r_{12} 比 r_{21} 要容易得多,所以根据位移互等定理,应尽量在附加刚臂上求得副系数。

【应用案例 14-4】 试列出图 14-10(a)所示刚架位移法典型方程,并求出方程系数。设 $i=1$。

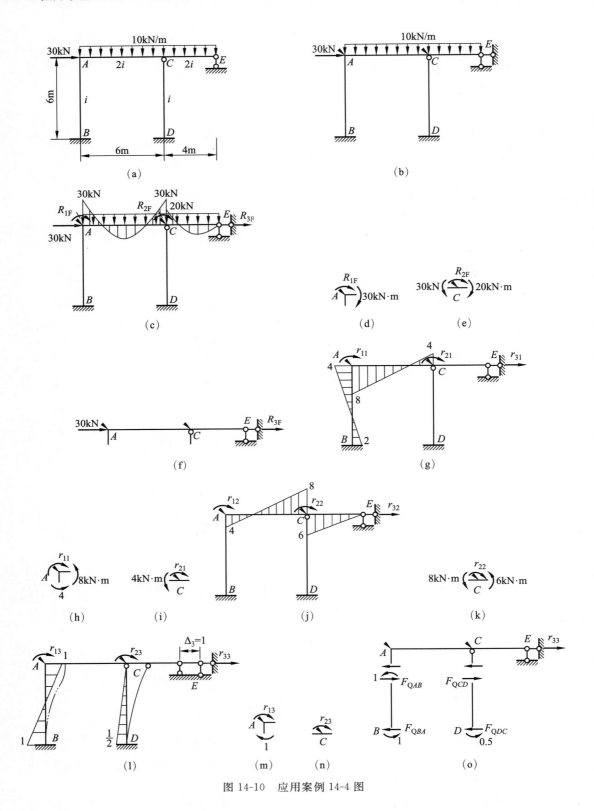

图 14-10　应用案例 14-4 图

【解】　(1) 基本未知量及基本结构。此刚架有 3 个基本未知量，即结点 A 和 C 的转角 Δ_1、Δ_2 和水平线位移 Δ_3。取基本结构，如图 14-10(b)所示，在结点 A 和 C 处加一个附加刚臂以阻止结点的转动，在 E 处加一个水平附加链杆以阻止结点的水平移动。

(2) 基本方程。根据 3 个基本未知量的典型方程，有

$$r_{11}\Delta_1 + r_{12}\Delta_2 + r_{13}\Delta_3 + R_{1F} = 0$$
$$r_{21}\Delta_1 + r_{22}\Delta_2 + r_{23}\Delta_3 + R_{2F} = 0$$
$$r_{31}\Delta_1 + r_{32}\Delta_2 + r_{33}\Delta_3 + R_{3F} = 0$$

(3) 计算方程系数

① 查表 14-1 得基本结构在原荷载作用下的各杆端弯矩，有

$$M_{CA}^{F} = -M_{AC}^{F} = \frac{ql^2}{12} = \frac{10 \times 6^2}{12} = 30 (\text{kN} \cdot \text{m})$$

$$M_{CE}^{F} = -\frac{ql^2}{8} = -\frac{10 \times 4^2}{8} = -20 (\text{kN} \cdot \text{m})$$

作 M_F 图，如图 14-10(c)所示。取结点 A 为隔离体，如图 14-10(d)所示，由 $\sum M_A = 0$ 得

$$R_{1F} = -30\text{kN} \cdot \text{m}$$

取结点 C 为隔离体，如图 14-10(e)所示，由 $\sum M_c = 0$ 得

$$R_{2F} = 30 - 20 = 10 (\text{kN} \cdot \text{m})$$

取 AE 杆为隔离体，如图 14-10(f)所示，由 $\sum F_x = 0$ 得

$$R_{3F} = -30\text{kN} \cdot \text{m}$$

② 作 $\Delta_1 = 1$ 单独作用在基本结构的 $\overline{M}_1$ 图，如图 14-10(g)所示。由结点 A 的力矩平衡条件，如图 14-10(h)所示，求得

$$r_{11} = 8 + 4 = 12 (\text{kN} \cdot \text{m})$$

由结点 C 的力矩平衡条件，如图 14-10(i)所示，求得

$$r_{21} = 4\text{kN} \cdot \text{m}$$

③ 作 $\Delta_2 = 1$ 单独作用在基本结构的 $\overline{M}_2$ 图，如图 14-10(j)所示。由结点 C 的力矩平衡条件，如图 14-10(k)所示，求得

$$r_{21} = 8 + 6 = 14 (\text{kN} \cdot \text{m})$$

④ 作 $\Delta_3 = 1$ 单独作用在基本结构的 $\overline{M}_3$ 图，如图 14-10(l)所示，由结点 A 的力矩平衡条件，如图 14-10(m)所示，求得

$$r_{13} = -1\text{kN} \cdot \text{m}$$

由结点 C 的力矩平衡条件，如图 14-10(n)所示，求得

$$r_{23} = 0$$

先分别以 AB、CD 杆为隔离体的平衡条件，如图 14-10(o)所示，得杆端剪力为

$$F_{QAB} = 0.333\text{kN}, \quad F_{QCD} = 0.083\text{kN}$$

再取 AE 杆为隔离体，如图 14-10(o)所示，由 $\sum F_x = 0$ 得

$$r_{33} = 4\text{kN} \cdot \text{m}$$

综上所述，所求得的系数为

$R_{1F} = -30\text{kN} \cdot \text{m}, \quad R_{2F} = 10\text{kN} \cdot \text{m}, \quad R_{3F} = -30\text{kN} \cdot \text{m}$

$r_{11} = 12\text{kN} \cdot \text{m}, \quad r_{21} = r_{12} = 4\text{kN} \cdot \text{m}, \quad r_{23} = r_{32} = 0$

$r_{22} = 14\text{kN} \cdot \text{m}$

$r_{13} = r_{31} = -1\text{kN} \cdot \text{m}, \quad r_{33} = 0.416\text{kN} \cdot \text{m}$

微课:对称性
的利用

14.4 对称性的利用

在用力法计算超静定结构时已经讨论过对称性的利用,并得到如下结论:对称结构在正对称荷载作用下,其内力和位移都是正对称的;在反对称荷载作用下,其内力和位移都是反对称的。在位移法中可继续利用上述结论,用半结构法来简化计算。

对称的刚架和连续梁在工程中应用很多,下面分别对单跨(奇数跨)和两跨(偶数跨)对称结构的简化进行讨论。

图 14-11(a)所示为单跨对称刚架,在正对称荷载 F 作用下,其内力和变形都是正对称的,计算时可取刚架的一半。对称轴上的截面 C 不发生转动和水平移动,只能竖向移动。该截面上的内力只能有弯矩和轴力,没有剪力。据此,所取半刚架在截面 C 处设为定向支座,如图 14-11(c)所示。它约束了截面 C 的转动和水平移动,但允许竖向移动;定向支座能产生反力矩和水平反力,但没有竖向反力。

图 14-11(b)所示为两跨对称刚架,在正对称荷载 F 作用下,只能发生正对称的内力和变形。因此,位于对称轴上的柱 CD 只有轴力和轴向变形,不可能发生弯曲和剪切变形。在刚架计算中,一般不考虑杆件轴向变形的影响,所以对称轴上的 C 点不能发生任何位移,故所取半刚架在截面 C 处设一固定支座,如图 14-11(d)所示。

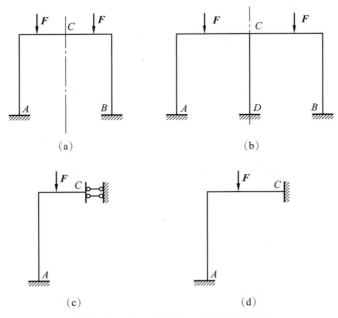

图 14-11 对称刚架受正对称荷载作用

图 14-12(a)所示单跨对称刚架在反对称荷载 F 作用下,位于对称轴上的截面 C 只有剪力,不存在弯矩和轴力。同时,由于刚架的变形是反对称的,因此截面 C 可以左右移动和转动,但没有竖向位移。因此,取的半刚架在截面 C 处应是一根竖向链杆支承,如图 14-12(b)所示。

图 14-12(c)所示两跨对称刚架在反对称荷载 F 作用下,内力和变形都是反对称的,对称轴上的立柱会发生弯曲和剪切变形。可将该柱设想为由两根跨长趋近零、惯性矩各为$l/2$的立柱组成,它们在顶端分别与横梁刚接,如图 14-12(d)所示。现将刚架沿对称轴切开,由于荷载是反对称的,因此切口上只有剪力 F_{QC},如图 14-12(e)所示。这对剪力仅使左、右两柱分别产生等值反号的轴力,而原结构柱子的内力应是此两柱子内力的叠加,故剪力 F_{QC} 对原结构的内力和变形均无影响。因此,可将其略去而取图 14-12(f)所示的半刚架。

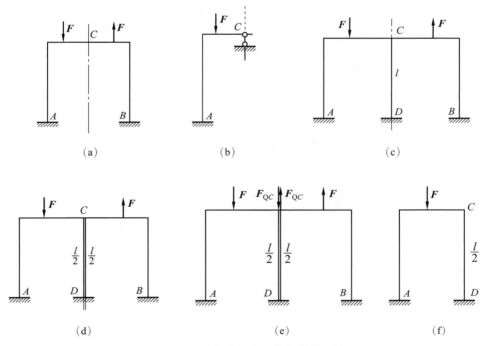

图 14-12　对称刚架受反对称荷载作用

【应用案例 14-5】　试作图 14-13(a)所示刚架的弯矩图,各杆 EI 为常数。

【解】　此刚架具有两个对称轴,为上下对称和左右对称。在对称荷载作用下,需计算的1/4 刚架如图 14-13(b)所示,其中 $i=EI/l$,AB 杆的线刚度为 i,而 AC 杆的线刚度为 $2i=\dfrac{EI}{l/2}$。基本未知量只有一个,即结点 A 的转角 $\theta_A=\Delta_1$。在结点 A 增加附加刚臂作为基本结构,如图 14-13(c)所示。

查表 14-1 可求得杆端弯矩为

$$M_{AB}^{\mathrm{F}}=-\frac{ql^2}{12}$$

$$M_{BA}^{\mathrm{F}}=\frac{ql^2}{12}$$

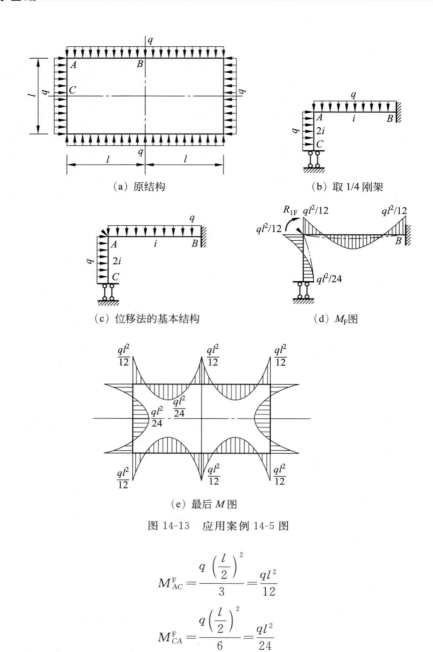

（a）原结构　　　　　　　　（b）取 1/4 刚架

（c）位移法的基本结构　　　　（d）M_F图

（e）最后 M 图

图 14-13　应用案例 14-5 图

$$M_{AC}^{F}=\frac{q\left(\dfrac{l}{2}\right)^{2}}{3}=\frac{ql^{2}}{12}$$

$$M_{CA}^{F}=\frac{q\left(\dfrac{l}{2}\right)^{2}}{6}=\frac{ql^{2}}{24}$$

作 M_F 图，如图 14-13（d）所示。由 A 结点的力矩平衡条件可得

$$R_{1F}=0$$

代入典型方程，有

$$\Delta_1=0$$

因此，各杆的杆端弯矩就等于其固端弯矩。根据上面求得的固端弯矩值可作弯矩图，如图 14-13（e）所示。

模 块 小 结

1. 知识体系

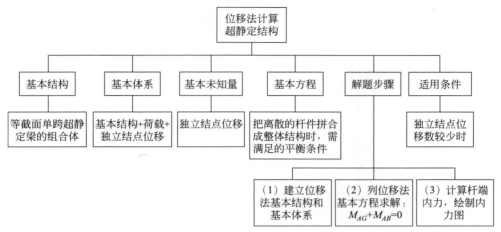

2. 能力培养

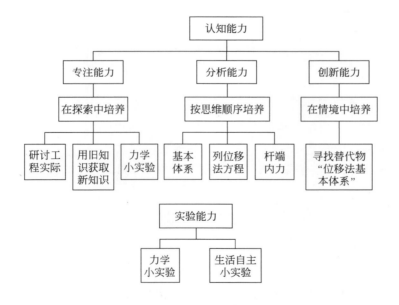

实验与讨论

1. 小实验。静定结构的支座位移仅引起结构的_____性位移,不产生变形和内力;超静定结构的支座发生位移,因存在多余的约束,会产生_____和_____。(选填:刚、柔,变形、内力)

试设计系列小实验,演示这一力学现象。

2. 小实验。课下拼装表 14-2 中的全部等截面单跨超静定梁,分别演示荷载单独作用或支座位移单独作用下梁的变形位移,并判断杆端弯矩的正负。

表 14-2 实验与讨论 2 表

编号	梁的简图	弯矩		剪力	
		M_{AB}	M_{BA}	F_{QAB}	F_{QBA}
1	$\theta=1$ A EI B l	Ai $\left(i=\dfrac{EI}{l},\text{下同}\right)$	$2i$	$-\dfrac{6i}{l}$	$-\dfrac{6i}{l}$
2	A B l	$-\dfrac{6i}{l}$	$-\dfrac{6i}{l}$	$\dfrac{12i}{l^2}$	$\dfrac{12i}{l^2}$
3	a F_P b A B l	$-\dfrac{F_Pab^2}{l^2}$	$\dfrac{F_Pa^2b}{l^2}$	$\dfrac{F_Pb^2(l+2a)}{l^3}$	$-\dfrac{F_Pa^2(l+2b)}{l^2}$
		$a=b=l/2$ 时, $-\dfrac{F_Pl}{8}$	$\dfrac{F_Pl}{8}$	$\dfrac{F_P}{2}$	$-\dfrac{F_P}{2}$

3. 位移法是将超静定结构离散为杆端内力_____的等截面单跨超静定梁,以独立的结点_____为基本未知量,根据_____条件建立位移法_____方程计算超静定问题的方法。(选填:自行计算、有表可查,内力、位移,平衡、协调,基本、典型)

习　题

1. 判断题。

(1) 位移法基本未知量的个数与结构的超静定次数无关。　　　　　(　　)

(2) 位移法可用于求解静定结构的内力。　　　　　(　　)

(3) 用位移法计算结构温度变化引起的内力时,采用与荷载作用时相同的基本结构。

　　　　　(　　)

(4) 位移法只能用于求解连续梁和刚架,不能用于求解桁架。　　　　　(　　)

2. 对比力法与位移法,思考它们的基本未知量、基本结构、基本体系和基本方程的异同。

3. 为什么铰支座与铰结点的角位移不能选作基本未知量？

4. 位移法中的基本未知量和基本结构都是位移确定的吗？

5. 位移法的解题思路是什么？

6. 若只考虑各杆的弯曲变形，试确定图 14-14 所示结构位移法基本未知量的数目。

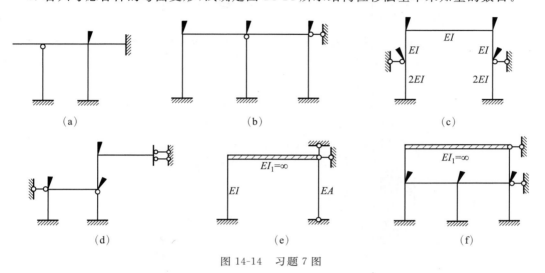

图 14-14　习题 7 图

7. 试用位移法计算图 14-15 所示结构，并绘制内力图。

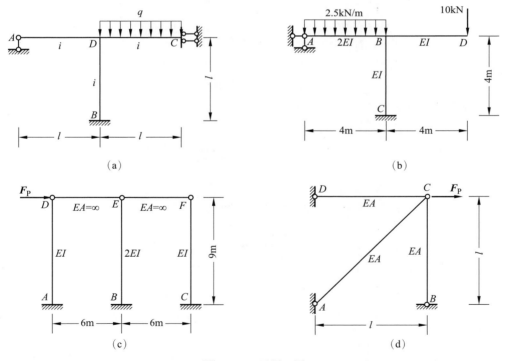

图 14-15　习题 8 图

8. 试用位移法计算图 14-16 所示结构，并绘制弯矩图。

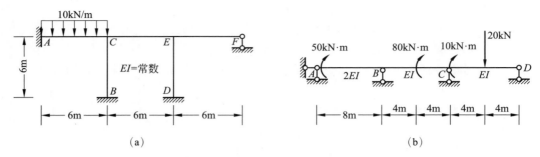

图 14-16　习题 9 图

9.试用位移法计算图 14-17 所示结构,并绘制弯矩图。

10.试用位移法解图 14-18 所示超静定刚架,并绘制弯矩图。

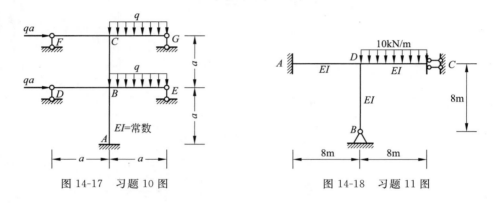

图 14-17　习题 10 图　　　　图 14-18　习题 11 图

讨论:图 14-18 所示刚架为____次超静定结构。若用力法求解,有____个基本未知量;若用位移法求解,则只有____个基本未知量。对于超静定次数多、结点较少的超静定结构,用位移法求解更为简便。

习题参考答案

参考答案

模块 15 力矩分配法计算超静定结构内力

微课:学习指导

课件:模块 15 PPT

学习目标

知识目标:

1. 掌握力矩分配法的基本概念;
2. 掌握多结点的力矩分配;
3. 掌握对称性的利用。

能力目标:

1. 能用力矩分配法计算连续梁的内力;
2. 会用力矩分配法计算刚架的内力。

学习内容

本模块内容包括力矩分配法的基本概念:转动刚度、分配系数、传递系数及利用力矩分配法计算连续梁和无侧移刚架。分三个学习任务,学生应沿着以下流程进行学习。

力矩分配法基本原理→用力矩分配法计算连续梁的内力→用力矩分配法计算无侧移刚架的内力。

教学方法建议

本模块易采用"教、看、学、做"一体化进行教学,教师利用相关多媒体进行理论讲解和图片动画展示,同时可结合本校的实训基地和周边施工现场进行参观学习,让学生对超静定结构有一个直观的感性认识,为力矩分配法的学习奠定理论和实践基础,从而更好地掌握力矩分配法的基本原理,并熟练运用力矩分配法计算一般超静定结构。

采用讲练结合,学生要多练。

15.1 力矩分配法的基本概念

力矩分配法主要用于连续梁和无结点线位移刚架的计算,其特点是不需要建立和解算联立方程组,可以在其计算简图上进行计算,或列表进行计算,并能直接求得各杆杆端弯矩。

此方法采用轮流放松各结点的策略,使各刚结点逐步达到平衡。其计算过程按照重复、机械的步骤进行,随着计算轮数的增加,结果将越来越接近真实的解答,所以该法属渐进法。由于力矩分配法的物理意义清楚,便于掌握,且适合手算,因此是工程设计中常用的方法。

本模块中正负号规定:杆端弯矩以顺时针方向为正,反之为负;结点以逆时针方向为正,反之为负;结点的转角以顺时针方向为正,反之为负。

首先阐明力矩分配法中所使用的几个名词。

1. 转动刚度

如图 15-1 所示杆件 AB,A 端为铰支承,B 端为固定支承,当使 A 端旋转单位角度 $\varphi = 1$ 时,在 A 端所需施加的力矩称为 AB 杆在 A 端的转动刚度,并用 S_{AB} 表示,其中第一个下标代表施力端或称近端,第二个下标代表远端。由于杆件受力情况只与杆件所受的荷载和杆端位移有关,因此图 15-1(a)所示 AB 杆的变形和受力情况与图 15-1(b)所示两端固定梁旋转单位角度 $\varphi = 1$ 时的情况相同。因此,图 15-1(a)的转动刚度 S_{AB} 等于图 15-1(b)中 A 端所产生的弯矩 M_{AB}。对于等截面杆件,$M_{AB} = \dfrac{4EI}{l} = 4i$。因此,图 15-1(a)所示 AB 杆 A 端的转动刚度 $S_{AB} = 4i$。当远端为不同支承情况时,等截面直杆施力端的转动刚度 S_{AB} 的数值如表 15-1 所示。

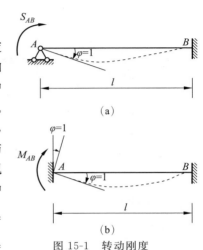

图 15-1 转动刚度

表 15-1 等截面直杆的杆端转动刚度

简　图	A 端转动刚度	说　明
$\theta_A = 1$　$4i$　l　EI　j　$2i$	$S_{AB} = \dfrac{4EI}{l} = 4i$	远端固定
$\theta_A = 1$　$3i$　l　EI　j	$S_{AB} = \dfrac{3EI}{l} = 3i$	远端铰支
$\theta_A = 1$　i　l　EI　j　$-i$	$S_{AB} = \dfrac{EI}{l} = i$	远端定向支承

由表 15-1 可知,等截面直杆杆端的转动刚度与该杆的线刚度和远端的支承情况有关。杆件的 i 值越大(EI 越大或 l 越小),杆端的转动刚度就越大,这时欲使杆端旋转一单位角度所需施加的力矩就越大。所以,杆端的转动刚度即表示杆端抵抗转动的能力。

2. 分配系数

设有等截面杆件组成的刚架只有一个刚结点 1,它只能转动不能移动。当有外力矩 M 加于结点 1 时,刚架发生图 15-2(a)虚线所示的变形,各杆的 1 端均发生转角 φ_1。试求杆端弯矩 M_{12}、M_{13}、M_{14}、M_{15}。

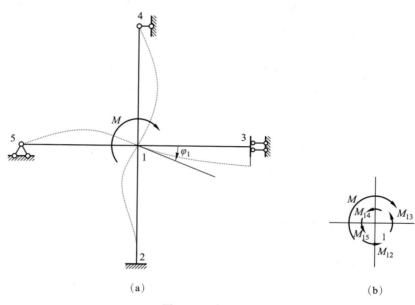

（a）　　　　　　　　　　（b）

图 15-2　分配系数

由转动刚度的定义可知:

$$\left.\begin{aligned}
M_{12} &= S_{12}\varphi_1 = 4i_{12}\varphi_1 \\
M_{13} &= S_{13}\varphi_1 = 4i_{13}\varphi_1 \\
M_{14} &= S_{14}\varphi_1 = 4i_{14}\varphi_1 \\
M_{15} &= S_{15}\varphi_1 = 4i_{15}\varphi_1
\end{aligned}\right\} \tag{a}$$

利用结点 1 的力矩平衡条件得

$$M = M_{12} + M_{13} + M_{14} + M_{15} = (S_{12} + S_{13} + S_{14} + S_{15})\varphi_1$$

所以

$$\varphi_1 = \frac{M}{S_{12} + S_{13} + S_{14} + S_{15}} = \frac{M}{\sum_{(1)} S}$$

式中:$\sum_{(1)} S$ 为汇交于结点 1 的各杆件在 1 端的转动刚度之和。

将所求得的 φ_1 代入式(a),得

$$M_{12} = \frac{S_{12}}{\sum\limits_{(1)} S} M$$

$$M_{13} = \frac{S_{13}}{\sum\limits_{(1)} S} M$$

$$M_{14} = \frac{S_{14}}{\sum\limits_{(1)} S} M$$ (b)

$$M_{15} = \frac{S_{15}}{\sum\limits_{(1)} S} M$$

上式表明,各杆近段产生的弯矩与该杆杆端的转动刚度成正比,转动刚度越大,则所产生的弯矩越大。

设

$$\mu_{1j} = \frac{S_{1j}}{\sum\limits_{(1)} S}$$ (15-1)

式中:下标 j 为汇交于结点 1 的各杆的远端,在本例中即为 2、3、4、5。

于是式(b)可写成

$$M_{1j} = \mu_{1j} M$$ (15-2)

式中:μ_{1j} 称为各杆件在近端的分配系数。

汇交于同一结点的各杆的分配系数之和应等于 1,即

$$\sum_{(1)} \mu_{1j} = \mu_{12} + \mu_{13} + \mu_{14} + \mu_{15} = 1$$

由上述可知,加于结点 1 的外力矩 M 按各杆的分配系数分配给各杆的近端,因此杆端弯矩 M_{1j} 称为分配弯矩。

3. 传递系数

在图 15-2(a)中,当外力矩 M 加于结点 1 时,该结点发生转角 φ_1,于是各杆的近端和远端都将产生杆端弯矩。根据等截面单跨超静定梁的杆端弯矩和剪力表可得这些杆端弯矩为

$$M_{12} = 4i_{12}\varphi_1, \quad M_{21} = 2i_{12}\varphi_1$$
$$M_{13} = i_{13}\varphi_1, \quad M_{31} = -i_{13}\varphi_1$$
$$M_{14} = 3i_{14}\varphi_1, \quad M_{41} = 0$$
$$M_{15} = 3i_{15}\varphi_1, \quad M_{51} = 0$$

远端弯矩与近端弯矩的比值称为由近端向远端的传递系数,并用 C_{1j} 表示;而将远端弯矩称为传递弯矩。例如,对杆 12 而言,其传递系数和传递弯矩分别为

$$C_{12} = \frac{M_{21}}{M_{12}} = \frac{1}{2}$$

$$M_{21} = C_{12} M_{12} = \frac{1}{2}(4i_{12}\varphi_1) = 2i_{12}\varphi_1$$

即传递弯矩按下式计算:

$$M_{j1} = C_{1j} M_{1j}$$ (15-3)

传递系数 C 随远端的支承情况而异。对等截面直杆来说,各种支承情况下的传递系数为:远端固定时,$C=\dfrac{1}{2}$;远端定向支承时,$C=-1$;远端铰支时,$C=0$。

由前述可知,对于图 15-2(a)所示只有一个刚结点的结构,在刚结点上受一力矩 M 作用,则该结点只产生角位移。其计算过程分为两步:首先,按各杆的分配系数求出各杆件的近端弯矩,又称为分配弯矩,这一步称为分配过程;其次,将近端弯矩乘以传递系数便得远端弯矩,又称为传递弯矩,这一步称为传递过程。经过分配和传递便得出了各杆的杆端弯矩,这种求解方法称为力矩分配法。

承受一般荷载作用的只具有一个刚结点的结构也可用力矩分配法进行计算。如图 15-3(a)所示连续梁,在图示荷载作用下,其变形如图中虚线所示。计算时首先在结点 B 加上一个附加刚臂,使结点 B 不能转动,于是得到一个由单跨超静定梁组成的基本结构,如图 15-3(b)所示。将原结构的荷载作用在基本结构上,这时,各杆件的杆端产生固端弯矩。本例的 BC 跨因无荷载作用,所以 $M_{BC}^{F}=0$。在基本结构的结点 B 处,各杆的固端弯矩不能相互平衡,故附加刚臂必产生约束力矩 M_B,其值可由图 15-3(b)所示结点 B 的力矩平衡条件求得

$$M_B = M_{BA}^{F} + M_{BC}^{F}$$

约束力矩 M_B 称为结点 B 上的不平衡力矩,它等于汇交于该结点的各杆端的固端弯矩的代数和,以顺时针方向为正。

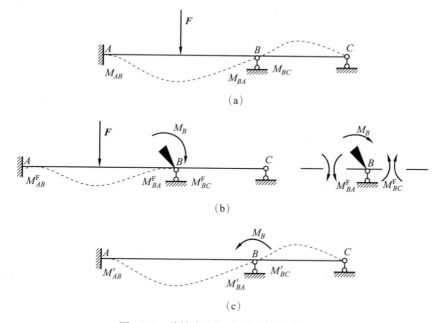

图 15-3 单结点力矩分配法的基本原理

在连续梁的结点 B 原来没有刚臂,也没有约束力矩 M_B 作用。因此,图 15-3(b)的杆端弯矩并不是结构在实际状态下的杆端弯矩,必须对此结果加以修正。为此,放松结点 B 处的刚臂,消除约束力矩 M_B 的作用,使梁恢复到原来的状态。这一过程相当于在结点 B 加一个外力矩,其值等于约束力矩 M_B,但方向与约束力矩相反,如图 15-3(c)所示。将

图 15-3(b)和图 15-3(c)所示的两种情况相叠加,就消去了约束力矩,即消去了刚臂的约束作用,得到图 15-3(a)所示原结构的情况。将图 15-3(b)和图 15-3(c)所示的杆端弯矩叠加,就是所要计算的杆端弯矩,即:$M_{BA} = M_{BA}^F + M'_{BA}$。

图 15-3(c)中的各杆端弯矩可按前述方法求得。在结点 B 处,各杆端弯矩即为分配弯矩,按式(15-2)计算;各杆的远端将产生传递弯矩,按式(15-3)计算。应注意,在计算分配弯矩时,需将式(15-2)中的 M 代以 $-M_B$,即 M 值等于不平衡力矩反号。

用力矩分配法计算的要点是:在刚结点 B 加上附加刚臂,把原结构分成若干单跨超静定梁,求出各杆端产生的固端弯矩,汇交于结点 B 处的各固端弯矩的代数和即为该结点的不平衡力矩 M_B。按式(15-1)计算汇交于结点 B 各杆的分配系数。将不平衡力矩反号乘以各杆的分配系数即得分配弯矩,再将分配弯矩乘以传递系数,便得远端的传递弯矩。各杆端的最后弯矩等于该端的固端弯矩与该端的分配弯矩或传递弯矩之和。可见,具有一个刚结点的结构且该结点只能转动时,用力矩分配法计算是简便的,而且得到的是准确解答。

【应用案例 15-1】 试用力矩分配法计算图 15-4(a)所示的两跨连续梁,绘制梁的弯矩图和剪力图,并计算各支座反力。

【解】 在梁的下方列表进行计算,计算说明如下。

(1) 计算结点 B 处各杆的分配系数。转动刚度为

$$S_{BA} = 3 \times \frac{2EI}{12} = 0.5EI$$

$$S_{BC} = 4 \times \frac{EI}{8} = 0.5EI$$

所以

$$\mu_{BA} = \frac{0.5}{0.5 + 0.5} = 0.5$$

$$\mu_{BC} = \frac{0.5}{0.5 + 0.5} = 0.5$$

且

$$\mu_{BA} + \mu_{BC} = 0.5 + 0.5 = 1$$

可见汇交于结点 B 两杆的分配系数之和等于 1,故知计算无误。

将分配系数记在图 15-4(a)第(1)栏的方框内。

(2) 计算固端弯矩。此时认为刚结点 B 不能转动,即各杆成为单跨超静定梁在荷载作用下的情况。于是得

$$M_{AB}^F = 0$$

$$M_{BA}^F = +\frac{ql^2}{8} = +\frac{1}{8} \times 10 \times 12^2 = +180 (\text{kN} \cdot \text{m})$$

$$M_{BC}^F = -\frac{Pl}{8} = -\frac{1}{8} \times 100 \times 8 = -100 (\text{kN} \cdot \text{m})$$

$$M_{CB}^F = +\frac{Pl}{8} = +\frac{1}{8} \times 100 \times 8 = +100 (\text{kN} \cdot \text{m})$$

把各固端弯矩记在图 15-4(a)的第(2)栏内,并得出结点 B 的不平衡力矩为

$$M_B = M_{BA}^F + M_{BC}^F = +180 - 100 = +80 (\text{kN} \cdot \text{m})$$

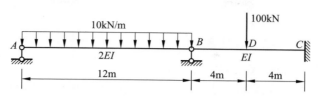

（a）应用案例15-1原图

(1)	分配系数			0.5	0.5	
(2)	固端弯矩	0		+180	−100	+100
(3)	分配弯矩与传递弯矩	0	←	−40	−40	→ −20
(4)	最后弯矩	0		+140	−140	+80

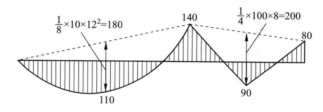

（b）M图（单位：kN·m）

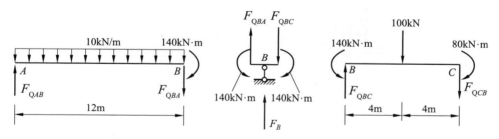

（c）各隔离体受力平衡图

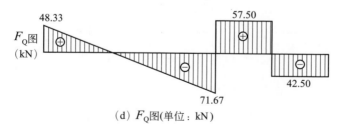

（d）F_Q图（单位：kN）

图 15-4　应用案例 15-1 图

（3）计算分配弯矩与传递弯矩。分配弯矩为

$$M_{BA} = 0.5 \times (-80) = -40 (\text{kN} \cdot \text{m})$$

$$M_{BC} = 0.5 \times (-80) = -40 (\text{kN} \cdot \text{m})$$

传递弯矩为

$$M_{CB}=C_{BC}M_{BC}=\frac{1}{2}\times(-40)=-20(\text{kN}\cdot\text{m})$$

$$M_{AB}=C_{BA}M_{BA}=0\times(-40)=0$$

把它们记在图 15-4(a)的第(3)栏内,并在结点 B 的分配弯矩下画一横线,表示该结点已达平衡。在分配弯矩与传递弯矩之间画一水平方向的箭头,表示弯矩传递方向。

(4) 计算杆端最后弯矩。将以上结果相加,即得最后弯矩,填在图 15-4(a)的第(4)栏内。

由 $\sum M_B=(+140)+(-140)=0$ 可知满足结点 B 的力矩平衡条件。

(5) 根据各杆杆端的最后弯矩,即可利用叠加法作出连续梁的弯矩图,如图 15-4(b)所示。

(6) 由图 15-4(c)所示隔离体的平衡条件,即可算得各杆的杆端剪力和梁的支座反力。

$$F_{QAB}=48.33\text{kN}, \quad F_{QBA}=-71.67\text{kN}$$

$$F_{QBC}=57.50\text{kN}, \quad F_{QCB}=-42.50\text{kN}$$

$$F_A=48.33\text{kN}\uparrow, \quad F_B=129.17\text{kN}\uparrow$$

$$F_C=42.50\text{kN}\uparrow$$

剪力图如图 15-4(d)所示。

【应用案例 15-2】 试用力矩分配法计算图 15-5 所示刚架的各杆端弯矩。

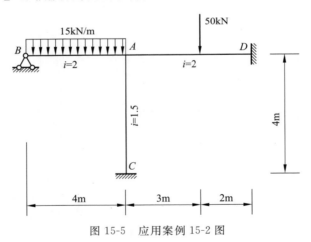

图 15-5 应用案例 15-2 图

【解】 按式(15-1)计算各杆的分配系数:

$$\mu_{AB}=\frac{3\times2}{3\times2+4\times2+4\times1.5}=0.3$$

$$\mu_{AD}=\frac{4\times2}{3\times2+4\times2+4\times1.5}=0.4$$

$$\mu_{AC}=\frac{4\times1.5}{3\times2+4\times2+4\times1.5}=0.3$$

计算各杆的固端弯矩：

$$M_{AB}^{F} = +\frac{1}{8} \times 15 \times 4^2 = +30(\text{kN} \cdot \text{m})$$

$$M_{AD}^{F} = -\frac{50 \times 3 \times 2^2}{5^2} = -24(\text{kN} \cdot \text{m})$$

$$M_{DA}^{F} = +\frac{50 \times 3^2 \times 2}{5^2} = +36(\text{kN} \cdot \text{m})$$

用力矩分配法计算刚架时，可列成表格进行，如表 15-2 所示。

表 15-2　杆端弯矩的计算　　　　　　　　　　单位:kN·m

结点	B	A			D	C
杆端	BA	AB	AC	AD	DA	CA
分配系数	铰支	0.3	0.3	0.4	固端	固端
固端弯矩	0	+30	0	−24	+36	0
分配弯矩和传递弯矩	0	−1.80	−1.80	−2.40	−1.20	−0.90
最后弯矩	0	28.20	−1.80	−26.40	34.80	−0.90

15.2　用力矩分配法计算连续梁和无结点线位移刚架

上面已就只有一个刚结点的结构介绍了力矩分配法的基本概念。对于具有多个刚结点的连续梁或刚架，只要逐次对每一个刚结点应用 15.1 节的基本运算，就可求出杆端弯矩。下面结合实例加以说明。

如图 15-6 所示的三跨等截面连续梁，在荷载作用下，两个中间结点 B、C 将发生转角，设想用附加刚臂使结点 B 和 C 不能转动(以下称为固定结点)，得出由 3 根单跨超静定梁组成的基本结构，并可求得各杆的固端弯矩如下。

$$M_{AB}^{F} = 0, \quad M_{BA}^{F} = 0$$

$$M_{BC}^{F} = -\frac{1}{8} \times 400 \times 6 = -300(\text{kN} \cdot \text{m})$$

$$M_{CB}^{F} = +\frac{1}{8} \times 400 \times 6 = +300(\text{kN} \cdot \text{m})$$

$$M_{CD}^{F} = -\frac{1}{8} \times 40 \times 6^2 = -180(\text{kN} \cdot \text{m})$$

$$M_{DC}^{F} = 0$$

而 B、C 两结点处的不平衡力矩分别为

$$M_B = 0 - 300 = -300(\text{kN} \cdot \text{m})$$

$$M_C = 300 - 180 = 120(\text{kN} \cdot \text{m})$$

为了消去这两个不平衡力矩，设先放松结点 B，而结点 C 仍为固定。此时对 ABC 部分即可利用力矩分配和传递的办法进行计算。为此，需求出汇交于结点 B 的各杆端的分配系数为

$$\mu_{BA} = \frac{4 \times 2}{4 \times 2 + 4 \times 3} = 0.4$$

$$\mu_{BC} = \frac{4 \times 3}{4 \times 2 + 4 \times 3} = 0.6$$

将不平衡力矩 M_B 反号再乘以分配系数,求得结点 B 的各杆端的分配弯矩为

$$M_{BA} = 300 \times 0.4 = 120 (\text{kN} \cdot \text{m})$$

$$M_{BC} = 300 \times 0.6 = 180 (\text{kN} \cdot \text{m})$$

将分配弯矩乘上相应的传递系数,求得传递弯矩为

$$M_{AB} = 120 \times \frac{1}{2} = 60 (\text{kN} \cdot \text{m})$$

$$M_{CB} = 180 \times \frac{1}{2} = 90 (\text{kN} \cdot \text{m})$$

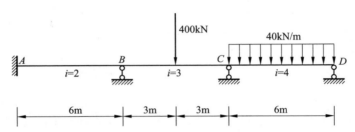

杆端	AB	BA	BC	CB	CD
分配系数		0.4	0.6	0.5	0.5
固端弯矩	0	0	−300	+300	−180
B 一次分配传递弯矩	+60 ←	+120	+180 →	+90	
C 一次分配传递弯矩			−52.5 ←	−105	−105
B 二次分配传递弯矩	+10.5 ←	+21.0	+31.5 →	+15.75	
C 二次分配传递弯矩			−3.94 ←	−7.88	−7.88
B 三次分配传递弯矩	+0.79 ←	+1.58	+2.36 →	+1.18	
C 三次分配传递弯矩			−0.3 ←	−0.59	−0.59
B 四次分配传递弯矩	+0.06 ←	+0.12	+0.18 →	+0.09	
C 四次分配传递弯矩			−0.02 ←	−0.04	−0.04
B 五次分配传递弯矩		+0.01	+0.01		
最后弯矩	+71.35	+142.71	−142.71	+293.51	−293.51

图 15-6 三跨等截面连续梁解算

这样,就完成了在结点 B 的第一次分配和传递,求得的分配弯矩和传递弯矩记入图 15-6 所示表格中的第 4 行内。通过上述运算,结点 B 暂时得到平衡,在分配弯矩值下画一横线来表示。这时,结点 C 仍然存在不平衡力矩,它的数值等于原来在荷载作用下产生的不平衡力矩再加上由于放松结点 B 而传来的传递弯矩,故结点 C 上的不平衡力矩为

$120+90=210(\mathrm{kN \cdot m})$。为消去结点 C 上的这一不平衡力矩,需要放松结点 C,但在放松结点 C 之前应将结点 B 重新固定,这样才能在 BCD 部分进行力矩分配和传递。汇交于结点 C 的各杆端的分配系数为

$$\mu_{CB}=\frac{4\times 3}{4\times 3+3\times 4}=0.5$$

$$\mu_{CD}=\frac{3\times 4}{4\times 3+3\times 4}=0.5$$

各杆近端的分配弯矩为

$$M_{CB}=-210\times 0.5=-105(\mathrm{kN \cdot m})$$

$$M_{CD}=-210\times 0.5=-105(\mathrm{kN \cdot m})$$

远端的传递弯矩为

$$M_{BC}=-105\times \frac{1}{2}=-52.5(\mathrm{kN \cdot m})$$

$$M_{DC}=-105\times 0=0$$

上述数字都记在表格中的第 5 行,在分配弯矩值下画一横线,表示此时结点 C 也得到暂时的平衡。至此,完成了力矩分配法的第一个循环。但是这时结点 B 上又有了新的不平衡力矩 $M_{BC}=-52.5\mathrm{kN \cdot m}$,不过已比前一次的不平衡力矩($-300\mathrm{kN \cdot m}$)小了许多。按照上面相同的步骤,继续依次在结点 B 和结点 C 上消去不平衡力矩,于是不平衡力矩越来越小。经过若干轮以后,传递弯矩小到可以略去不计时,便可停止进行。此时,结构也就非常接近于真实的平衡状态了。各次计算结果都一一记在图 15-6 的表格中,把每一杆端历次的分配弯矩、传递弯矩和原有的固端弯矩相加便得到各杆端的最后弯矩,其单位为 $\mathrm{kN \cdot m}$。

上面叙述的计算方法同样可用于一般无结点线位移的刚架。

力矩分配法的计算过程是依次放松各结点以消去结点上出现的不平衡力矩,求得各杆端弯矩的修正值,使结点上出现的不平衡力矩逐渐减小,直至可以忽略,所以它是一种渐进法。为了使计算时收敛较快,通常宜从不平衡力矩值较大的结点开始计算。

力矩分配法的计算步骤可归纳如下。

(1)在各结点上按各杆的转动刚度 S_{ik} 计算其分配系数 μ_{ik},并确定其传递系数 C_{ik}。

(2)计算各杆的固端弯矩 M_{ik}^{F}。

(3)依次放松各结点以使弯矩平衡。每平衡一个结点时,按分配系数将不平衡力矩反号分配于各杆近端,然后将各杆端所得的分配弯矩乘以传递系数传递至远端。将此步骤重复运用至各结点上的传递弯矩小到可以略去,不需要传递为止。

(4)将各杆端的固端弯矩与历次的分配弯矩和传递弯矩相加,即得各杆端的最后弯矩。

【应用案例 15-3】 用力矩分配法计算图 15-7 所示刚架各杆的杆端弯矩,并绘制弯矩图。E 为常数。

【解】 计算分配系数。因为

$$S_{BA}=3\times \frac{E(4I)}{4}=3EI$$

$$S_{BE}=4\times \frac{E(3I)}{4}=3EI$$

\n\n

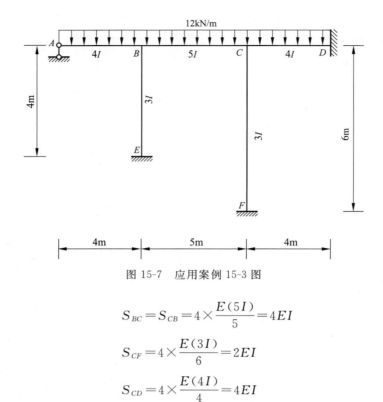

图 15-7 应用案例 15-3 图

$$S_{BC} = S_{CB} = 4 \times \frac{E(5I)}{5} = 4EI$$

$$S_{CF} = 4 \times \frac{E(3I)}{6} = 2EI$$

$$S_{CD} = 4 \times \frac{E(4I)}{4} = 4EI$$

所以

$$\mu_{BA} = \frac{3EI}{3EI+3EI+4EI} = 0.3$$

$$\mu_{BE} = \frac{3EI}{3EI+3EI+4EI} = 0.3$$

$$\mu_{BC} = \frac{4EI}{3EI+3EI+4EI} = 0.4$$

$$\mu_{CB} = \frac{4EI}{4EI+2EI+4EI} = 0.4$$

$$\mu_{CF} = \frac{2EI}{4EI+2EI+4EI} = 0.2$$

$$\mu_{CD} = \frac{4EI}{4EI+2EI+4EI} = 0.4$$

计算固端弯矩：

$$M_{BA}^{F} = +\frac{1}{8} \times 12 \times 4^2 = +24(\text{kN} \cdot \text{m})$$

$$M_{BC}^{F} = -\frac{1}{12} \times 12 \times 5^2 = -25(\text{kN} \cdot \text{m})$$

$$M_{CB}^{F} = +\frac{1}{12} \times 12 \times 5^2 = +25(\text{kN} \cdot \text{m})$$

$$M_{CD}^{\mathrm{F}} = -\frac{1}{12} \times 12 \times 4^2 = -16(\mathrm{kN \cdot m})$$

$$M_{DC}^{\mathrm{F}} = +\frac{1}{12} \times 12 \times 4^2 = +16(\mathrm{kN \cdot m})$$

其余计算如表 15-3 所示,弯矩图如图 15-8 所示。

表 15-3　杆端弯矩的计算　　　　　　　　　　　　单位:kN·m

结点	A	E	B			C			D	F
杆端	AB	EB	BE	BA	BC	CB	CF	CD	DC	FC
分配系数	铰支	固端	0.3	0.3	0.4	0.4	0.2	0.4	固端	固端
固端弯矩				+24	−25	+25		−16	+16	
C 分配弯矩与传递弯矩					−1.80	−3.60	−1.80	−3.60	−1.80	−0.90
B 分配弯矩与传递弯矩		+0.42	+0.84	+0.84	+1.12	0.56				
C 分配弯矩与传递弯矩					−0.11	−0.22	−0.12	−0.22	−0.11	−0.06
B 分配弯矩与传递弯矩		+0.02	+0.03	+0.03	+0.05	+0.03				
						−0.01	−0.01	−0.01		
最后弯矩	0	+0.44	+0.87	+24.87	−25.74	+21.76	−1.93	−19.83	+14.09	−0.96

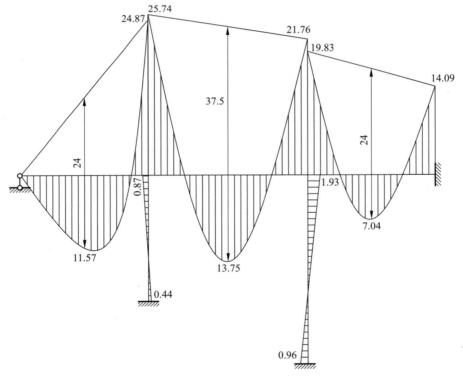

图 15-8　应用案例 15-3 弯矩图(单位:kN·m)

【应用案例 15-4】　图 15-9(a)所示为对称的等截面连续梁,支座 B、C 都向下发生 2cm 的线位移。试用力矩分配法计算该结构,并作出其弯矩图。已知 $E = 2 \times 10^4 \mathrm{kN/cm^2}$,$I = 4 \times 10^4 \mathrm{cm^4}$。

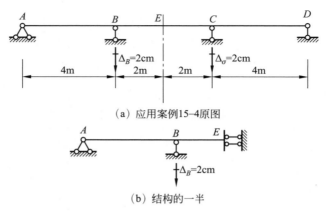

（a）应用案例15-4原图

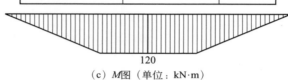

（b）结构的一半

杆端	AB	BA	BE	EB
分配系数		0.6	0.4	
固端弯矩	0	−300	0	0
分配弯矩与传递弯矩		+180	+120	−120
最后弯矩	0	−120	+120	−120

120

（c）M图（单位：kN·m）

图 15-9　应用案例 15-4 图

【**解**】　由于结构对称，外荷载也是正对称的，因此可取结构的一半进行分析，如图 15-9(b)所示。

杆件转动刚度为

$$S_{BA} = 3 \times \frac{EI}{4} = 0.75EI$$

$$S_{BE} = \frac{EI}{2} = 0.5EI$$

分配系数为

$$\mu_{BA} = \frac{0.75EI}{0.75EI + 0.5EI} = 0.6$$

$$\mu_{BE} = \frac{0.5EI}{0.75EI + 0.5EI} = 0.4$$

当结点 B 被固定时，由于 B 支座沉陷，将在杆端引起固端弯矩，为

$$M_{BA}^{F} = -\frac{3EI}{l^2}\Delta = -\frac{3 \times 2 \times 10^4 \times 4 \times 10^4}{400^2} \times 2 = -30\,000(\text{kN} \cdot \text{cm}) = -300(\text{kN} \cdot \text{m})$$

$$M_{AB}^{F} = 0$$

$$M_{BE}^{F} = 0$$

$$M_{EB}^{F} = 0$$

其余计算如图 15-9(b)所示，弯矩图如图 15-9(c)所示。

模 块 小 结

1. 知识体系

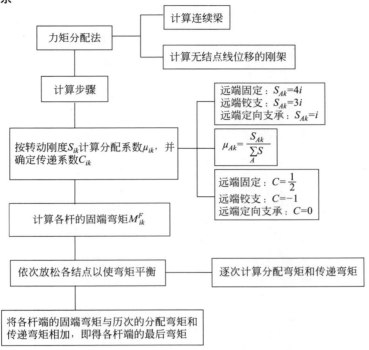

2. 能力培养

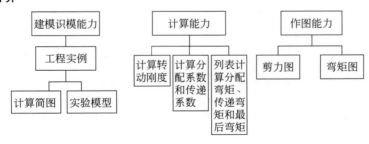

实验与讨论

1. 力矩分配法中对杆件的固端弯矩、杆端弯矩的正负号是怎样规定的?

2. 什么是转动刚度? 等截面杆远端为固定或铰支时,近端的转动刚度各等于多少?

3. 什么是分配系数? 分配系数和转动刚度有何关系? 为什么在一个刚结点上汇交各杆的分配系数之和等于 1? 传递系数又是如何确定的?

4. 在荷载作用下,杆件的分配弯矩和传递弯矩是怎样得来的?

5. 在力矩分配法的计算过程中,如果仅仅是传递弯矩有误,杆端最后弯矩能否满足结点的力偶平衡条件？为什么？

6.在力矩分配法计算多结点结构过程中，为什么每次只放松一个结点？

习　题

1.用力矩分配法计算图 15-10 所示连续梁，并作弯矩图。

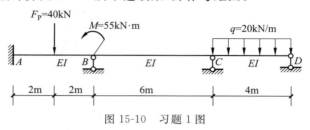

图 15-10　习题 1 图

2.用力矩分配法计算图 15-11 所示刚架，并作弯矩图。

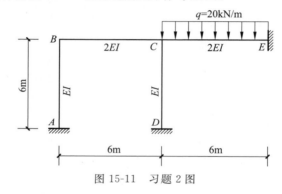

图 15-11　习题 2 图

3.用力矩分配法计算图 15-12 所示连续梁。已知 $EI = 3.6 \times 10^4 \text{kN} \cdot \text{m}^2$。

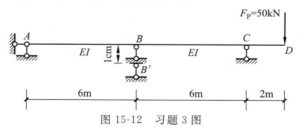

图 15-12　习题 3 图

习题参考答案

参考答案

模块 16 绘制与应用结构影响线

微课:学习指导

课件:模块 16 PPT

学习目标

知识目标:

1. 掌握活载和影响线的概念;
2. 掌握用静力法作静定梁的影响线;
3. 掌握结点荷载下静定梁的影响线;
4. 掌握影响线的应用。

能力目标:

1. 能绘制静定梁的影响线;
2. 能用影响线计算梁的内力;
3. 能利用影响线找出最不利荷载位置。

学习内容

本模块主要包含影响线的基本概念、用静力法绘制静定梁的影响线、用机动法绘制影响线、利用影响线计算构件的量值、利用影响线找出最不利荷载的位置、简支梁的内力包络图和绝对最大弯矩。分为三个学习任务,学生应沿着以下流程进行学习。

影响线的基本概念→用静力法绘制影响线→用机动法绘制影响线→利用影响线求量值→铁路和公路的标准荷载制→求荷载的最不利位置→简支梁的内力包络图和绝对最大弯矩。

教学方法建议

采用"教、看、学、做"一体化进行教学,教师利用相关多媒体进行理论讲解和图片动画展示,同时可结合本校的实训基地和周边施工现场进行参观学习,主要观察吊车梁。让学生对吊车梁受移动荷载作用有一个直观的认识,从而可以更好地理解结构在移动荷载作用下其内力的变化以及内力图与影响线的区别。

采用讲练结合,学生要多练。

16.1　影响线概述

16.1.1　工程中提出的问题

一般的工程结构,除承受恒载外,还将受到活载(移动荷载)的作用。例如,桥梁要承受行驶的火车、汽车等荷载,厂房中的吊车梁要承受吊车荷载等。在进行结构设计时,需要计算结构在恒载和活载作用下各种量值(如支座反力、内力、挠度等)的最大值。对于恒载的作用,只需作出某一量值的分布图,便可得到该量值在结构所有截面上的分布情况。但是,在活载作用下,随着活载位置的改变,不仅不同截面的各量值的变化规律不同,而且同一截面的不同量值的变化规律也往往是不相同的。如图 16-1 所示简支梁,当有一汽车荷载自左向右移动时,梁上各截面的内力及支座反力等都将随荷载的移动而变化。例如,左支座反力 F_A 是逐渐减小的,而右支座反力 F_B 却是逐渐增大的。因此,在研究活载对结构的影响时,一次只能对一个截面的某一量值进行讨论。显然,要求出某一量值的最大值,必须先确定产生这种最大值的荷载位置。这一荷载位置称为该量值的最不利荷载位置。

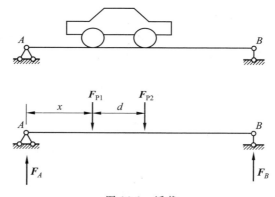

动画:移动荷载

图 16-1　活载

16.1.2　影响线的概念

在工程实际中遇到的移动荷载通常是一系列间距保持不变的平行荷载。为了简便起见,可先研究一个方向不变而沿着结构移动的单位集中荷载 $F_P = 1$ 对结构上某一量值的影响;然后根据叠加原理,就可进一步研究同一方向的一系列荷载对该量值的共同影响。同时,为了清晰和直观起见,可把量值随荷载 $F_P = 1$ 移动而变化的规律用函数图形表示出来,这种图形称为影响线。它的定义如下:当一个方向不变的单位荷载沿一结构移动时,表示某指定截面的某一量值变化规律的函数图形称为该量值的影响线。

16.2 绘制影响线

16.2.1 静力法绘制影响线

用静力法绘制影响线时,可先把荷载 $F_P=1$ 放在任意位置,并根据所选坐标系统,以字母 x 表示其作用点的横坐标,然后运用静力平衡条件求出所研究的量值与荷载 $F_P=1$ 位置之间的关系。表示这种关系的方程称为影响线方程。根据影响线方程即可作出影响线。

现以图 16-2(a)所示简支梁为例来说明。

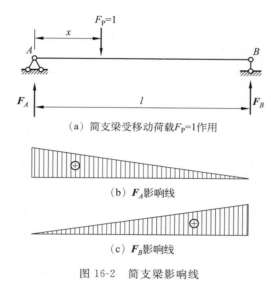

(a) 简支梁受移动荷载F_P=1作用

(b) F_A影响线

(c) F_B影响线

图 16-2　简支梁影响线

动画:集中力作用下简支梁的影响线

动画:集中荷载作用下外伸梁的影响线

1. 支座反力的影响线

设欲绘制反力 F_A 的影响线。为此,将荷载 $F_P=1$ 作用于距左支座(坐标原点)为 x 处,写出所有各力对右支座 B 的力矩方程,并假定反力方向以向上为正,则有

$$\sum M_B = F_A l - F_P(l-x) = 0$$

由此可得

$$F_A = F_P \frac{l-x}{l} = \frac{l-x}{l}$$

这个方程就表示反力 F_A 随荷载 $F_P=1$ 移动而变化的规律。把它绘成函数图形,即得 F_A 的影响线。从所得方程可知 F_A 是 x 的一次函数,故 F_A 的影响线为一直线,于是只需定出两个竖标即可绘出:

当 $x=0$ 时:

$$F_A = 1$$

当 $x=l$ 时:

$$F_A = 0$$

因此,只需在左支座处取等于 1 的竖标,以其顶点和右支座处的零点相连,即可作出 F_A 的影响线,如图 16-2(b)所示。

为了绘制反力 F_B 的影响线,取对左支座 A 的力矩方程:

$$\sum M_A = F_B l - F_P x = 0$$

由此可得反力 F_B 的影响线方程为

$$F_B = \frac{x}{l}$$

当 $x = 0$ 时:

$$F_B = 0$$

当 $x = l$ 时:

$$F_B = 1$$

因此,绘出的反力 F_B 的影响线如图 16-2(c)所示。

在作影响线时,通常假定单位荷载 $F_P = 1$ 为无名数,则由反力影响线的方程可以看出,反力影响线的竖标也是一无名数。但是,当利用影响线研究实际荷载对某一量值的影响时,则须将荷载的单位计入,方能得到该量值的单位。

2. 弯矩影响线

如图 16-3(a)所示,绘制截面 C 的弯矩影响线。为此,先将荷载 $F_P = 1$ 作用于截面 C 的左方,即令 $x \leqslant a$。为了计算简便起见,取梁中的 CB 段为隔离体,并规定以使梁下面的纤维受拉的弯矩为正。

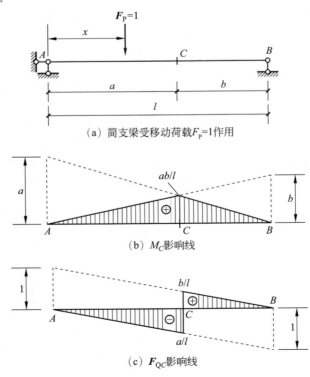

(a) 简支梁受移动荷载 $F_P = 1$ 作用

(b) M_C 影响线

(c) F_{QC} 影响线

图 16-3 简支梁截面 C 的影响线

由 $\sum M_C = 0$ 可得

$$M_C = F_B b = \frac{x}{l} b$$

由此可知，M_C 的影响线在截面 C 以左部分为一直线。

当 $x=0$ 时：

$$M_C = 0$$

当 $x=a$ 时：

$$M_C = \frac{ab}{l}$$

因此，只需在截面 C 处取一个等于 $\frac{ab}{l}$ 的竖标，然后以其顶点和左支座处的零点相连，即得荷载 $F_P=1$ 在截面 C 以左移动时 M_C 的影响线，如图 16-3(b)所示。

当荷载 $F_P=1$ 作用于截面 C 以右时，即 $x \geqslant a$，上面所求得的影响线方程显然已不能再用。因此，需另外列出 M_C 的表达式才能作出相应区段内的影响线。为此，取 AC 段为隔离体，由 $\sum M_C = 0$ 即得当 $F_P=1$ 在截面 C 以右移动时 M_C 的影响线方程：

$$M_C = F_A a = \frac{l-x}{l} a$$

由上式可知，当 $x=a$ 时：

$$M_C = \frac{ab}{l}$$

当 $x=l$ 时：

$$M_C = 0$$

因此，只需把截面 C 处的竖标 $\frac{ab}{l}$ 的顶点和右支座处的零点相连，即可得荷载 $F_P=1$ 在截面 C 以右移动时 M_C 的影响线，其全部影响线如图 16-3(b)所示。这样 M_C 的影响线是由两段直线所组成，此二直线的交点处于截面 C 处的竖标顶点。通常称截面以左的直线为左直线，截面以右的直线为右直线。从上列弯矩影响线方程可以看出，左直线可由反力 $\textbf{\textit{F}}_B$ 的影响线放大到 b 倍而成，而右直线可由反力 $\textbf{\textit{F}}_A$ 的影响线放大到 a 倍而成。因此，可以利用 $\textbf{\textit{F}}_A$ 和 $\textbf{\textit{F}}_B$ 的影响线来绘制 M_C 的影响线。在左、右两支座处分别取竖标 a、b，将它们的顶点各与右、左两支座处的零点用直线相连，则这两根直线的交点与左、右零点相连部分就是 M_C 的影响线。这种利用已知某一量值的影响线来作其他量值影响线的方法，能带来较大的方便。

由于已假定 $F_P=1$ 为无量纲量，因此弯矩影响线的单位为长度单位。

3. 剪力影响线

如图 16-3(a)所示，绘制截面 C 的剪力影响线。为此，先将荷载 $F_P=1$ 作用于截面 C 的左方，即令 $x \leqslant a$。取截面 C 以右部分为隔离体，并规定使隔离体有顺时针转动趋势的剪力为正，则

$$F_{QC} = -F_B$$

因此，$\textbf{\textit{F}}_{QC}$ 的影响线在截面 C 以左的部分(左直线)与支座反力 $\textbf{\textit{F}}_B$ 的影响线各竖标的数值相同，但符号相反。因此，可在右支座处取等于 -1 的竖标，以其顶点与左支座处的零点相连，并由截面 C 引竖线即得出 $\textbf{\textit{F}}_{QC}$ 影响线的左直线，如图 16-3(c)所示。当荷载 $F_P=1$

位于截面 C 以右时,取截面 C 以左部分为隔离体,可得:

$$F_{QC} = F_A$$

因此,可直接根据反力 F_A 的影响线作出 F_{QC} 影响线的右直线。

4. 内力影响线与内力图的比较

影响线与内力图是截然不同的,例如图 16-4(a)所示的 M_C 影响线与图 16-4(b)所示的弯矩图,前者表示当单位荷载沿结构移动时,在某一指定截面处的某一量值的变化情形;而后者表示在固定荷载作用下,某种量值在结构所有截面上的分布情形。因此,在图 16-4(a)和(b)所示的两个图形中,与截面 K 对应的 M_C 的影响线的竖标 y_K,代表荷载 $F=1$ 作用于 K 处时弯矩 M_C 的大小;而与截面 K 对应的弯矩图的竖标 M_K,则代表固定荷载 F 作用于 C 点时截面 K 所产生的弯矩。显然,由某一个内力图不能看出当荷载在其他位置时这种内力将如何分布,只有另作新的内力图才能知道这种内力新的分布情形。然而,通过某一量值的影响线可以看出,当单位荷载处于结构的任何位置时该量值的变化规律,但不能表示其他截面处的同一量值的变化情形。

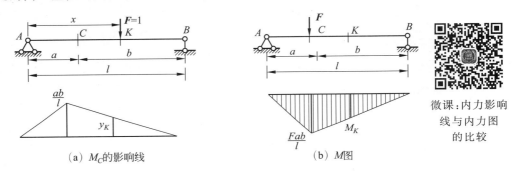

微课:内力影响线与内力图的比较

图 16-4 简支梁的内力影响线与内力图

16.2.2 机动法绘制影响线

作静定结构内力或支座反力影响线时,除静力法外,还可以采用机动法。机动法以虚位移原理为基础,把作影响线的静力问题转化为作位移图的几何问题。

机动法的优点是不经过计算就能绘制影响线的轮廓。因此,对于某些问题用机动法处理特别方便(例如,在确定荷载最不利位置时,有时只需知道影响线的轮廓而无须求出其数值)。另外,可用机动法校核静力法作出的影响线。

下面以简支梁反力影响线为例,说明机动法作影响线的概念和步骤。

设拟求图 16-5(a)所示梁的 B 支座反力 $Z=F_B$ 的影响线。为此,先将与 Z 相应的约束(支杆 B)撤去,代以未知力 Z,如图 16-5(b)所示,使体系具有一个自由度。然后给体系以虚位移,使梁绕 A 点作微小转动,列出虚功方程如下:

$$Z\delta_Z + F_P\delta_P = 0 \tag{16-1}$$

式中:δ_P 为与荷载 $F_P=1$ 相应的位移,由于 F_P 以向下为正,因此 δ_P 也以向下为正;δ_Z 为与未知力 Z 相应的位移,以与 Z 方向一致为正。由式(16-1)求得

$$Z = -\frac{\delta_P}{\delta_Z} \tag{16-2}$$

当 $F_P = 1$ 移动时,位移 δ_P 随之变化,是荷载位置参数 x 的函数;而位移 δ_Z 是与 x 无关的一个常量。因此,式(16-2)可表示为

$$Z(x) = \left(-\frac{1}{\delta_Z}\right)\delta_P(x)$$

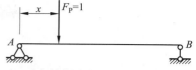

(a) 简支梁受移动荷载 $F_P = 1$ 作用

这里,函数 $Z(x)$ 表示 Z 的影响线,函数 $\delta_P(x)$ 表示荷载作用点的竖向位移图,如图 16-5(b)所示中的虚线。由此可知,Z 的影响线与荷载作用点的竖向位移图成正比。也就是说,根据位移 δ_P 图便可得到 Z 影响线的轮廓。

如需要确定影响线各竖距的数值,则可将位移 δ_P 图除以常数 δ_Z 或在位移 δ_P 图中设参数 $\delta_Z = 1$,由此得到的图 16-5(c)就从形状上和数值上完全确定了 Z 影响线。

影响线竖距的正负号可规定如下:当 δ_Z 为正值时,由式(16-2)可知 Z 与 δ_P 的符号正好相反,因 δ_P 以向下为正,所以当位移图在横坐标轴上方(δ_P 为负)时,影响系数为正。

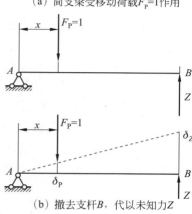

(b) 撤去支杆 B,代以未知力 Z

总结起来,机动法作静定结构某内力或支座反力 Z 的影响线的步骤如下。

(1) 撤去与 Z 相应的约束,代以未知力 Z。

(2) 使体系沿 Z 的正方向发生位移 δ_Z,作出荷载作用点的位移图(δ_P 图),得到 Z 影响线的轮廓。

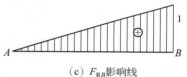

(c) F_{RB} 影响线

图 16-5 简支梁支座反力影响线

(3) 令 $\delta_Z = 1$,进一步定出影响线各竖距的数值。

(4) 横坐标以上的图形,影响系数取正号,反之取负号。

【应用案例 16-1】 用机动法作图 16-6(a)所示简支梁的弯矩和剪力的影响线。

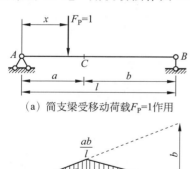

(a) 简支梁受移动荷载 $F_P = 1$ 作用

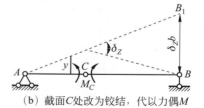

(b) 截面 C 处改为铰结,代以力偶 M

(c) M_C 的影响线

(d) 撤去截面 C 处相应于剪力的约束,代以剪力 F_{QC}

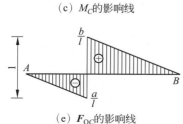

(e) F_{QC} 的影响线

图 16-6 应用案例 16-1 图

【解】 (1) 弯矩 M_C 的影响线。撤去与弯矩 M_C 相应的约束,在截面 C 处改为铰结,代以一对等值反向的力偶 M_C。

给体系以虚位移。令铰 C 两侧刚体沿力偶 M_C 方向作相对转动,如图 16-6(b)所示。这里与 M_C 相应的位移 δ_Z 就是铰 C 两侧截面的相对转角。由于 δ_Z 是微小转角,因此可先求得 $\overline{BB_1} = b\delta_Z$,再按几何关系求出 C 点竖向位移为 $\frac{ab}{l}\delta_Z$,得到位移 δ_P 图。

再将图 16-6(b)中的位移图除以 δ_Z,或令竖向位移中的参数 $\delta_Z = 1$,得到 M_C 的影响线,如图 16-6(c)所示。

(2) 剪力 $\boldsymbol{F}_{QC}$ 影响线。撤去截面 C 处相应于剪力的约束,代以剪力 $\boldsymbol{F}_{QC}$,得到图 16-6(d)所示的机构。令切口两侧截面沿剪力 $\boldsymbol{F}_{QC}$ 方向发生相对的竖向位移 δ_Z,两边的梁段发生位移后仍保持平行[见图 16-6(d)中虚线]。令 $\delta_Z = 1$,由三角形的几何关系可确定 $\boldsymbol{F}_{QC}$ 的影响线各控制点数值[见图 16-6(e)]。

【应用案例 16-2】 试用机动法作静定多跨梁[见图 16-7(a)]的 M_K、F_{QK}、M_C、F_{QE}、F_D 的影响线。

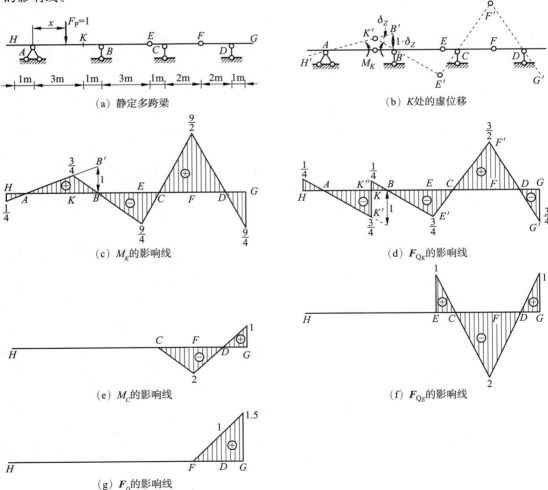

(a) 静定多跨梁   (b) K 处的虚位移

(c) M_K 的影响线   (d) $\boldsymbol{F}_{QK}$ 的影响线

(e) M_C 的影响线   (f) $\boldsymbol{F}_{QE}$ 的影响线

(g) $\boldsymbol{F}_D$ 的影响线

图 16-7　应用案例 16-2 图

【解】　（1）M_K 的影响线。在截面 K 处加铰，使其发生虚位移，如图 16-7(b)所示。铰 K 两侧截面相对转角为 δ_z，截距 $\overline{BB'}=1 \cdot \delta_z=\delta_z$。令竖距中的参数 $\delta_z=1$，得到图 16-7(c)所示的 M_K 影响线。各控制点的影响系数可按比例关系求出，在横坐标轴以上的图形为正号，以下的图形为负号。

（2）F_{QK} 的影响线。下面不再画体系虚位移图，直接作出影响线图形。F_{QK} 影响线的图形与 K 点两侧截面发生竖向错动时的 δ_P 图成比例。作图时，先保持各支点位移为零，然后在 K 点两边分别作 $H'AK'$ 和 $K''BE'$，K 点错动的方向与剪力 F_{QK} 的正方向相一致，并令 $K'K''=\delta_z=1$。这样便作出了 HE 段的影响线。其次再作附属部分 EF 和 FG 的影响线。为此，连接 $E'C$ 并延长到 F'，连接 $F'D$ 并延长到 G'。最后得到的 F_{QK} 的影响线如图 16-7(d)所示。

（3）M_C 的影响线。在截面 C 处加铰后，HE 段和 EC 段不能发生虚位移，因此 M_C 的影响线在 HC 段与坐标基线重合。附属部分 CF 和 FG 可发生虚位移。这时与 M_C 对应的位移 δ_z 就是 CF 段的转角，F 点的竖向位移为 $2\delta_z$。令其中参数 $\delta_z=1$，得到的 M_C 的影响线如图 16-7(e)所示。

（4）F_{QE} 的影响线。在铰 E 处撤除与剪力 F_{QE} 相应的约束，这时 E 点处的水平轴向约束仍保留，而 E 点两侧截面沿 F_{QE} 正方向则可发生错动。此时，基本部分 HE 不能发生位移，因此 HE 段的 F_{QE} 的影响线恒等于零。EF 和 FG 段分别绕支座 C 和 D 发生转动。令 E 点竖坐标 $\delta_z=1$，便得到 F_{QE} 的影响线，如图 16-7(f)所示。

（5）F_D 的影响线。在静定多跨梁中，FG 是 HF 的附属部分。撤去支杆 D 时，HF 段不能发生位移，因此该段上 F_{RD} 的影响线恒等于零。令 FG 段在 D 点竖距 $\delta_z=1$，便得到 F_D 的影响线，如图 16-7(g)所示。

由图 16-7 所示各影响线图形可以看出，在静定多跨梁中，基本部分的内力（或支座反力）影响线是布满全梁的，而附属部分的内力（或支座反力）影响线则只在附属部分不为零（基本部分上的线段恒等于零）。这一结论与静定多跨梁的力学特性是一致的。

由本应用案例可以看出，用机动法作静定多跨梁的影响线是很简便的。

16.3　影响线的应用

动画：利用
影响线求量值

16.3.1　利用影响线求量值

作影响线时用的是单位荷载。根据叠加原理，可利用影响线求其他荷载作用下产生的总影响。

先讨论集中荷载的影响。图 16-8(a)所示简支梁截面 C 的剪力影响线如图 16-8(c)所示。设有一组集中荷载 F_{P1}、F_{P2}、F_{P3} 作用于梁上，如 F_{QC} 影响线在各荷载作用点处的竖标为 y_1、y_2、y_3，则根据叠加原理可知，在这组荷载作用下 F_{QC} 的数值为

$$F_{QC}=F_{P1}y_1+F_{P2}y_2+F_{P3}y_3$$

一般来说，设有一组集中荷载 F_1、F_2、$\cdots$、F_n 作用于结构，而结构某量 S 的影响线在各

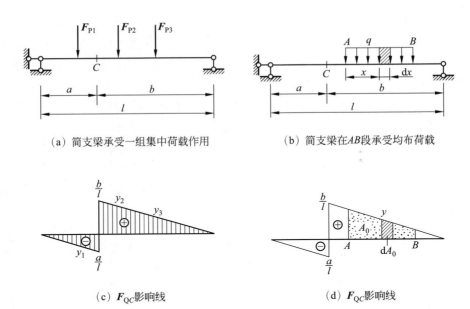

（a）简支梁承受一组集中荷载作用   （b）简支梁在AB段承受均布荷载

（c）F_{QC}影响线   （d）F_{QC}影响线

图 16-8 C 截面影响线

荷载作用点的竖标为 y_1、y_2、$\cdots$、y_n，则

$$S = F_1 y_1 + F_2 y_2 + \cdots + F_n y_n = \sum_{i=1}^{n} F_i y_i$$

如果结构在 AB 段承受均布荷载 q 作用[见图 16-8(b)]，则可将微段 $\mathrm{d}x$ 上的荷载 $q\mathrm{d}x$ 看作集中荷载，它所引起的 S 值为 $yq\mathrm{d}x$。因此，在 AB 段均布荷载作用下的 S 值为

$$S = \int_A^B yq\,\mathrm{d}x = q\int_A^B y\,\mathrm{d}x = qA_0 \tag{16-3}$$

式中：A_0 为影响线图形在受载段 AB 上的面积。

式(16-3)表示，均布荷载引起的 S 值等于荷载集度乘以受载段的影响线面积。但应注意，在计算面积 A_0 时，应考虑影响线的正负号。

【应用案例 16-3】   试利用 F_{QC} 的影响线求图 16-9(a)所示简支梁 F_{QC} 的值。

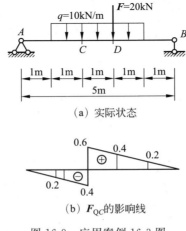

（a）实际状态

（b）F_{QC} 的影响线

图 16-9   应用案例 16-3 图

【解】 首先作出 F_{QC} 的影响线,如图 16-9(b)所示,并计算有关竖标值。然后根据叠加原理可得

$$
\begin{aligned}
F_{QC} &= F y_D + q A_0 \\
&= 20 \times 0.4 + 10 \times \left(\frac{0.6+0.2}{2} \times 2 - \frac{0.2+0.4}{2} \times 1 \right) \\
&= 8 + 5 \\
&= 13(\text{kN})
\end{aligned}
$$

16.3.2　铁路和公路的标准荷载制

由于铁路和公路上行驶的车辆种类繁多,载重情况复杂,因此在结构设计中不可能对每种情况进行计算。因而,为对这些荷载情况进行统计分析,并考虑将来发展的需要,指定了设计时使用的统一的标准荷载制。

1. 铁路标准荷载制

我国铁路桥涵设计使用中华人民共和国铁路标准活载,简称中一活载,它包括普通活载和特种活载两种,如图 16-10 所示。设计时,哪一种活载产生的内力大就应选择哪一种。特种活载的轴压大,但轴数少,只在小跨度(如跨度在 7m 以下)的受弯杆件设计中起控制作用;而在一般计算中常用普通活载进行设计。

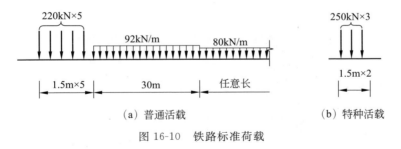

(a) 普通活载　　　　　　　(b) 特种活载

图 16-10　铁路标准荷载

如图 16-10(a)所示,普通活载代表一列火车的重力,前面 5 个集中力代表一台机车的 5 个轴重,30m 长的均布荷载代表煤水车和与之联挂的第二台机车的平均重力,后面任意长的均布荷载代表后面列车的平均重力。使用这种荷载时,可以任意截取其中的一段,但不能变更轴距;所截取的荷载段可以由左端或右端进入桥梁,以确定其最不利位置。另外,应当注意,图 16-10 所示的中一活载是一个车道上的荷载,如果桥梁是单线的,且只有两根主梁,则每两根主梁承受中一活载的一半。

2. 公路标准荷载制

我国公路桥涵设计使用的标准荷载分为计算荷载和验算荷载两种。计算荷载以汽车车队表示,有汽车-10 级、汽车-15 级、汽车-20 级和汽车-超 20 级 4 个等级,其纵向排列如图 16-11 所示。各车辆之间的距离可任意变更,但不得小于图示距离。每个车队中只有一辆重车,车的数目不限。验算荷载以履带车、平板挂车表示。

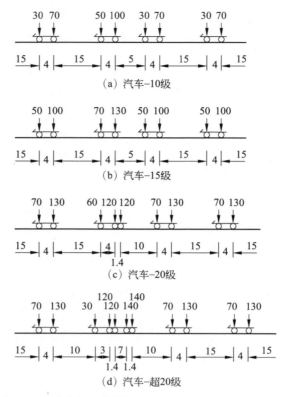

图 16-11　公路标准荷载(重力单位为 kN；长度单位为 m)

动画:利用影响
线确定荷载的
最不利位置

16.3.3　求荷载的最不利位置

如果荷载移动到某个位置时某量 S 达到最大值,则此荷载位置称为最不利位置。影响线的一个重要用途就是确定荷载的最不利位置。

对于可动均布活载(如人群等),由于它可以任意断续地布置,因此最不利荷载位置是很容易确定的。从式(16-3)可知,当均布活载布满对应影响线正号面积部分时,量值 S 将有其最大值 $S_{\max}$;反之,当均布活载布满对应影响线负号面积部分时,则量值 S 将有最小值 $S_{\min}$。例如,求图 16-12(a)所示简支梁中截面 K 的剪力最大值 $F_{QK(\max)}$ 和最小值 $F_{QK(\min)}$ 时,相应的最不利荷载位置如图 16-12(c)和(d)所示。

对于移动集中荷载,根据式

$$S = \sum F_i y_i$$

可知,当 $\sum F_i y_i$ 为最大值时,相应的荷载位置即

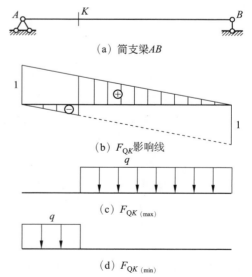

图 16-12　简支梁受可动均布活荷载影响线及最不利荷载位置

为量值 S 的最不利荷载位置。由此推断,最不利荷载位置必然发生在荷载密集于影响线竖标最大处,并且可进一步论证必有一集中荷载位于影响线顶点。为了分析方便,通常将这一位于影响线顶点的集中荷载称为临界荷载。

【应用案例 16-4】　试求图 16-13(a)所示简支梁在图示吊车荷载作用下截面 K 的最大弯矩。

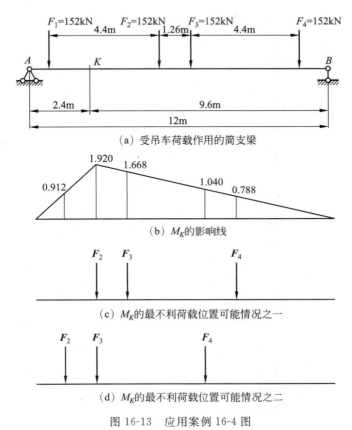

图 16-13　应用案例 16-4 图

【解】　先作出 M_K 的影响线,如图 16-13(b)所示。根据前述推断,M_K 的最不利荷载位置将有图 16-13(c)和(d)所示两种可能情况。分别计算对应的 M_K 值并加以比较,即可得出 M_K 的最大值。

对于图 16-13(c)所示情况,有
$$M_K = 152 \times (1.920 + 1.668 + 0.788) \approx 665.15(\text{kN} \cdot \text{m})$$

对于图 16-13(d)所示情况,有
$$M_K = 152 \times (0.912 + 1.920 + 1.040) \approx 588.54(\text{kN} \cdot \text{m})$$

比较二者可知,图 16-13(c)所示为 M_K 的最不利荷载位置,此时 $M_{K\max} = 665.15\text{kN} \cdot \text{m}$。

【应用案例 16-5】　图 16-14(a)所示为吊车荷载作用下的两跨静定梁。试求支座 B 的最大反力。

【解】　该梁实为两根简支梁,故可作出图 16-14(b)所示的 $\boldsymbol{F}_B$ 的影响线。其最不利荷载位置如图 16-14(c)和(d)所示两种可能情况,分别计算如下。

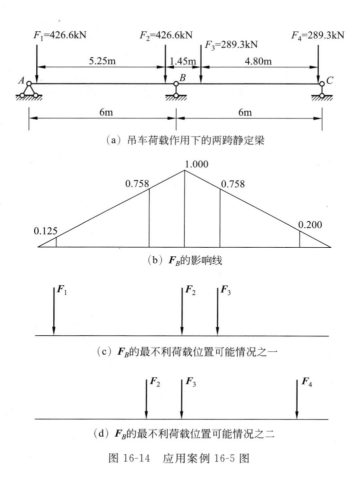

图 16-14　应用案例 16-5 图

考虑图 16-14(c)所示情况,有

$$F_B = 426.6 \times (0.125 + 1.000) + 289.3 \times 0.758 \approx 699.22(\text{kN})$$

再考虑图 16-14(d)所示情况,有

$$F_B = 426.6 \times 0.758 + 289.3 \times (1.000 + 0.200) \approx 670.52(\text{kN})$$

比较二者可知,图 16-14(c)所示的荷载情况为最不利荷载位置,相应有 $F_{B\max} = 699.22\text{kN}$。

16.4　简支梁的内力包络图和绝对最大弯矩

在设计承受移动荷载的结构时,必须求出每一截面内力的最大值(最大正值和最大负值)。在移动荷载作用下,由各截面内力最大值连接而成的曲线称为内力包络图。包络图是结构设计中重要的依据,在吊车梁、楼盖连续梁和桥梁设计中有很多应用。

下面以简支梁在单个集中荷载 F 作用下弯矩包络图为例加以说明,如图 16-15 所示。

当单个集中荷载 F 在梁上移动时,某个截面 C 的弯矩影响线如图 16-15(b)所示。由影响线可以确定,当荷载正好作用于 C 时,M_C 为最大值,此时 $M_C = \dfrac{ab}{l}F$。由此可见,当荷

载由 A 向 B 移动时,只要逐个计算出荷载作用点处的截面弯矩,便可以得到弯矩包络图。选择一系列截面,将梁分成若干等份(通常分为 10 等份),对每一截面利用上述分析,求得其最大弯矩。例如,在截面 2 处,$a=0.2l$,$b=0.8l$,所以 $M_{2\max}=0.16Fl$。

将逐点计算出的最大弯矩值连成曲线,便得到弯矩包络图,如图 16-15(c)所示。弯矩包络图表示各截面的弯矩可能变化的范围。

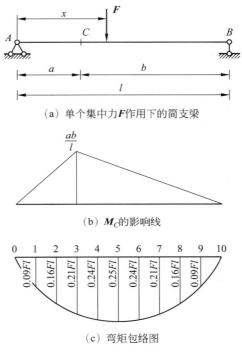

(a) 单个集中力 **F** 作用下的简支梁

(b) **M**$_C$ 的影响线

(c) 弯矩包络图

图 16-15 单个集中力 **F** 作用下的弯矩包络图

图 16-16 所示为一吊车梁,跨度为 12m,所受移动荷载如图 16-16(a)所示。两台吊车传来的最大轮压为 152kN,两台吊车并行的最小间距为 1.26m。将梁分成 10 等份,依次绘出这些分点截面上的弯矩影响线,利用影响线求出它们的最大弯矩,还要求得包络图最大纵坐标。在梁上用纵坐标标出并连成曲线,就得到该梁的弯矩包络图,如图 16-16(b)所示。同理还可绘出该梁的剪力包络图,如图 16-16(c)所示。

在实际工作中,绘制包络图时应同时考虑恒载和活荷的作用,而且要考虑活载动力作用的影响。一般的作法是将活载产生的内力乘以动力系数(动力系数的确定见有关规范),与恒载作用下的内力叠加后,根据各截面叠加后的最大和最小(负值最大)内力绘制包络图。

简支梁的绝对最大弯矩包络图表示各截面内力变化的极值,在设计中是十分重要的。弯矩包络图中最高的竖距称为绝对最大弯矩,它代表在一定活载作用下梁内可能出现的弯矩最大值。下面介绍简支梁在一组集中荷载作用下绝对最大弯矩的求法。

图 16-17 所示为一简支梁。活载 F_{P1}、F_{P2}、F_{P3}、$\cdots$、F_{Pn} 的数量和间距不变,在梁上移动。求梁内可能发生的最大弯矩,即绝对最大弯矩。

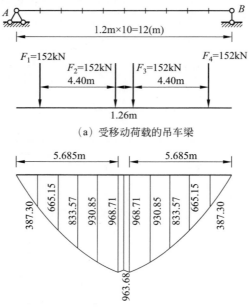

（a）受移动荷载的吊车梁

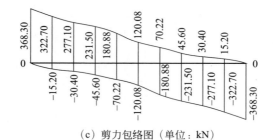

（b）弯矩包络图（单位：kN·m）

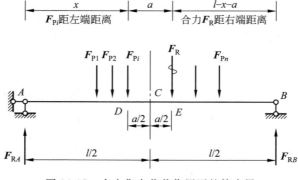

（c）剪力包络图（单位：kN）

图 16-16　两个集中荷载作用下的弯矩包络图

图 16-17　多个集中荷载作用下的简支梁

　　荷载在任意位置时,梁弯矩图的顶点总是在集中荷载下面。因此,可以断定,绝对最大弯矩必然发生在某一集中荷载的作用点。取一个集中荷载 F_{Pi},研究它的作用点处弯矩何时成为最大。以 x 表示 F_{Pi} 到 A 点的距离,a 表示梁上荷载的合力 F_R 到 F_{Pi} 的作用线之间

的距离。由 $\sum M_B = 0$ 得

$$F_{RA} = \frac{F_R}{l}(l - x - a)$$

F_{Pi} 作用点的弯矩为

$$M_x = F_{RA}x - M_i = \frac{F_{RA}}{l}(l - x - a)x - M_i$$

式中：M_i 为 F_{Pi} 左边的荷载对 F_{Pi} 作用点的力矩之和，是与 x 无关的常数。

由

$$\frac{dM_x}{dx} = 0$$

得

$$\frac{F_R}{l}(l - 2x - a) = 0$$

即

$$x = \frac{l}{2} - \frac{a}{2}$$

上式说明，F_{Pi} 作用点的弯矩为最大时，梁的中线正好平分 F_{Pi} 与 F_R 之间的距离。此时最大弯矩为

$$M_{max} = F_R \left(\frac{l}{2} - \frac{a}{2} \right)^2 \frac{1}{l} - M_i$$

应用上述公式时，应注意 F_R 是梁上实有荷载的合力。安排 F_R 与 F_{Pi} 的位置时，如果梁上的荷载有变化，就要重新计算合力 F_R 的数值和位置。

计算出各个荷载作用点的最大弯矩，选择其中最大的一个，就是绝对最大弯矩。实际计算中，常常可以估计出哪个荷载或哪几个荷载需要考虑。

【应用案例 16-6】 求图 16-18 所示吊车梁的绝对最大弯矩。已知 $F_{P1} = F_{P2} = F_{P3} = F_{P4} = 280$kN。

【解】 (1) 绘出跨中截面 C 的弯矩 M_C 的影响线，求使跨中截面发生最大值的临界荷载。

F_{P1}、F_{P2}、F_{P3}、F_{P4} 分别代入临界荷载判别式，可知它们都是截面 C 的临界荷载。但只有 F_{P2}、F_{P3} 在截面 C 才可能使跨中截面弯矩达到最大值。当 F_{P2} 或 F_{P3} 作用在截面 C 时，有

$$M_{Pmax}^{(C)} = 280 \times (0.6 + 3 + 2.28) = 1\ 646.4 (kN \cdot m)$$

故可确定 F_{P2} 和 F_{P3} 是跨中截面的临界荷载。

(2) 求全梁的绝对最大弯矩。由于对称性，因此只讨论 F_{P2} 作为临界荷载的情况。使 F_{P2} 与梁上荷载的合力 F_R 对称于梁的中点布置，则当 F_{P2} 在合力的左方时梁上有 4 个荷载，合力为

$$F_R = 4 \times 280 = 1\ 120 (kN)$$

$$a = \frac{1.44}{2} = 0.72 (m)$$

$$x = \frac{l}{2} - \frac{a}{2} = 6 - 0.36 = 5.64 (m)$$

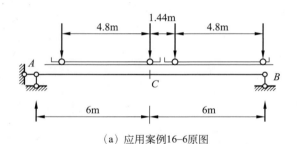

（a）应用案例16-6原图

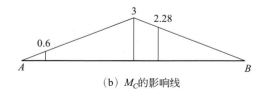

（b）M_C的影响线

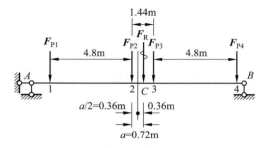

（c）F_{P2}与合力F_R对称于梁的中点且F_{P2}在合力的左方

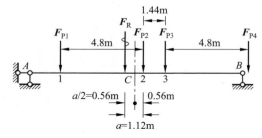

（d）F_{P2}与合力F_R对称于梁的中点且F_{P2}在合力的右方

图 16-18　应用案例 16-6 图

由此求得，F_{P2}作用点截面上的最大弯矩为

$$M_{2\max} = \frac{F_R}{l}\left(\frac{l}{2} - \frac{a}{2}\right)^2 - M_2^L = \frac{1\,120}{12} \times (5.64)^2 - 280 \times 4.8 \approx 1\,624.90(\text{kN} \cdot \text{m})$$

$M_{P\max}^I < M_{P\max}^{(C)} = 1\,646.4\text{kN} \cdot \text{m}$，显然不是绝对最大弯矩。

当 F_{P2} 在合力的右方时，梁上只有 3 个荷载，合力为

$$F_R = 3 \times 280 = 840(\text{kN})$$

$$a = \frac{280 \times 4.8 - 280 \times 1.4}{840} \approx 1.13(\text{m})$$

$$x = 6 + 0.56 = 6.56\text{(m)}$$

$$M_{P\,\text{max}}^{\text{II}} = \frac{840}{12} \times (6.56)^2 - 280 \times 4.8$$

$$\approx 1\ 668.35\text{(kN} \cdot \text{m)}$$

对比两结果,可知全梁的绝对最大弯矩为 1 668.35kN·m,它发生在距梁跨中点右方 0.56m 的截面上。

模 块 小 结

1. 知识体系

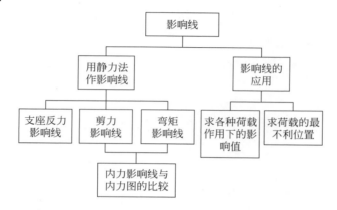

2. 能力培养

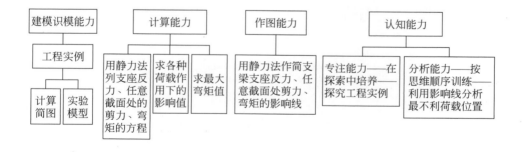

实验与讨论

1. 影响线是单位移动荷载作用下某量值的函数图形,其为什么可以用来计算恒荷载作用时的约束力和内力?

2. 内力包络图与内力影响线、内力图有何区别?

3. 简支梁的绝对最大弯矩与跨中截面的最大弯矩有何区别?

习　题

1. 选择题。

(1) 静定结构影响线的形状特征是( )。

  A. 由直线段组成　　　　　　　　　B. 由曲线段组成

  C. 直线曲线混合　　　　　　　　　D. 变形体虚位移图

(2) 绘制任一量值的影响线时,假定荷载是( )。

  A. 一个方向不变的单位活载　　　　B. 活载

  C. 动力荷载　　　　　　　　　　　D. 可动荷载

(3) 梁的绝对最大弯矩表示在一定活载作用下,( )。

  A. 梁某一截面的最大弯矩

  B. 梁某一截面绝对值的最大弯矩

  C. 当活载处于某一最不利位置时相应的截面弯矩

  D. 梁所有截面最大弯矩中的最大值

(4) 悬臂梁支座截面弯矩影响线的形状应该是( )。

  A. 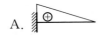　　B. 　　C. 　　D.

(5) 机动法作静定梁影响线应用的原理为( )。

  A. 变形体虚功原理　　　　　　　　B. 互等定理

  C. 刚体虚功原理　　　　　　　　　D. 叠加原理

(6) 简支梁(见图 16-19)某截面 K 弯矩影响线纵坐标 y_K 的物理意义是( )。

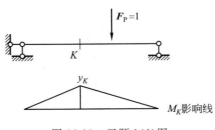

图 16-19　习题 1(6)图

  A. 单位荷载的位置　　　　　　　　B. 截面 K 的位置

  C. 截面 K 的弯矩　　　　　　　　D. A、C 同时满足

(7) 影响线的横坐标是( )。

  A. 固定荷载的位置　　　　　　　　B. 活载的位置

  C. 截面的位置　　　　　　　　　　D. 单位活载的位置

2. 简支梁受单位移动力偶 $M=1$ 的作用,如图 16-20 所示,试绘制 F_A、F_B、M_C、F_{QC} 的影响线。

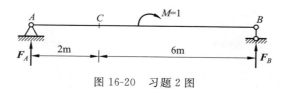

图 16-20　习题 2 图

3. 作图 16-21 所示伸臂梁下列量值影响线：M_{K1}、F_{QK1}、M_{K2}、F_{QK2}。

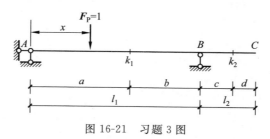

图 16-21　习题 3 图

4. 试用静力法绘制图 16-22 所示斜梁的 F_A、M_C、F_{QC} 的影响线。

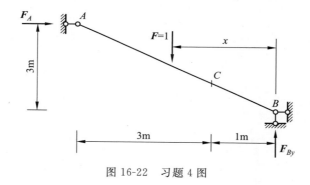

图 16-22　习题 4 图

5. 作图 16-23 所示多跨静定梁的 M_D、F_{QE} 的影响线。

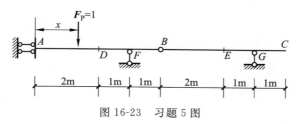

图 16-23　习题 5 图

6. 已知图 16-24 所示活载 $F_{P1}=F_{P2}=200\text{kN}$，$F_{P3}=F_{P4}=400\text{kN}$。试求：

（1）跨中截面 C 的最大弯矩 $M_{C\max}$。

（2）截面 D 的剪力 F_{QD} 的最不利荷载位置。

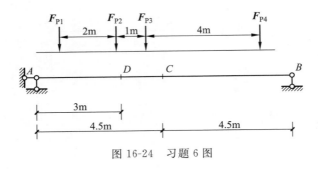

图 16-24　习题 6 图

习题参考答案

参考答案

参 考 文 献

［1］ 龙驭球,包世华.结构力学[M].3 版.北京：高等教育出版社,2012.

［2］ 梁圣复.建筑力学[M].2 版.北京：机械工业出版社,2007.

［3］ 刘思俊.建筑力学[M].北京：机械工业出版社,2015.

［4］ 张友全.建筑力学与结构[M].北京：中国电力出版社,2004.

［5］ 李家宝.结构力学[M].4 版.北京：高等教育出版社,2006.

［6］ 卢光斌.土木工程力学[M].北京：高等教育出版社,2014.

［7］ 梁圣复.建筑力学[M].2 版.北京：机械工业出版社,2010.

［8］ 于英.建筑力学[M].3 版.北京：中国建筑工业出版社,2013.

［9］ 孙训方.材料力学[M].5 版.北京：高等教育出版社,2010.

［10］ 范钦珊.材料力学[M].2 版.北京：清华大学出版社,2008.

［11］ 原方.工程力学[M].2 版.北京：清华大学出版社,2012.

［12］ 于英.工程力学[M].2 版.北京：中国建筑工业出版社,2013.

［13］ 胡可.建筑力学[M].2 版.哈尔滨：哈尔滨工业大学出版社,2017.

［14］ 刘明晖.建筑力学[M].3 版.北京：北京大学出版社,2017.

［15］ 中华人民共和国住房和城乡建设部.建筑结构荷载规范(GB 50009—2012)[S].北京：中国建筑工业出版社,2012.

［16］ 高健.工程力学[M].2 版.杭州：浙江科学技术出版社,2011.

附录1　主要符号表

符　号	符号意义	常用单位	符　号	符号意义	常用单位
A	面积	m^2	S_x、S_y	静矩	m^3
C	弯矩传递系数		T	内扭矩	$N \cdot m$
e	偏心距	m	V	体积	m^3
e_f	形状改变比能	J/m^3	W	重力、功、虚功	N、$N \cdot m$
e_v	体积改变比能	J/m^3	W_p	抗扭截面系数	m^3
E	弹性模量	Pa	W_x、W_y	抗弯截面系数	m^3
E_v	弹性变形能	$N \cdot m$	x、y、z	坐标轴	
f	挠度	m	x_c、y_c、z_c	形心坐标	m
F	集中力、集中荷载	N	γ	切应变、侧移刚度系数	无、N/m
F_A	A 处支座反力	N	δ	断后伸长率、广义位移	$\%$、m、rad
F_{Ax}、F_{Ay}	A 处支座反力分力	N	Δ	广义位移	m、rad/m
F_{cr}	临界力	N	ε	线应变	
F_H	拱的水平推力	N	η	剪力分配系数	
F_N	轴力	N	θ	单位长度扭转角、转角	rad/m、rad
F_R	合力	N	$[\theta]$	单位长度许用扭转角	rad/m
F_Q	剪力	N	λ	长细比或柔度	
F_V	拱的铅垂反力	N	μ	泊松比、力矩分配系数、长度分配系数	
G	切变模量	Pa	σ	正应力	Pa
h	高度	m	σ_b	抗拉强度	Pa
i	线刚度	$N \cdot m$	σ_{bs}	挤压应力	Pa
i_x、i_y	惯性半径	m	σ_{cr}	临界应力	Pa
I_p	极惯性矩	m^4	σ_e	弹性极限	Pa
I_x、I_y	惯性矩	m^4	σ_p	非规定比伸长应力	Pa
I_{xy}	惯性积	m^4	σ_r	相当应力	Pa
l	长度、跨度	m	σ_s	屈服应力	Pa
M	弯矩	$N \cdot m$	σ_u	极限应力	Pa
M_e	外力偶矩	$N \cdot m$	σ_1、σ_2、σ_3	主应力	Pa
n	转速、安全因数	r/min、无	$[\sigma]$	许用正应力	Pa
P	功率	kW	τ	切应力	Pa
q	均布荷载集度	N/m	$[\tau]$	许用切应力	Pa
r、R	广义反力	N	φ	扭转角、稳定系数	rad/m、无
S	转动刚度	$N \cdot m$	ψ	断面收缩率	$\%$

附录2 型钢规格表(GB/T 706—2016)

附表1 等边角钢截面尺寸、截面面积、理论质量及截面特性

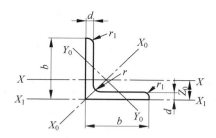

说明:

b—边宽度;

d—边厚度;

r—内圆弧半径;

r_1—边端圆弧半径;

Z_0—重心距离。

型号	截面尺寸/mm			截面面积/cm²	理论质量/(kg/m)	外表面积/(m²/m)	惯性矩/cm⁴				惯性半径/cm			截面模数/cm³			重心距离/cm
	b	d	r				I_x	I_{x1}	I_{x0}	I_{y0}	i_x	i_{x0}	i_{y0}	W_x	W_{x0}	W_{y0}	Z_0
2	20	3	3.5	1.132	0.89	0.078	0.40	0.81	0.63	0.17	0.59	0.75	0.39	0.29	0.45	0.20	0.60
		4		1.459	1.15	0.077	0.50	1.09	0.78	0.22	0.58	0.73	0.38	0.36	0.55	0.24	0.64
2.5	25	3		1.432	1.12	0.098	0.82	1.57	1.29	0.34	0.76	0.95	0.49	0.46	0.73	0.33	0.73
		4		1.859	1.46	0.097	1.03	2.11	1.62	0.43	0.74	0.93	0.48	0.59	0.92	0.40	0.76
3.0	30	3	4.5	1.749	1.37	0.117	1.46	2.71	2.31	0.61	0.91	1.15	0.59	0.68	1.09	0.51	0.85
		4		2.276	1.79	0.117	1.84	3.63	2.92	0.77	0.90	1.13	0.58	0.87	1.37	0.62	0.89
3.6	36	3	4.5	2.109	1.66	0.141	2.58	4.68	4.09	1.07	1.11	1.39	0.71	0.99	1.61	0.76	1.00
		4		2.756	2.16	0.141	3.29	6.25	5.22	1.37	1.09	1.38	0.70	1.28	2.05	0.93	1.04
		5		3.382	2.65	0.141	3.95	7.84	6.24	1.65	1.08	1.36	0.7	1.56	2.45	1.00	1.07
4	40	3	5	2.359	1.85	0.157	3.59	6.41	5.69	1.49	1.23	1.55	0.79	1.23	2.01	0.96	1.09
		4		3.086	2.42	0.157	4.60	8.56	7.29	1.91	1.22	1.54	0.79	1.60	2.58	1.19	1.13
		5		3.792	2.98	0.156	5.53	10.7	8.76	2.30	1.21	1.52	0.78	1.96	3.10	1.39	1.17
4.5	45	3	5	2.659	2.09	0.177	5.17	9.12	8.20	2.14	1.40	1.76	0.89	1.58	2.58	1.24	1.22
		4		3.486	2.74	0.177	6.65	12.2	10.6	2.75	1.38	1.74	0.89	2.05	3.32	1.54	1.26
		5		4.292	3.37	0.176	8.04	15.2	12.7	3.33	1.37	1.72	0.88	2.51	4.00	1.81	1.30
		6		5.077	3.99	0.176	9.33	18.4	14.8	3.89	1.36	1.70	0.80	2.95	4.64	2.06	1.33
5	50	3	5.5	2.971	2.33	0.197	7.18	12.5	11.4	2.98	1.55	1.96	1.00	1.96	3.22	1.57	1.34
		4		3.897	3.06	0.197	9.26	16.7	14.7	3.82	1.54	1.94	0.99	2.56	4.16	1.96	1.38
		5		4.803	3.77	0.196	11.2	20.9	17.8	4.64	1.53	1.92	0.98	3.13	5.03	2.31	1.42
		6		5.688	4.46	0.196	13.1	25.1	20.7	5.42	1.52	1.91	0.98	3.68	5.85	2.63	1.46

续表

型号	截面尺寸/mm			截面面积/cm²	理论质量/(kg/m)	外表面积/(m²/m)	惯性矩/cm⁴				惯性半径/cm			截面模数/cm³			重心距离/cm
	b	d	r				I_x	I_{x1}	I_{x0}	I_{y0}	i_x	i_{x0}	i_{y0}	W_x	W_{x0}	W_{y0}	Z_0
5.6	56	3	6	3.343	2.62	0.221	10.2	17.6	16.1	4.24	1.75	2.20	1.13	2.48	4.08	2.02	1.48
		4		4.39	3.45	0.220	13.2	23.4	20.9	5.46	1.73	2.18	1.11	3.24	5.28	2.52	1.53
		5		5.415	4.25	0.220	16.0	29.3	25.4	6.61	1.72	2.17	1.10	3.97	6.42	2.98	1.57
		6		6.42	5.04	0.220	18.7	35.3	29.7	7.73	1.71	2.15	1.10	4.68	7.49	3.40	1.61
		7		7.404	5.81	0.219	21.2	41.2	33.6	8.82	1.69	2.13	1.09	5.36	8.49	3.80	1.64
		8		8.367	6.57	0.219	23.6	47.2	37.4	9.89	1.68	2.11	1.09	6.03	9.44	4.16	1.68
6	60	5	6.5	5.829	4.58	0.236	19.9	36.1	31.6	8.21	1.85	2.33	1.19	4.59	7.44	3.48	1.67
		6		6.914	5.43	0.235	23.4	43.3	36.9	9.60	1.83	2.31	1.18	5.41	8.70	3.98	1.70
		7		7.977	6.26	0.235	26.4	50.7	41.9	11.0	1.82	2.29	1.17	6.21	9.88	4.45	1.74
		8		9.02	7.08	0.235	29.5	58.0	46.7	12.3	1.81	2.27	1.17	6.98	11.0	4.88	1.78
6.3	63	4	7	4.978	3.91	0.248	19.0	33.4	30.2	7.89	1.96	2.46	1.26	4.13	6.78	3.29	1.70
		5		6.143	4.82	0.248	23.2	41.7	36.8	9.57	1.94	2.45	1.25	5.08	8.25	3.90	1.74
		6		7.288	5.72	0.247	27.1	50.1	43.0	11.2	1.93	2.43	1.24	6.00	9.66	4.46	1.78
		7		8.412	6.60	0.247	30.9	58.6	49.0	12.8	1.92	2.41	1.23	6.88	11.0	4.98	1.82
		8		9.515	7.47	0.247	34.5	67.1	54.6	14.3	1.90	2.40	1.23	7.75	12.3	5.47	1.85
		10		11.66	9.15	0.246	41.1	84.3	64.9	17.3	1.88	2.36	1.22	9.39	14.6	6.36	1.93
7	70	4	8	5.570	4.37	0.275	26.4	45.7	41.8	11.0	2.18	2.74	1.40	5.14	8.44	4.17	1.86
		5		6.876	5.40	0.275	32.2	57.2	51.1	13.3	2.16	2.73	1.39	6.32	10.3	4.95	1.91
		6		8.160	6.41	0.275	37.8	68.7	59.9	15.6	2.15	2.71	1.38	7.48	12.1	5.67	1.95
		7		9.424	7.40	0.275	43.1	80.3	68.4	17.8	2.14	2.69	1.38	8.59	13.8	6.34	1.99
		8		10.67	8.37	0.274	48.2	91.9	76.4	20.0	2.12	2.68	1.37	9.68	15.4	6.98	2.03
7.5	75	5	9	7.412	5.82	0.295	40.0	70.6	63.3	16.6	2.33	2.92	1.50	7.32	11.9	5.77	2.04
		6		8.797	6.91	0.294	47.0	84.6	74.4	19.5	2.31	2.90	1.49	8.64	14.0	6.67	2.07
		7		10.16	7.98	0.294	53.6	98.7	85.0	22.2	2.30	2.89	1.48	9.93	16.0	7.44	2.11
		8		11.50	9.03	0.294	60.0	113	95.1	24.9	2.28	2.88	1.47	11.2	17.9	8.19	2.15
		9		12.83	10.1	0.294	66.1	127	105	27.5	2.27	2.86	1.46	12.4	19.8	8.89	2.18
		10		14.13	11.1	0.293	72.0	142	114	30.1	2.26	2.84	1.46	13.6	21.5	9.56	2.22
8	80	5	9	7.912	6.21	0.315	48.8	85.4	77.3	20.3	2.48	3.13	1.60	8.34	13.7	6.66	2.15
		6		9.397	7.38	0.314	57.4	103	91.0	23.7	2.47	3.11	1.59	9.87	16.1	7.65	2.19
		7		10.86	8.53	0.314	65.6	120	104	27.1	2.46	3.10	1.58	11.4	18.4	8.58	2.23
		8		12.30	9.66	0.314	73.5	137	117	30.4	2.44	3.08	1.57	12.8	20.6	9.46	2.27
		9		13.73	10.8	0.314	81.1	154	129	33.6	2.43	3.06	1.56	14.3	22.7	10.3	2.31
		10		15.13	11.9	0.313	88.4	172	140	36.8	2.42	3.04	1.56	15.6	24.8	11.1	2.35
9	90	6	10	10.64	8.35	0.354	82.8	146	131	34.3	2.79	3.51	1.80	12.6	20.6	9.95	2.44
		7		12.30	9.66	0.354	94.8	170	150	39.2	2.78	3.50	1.78	14.5	23.6	11.2	2.48
		8		13.94	10.9	0.353	106	195	169	44.0	2.76	3.48	1.78	16.4	26.6	12.4	2.52
		9		15.57	12.2	0.353	118	219	187	48.7	2.75	3.46	1.77	18.3	29.4	13.5	2.56
		10		17.17	13.5	0.353	129	244	204	53.3	2.74	3.45	1.76	20.1	32.0	14.5	2.59
		12		20.31	15.9	0.352	149	294	236	62.2	2.71	3.41	1.75	23.6	37.1	16.5	2.67
10	100	6	12	11.93	9.37	0.393	115	200	182	47.9	3.10	3.90	2.00	15.7	25.7	12.7	2.67
		7		13.80	10.8	0.393	132	234	209	54.7	3.09	3.89	1.99	18.1	29.6	14.3	2.71
		8		15.64	12.3	0.393	148	267	235	61.4	3.08	3.88	1.98	20.5	33.2	15.8	2.76
		9		17.46	13.7	0.392	164	300	260	68.0	3.07	3.86	1.97	22.8	36.8	17.2	2.80
		10		19.26	15.1	0.392	180	334	285	74.4	3.05	3.84	1.96	25.1	40.3	18.5	2.84
		12		22.80	17.9	0.391	209	402	331	86.8	3.03	3.81	1.95	29.5	46.8	21.1	2.91
		14		26.26	20.6	0.391	237	471	374	99.0	3.00	3.77	1.94	33.7	52.9	23.4	2.99
		16		29.63	23.3	0.390	263	540	414	111	2.98	3.74	1.94	37.8	58.6	25.6	3.06

续表

型号	截面尺寸/mm			截面面积/cm²	理论质量/(kg/m)	外表面积/(m²/m)	惯性矩/cm⁴				惯性半径/cm			截面模数/cm³			重心距离/cm
	b	d	r				I_x	I_{x1}	I_{x0}	I_{y0}	i_x	i_{x0}	i_{y0}	W_x	W_{x0}	W_{y0}	Z_0
11	110	7	12	15.20	11.9	0.433	177	311	281	73.4	3.41	4.30	2.20	22.1	36.1	17.5	2.96
		8		17.24	13.5	0.433	199	355	316	82.4	3.40	4.28	2.19	25.0	40.7	19.4	3.01
		10		21.26	16.7	0.432	242	445	384	100	3.38	4.25	2.17	30.6	49.4	22.9	3.09
		12		25.20	19.8	0.431	283	535	448	117	3.35	4.22	2.15	36.1	57.6	26.2	3.16
		14		29.06	22.8	0.431	321	625	508	133	3.32	4.18	2.14	41.3	65.3	29.1	3.24
12.5	125	8		19.75	15.5	0.492	297	521	471	123	3.88	4.88	2.50	32.5	53.3	25.9	3.37
		10		24.37	19.1	0.491	362	652	574	149	3.85	4.85	2.48	40.0	64.9	30.6	3.45
		12		28.91	22.7	0.491	423	783	671	175	3.83	4.82	2.46	41.2	76.0	35.0	3.53
		14		33.37	26.2	0.490	482	916	764	200	3.80	4.78	2.45	54.2	86.4	39.1	3.61
		16		37.74	29.6	0.489	537	1050	851	224	3.77	4.75	2.43	60.9	96.3	43.0	3.68
14	140	10	14	27.37	21.5	0.551	515	915	817	212	4.34	5.46	2.78	50.6	82.6	39.2	3.82
		12		32.51	25.5	0.551	604	1100	959	249	4.31	5.43	2.76	59.8	96.9	45.0	3.90
		14		37.57	29.5	0.550	689	1280	1090	284	4.28	5.40	2.75	68.8	110	50.5	3.98
		16		42.54	33.4	0.549	770	1470	1220	319	4.26	5.36	2.74	77.5	123	55.6	4.06
15	150	8		23.75	18.6	0.592	521	900	827	215	4.69	5.90	3.01	47.4	78.0	38.1	3.99
		10		29.37	23.1	0.591	638	1130	1010	262	4.66	5.87	2.99	58.4	95.5	45.5	4.08
		12		34.91	27.4	0.591	749	1350	1190	308	4.63	5.84	2.97	69.0	112	52.4	4.15
		14		40.37	31.7	0.590	856	1580	1360	352	4.60	5.80	2.95	79.5	128	58.8	4.23
		15		43.06	33.8	0.590	907	1690	1440	374	4.59	5.78	2.95	84.6	136	61.9	4.27
		16		45.74	35.9	0.589	958	1810	1520	395	4.58	5.77	2.94	89.6	143	64.9	4.31
16	160	10	16	31.50	24.7	0.630	780	1370	1240	322	4.98	6.27	3.20	66.7	109	52.8	4.31
		12		37.44	29.4	0.630	917	1640	1460	377	4.95	6.24	3.18	79.0	129	60.7	4.39
		14		43.30	34.0	0.629	1050	1910	1670	432	4.92	6.20	3.16	91.0	147	68.2	4.47
		16		49.07	38.5	0.629	1180	2190	1870	485	4.89	6.17	3.14	103	165	75.3	4.55
18	180	12		42.24	33.2	0.710	1320	2330	2100	543	5.59	7.05	3.58	101	165	78.4	4.89
		14		48.90	38.4	0.709	1510	2720	2410	622	5.56	7.02	3.56	116	189	88.4	4.97
		16		55.47	43.5	0.709	1700	3120	2700	699	5.54	6.98	3.55	131	212	97.8	5.05
		18		61.96	48.6	0.708	1880	3500	2990	762	5.50	6.94	3.51	146	235	105	5.13
20	200	14	18	51.64	42.9	0.788	2100	3730	3340	864	6.20	7.82	3.98	145	236	112	5.46
		16		62.01	48.7	0.788	2370	4270	3760	971	6.18	7.79	3.96	164	266	124	5.54
		18		69.30	54.4	0.787	2620	4810	4160	1080	6.15	7.75	3.94	182	294	136	5.62
		20		76.51	60.1	0.787	2870	5350	4550	1180	6.12	7.72	3.93	200	322	147	5.69
		24		90.66	71.2	0.785	3340	6460	5290	1380	6.07	7.64	3.90	236	374	167	5.87
22	220	16	21	68.67	53.9	0.866	3190	5680	5060	1310	6.81	8.59	4.37	200	326	154	6.03
		18		76.75	60.3	0.866	3540	6400	5620	1450	6.79	8.55	4.35	223	361	168	6.11
		20		84.76	66.5	0.865	3870	7110	6150	1590	6.76	8.52	4.34	245	395	182	6.18
		22		92.68	72.8	0.865	4200	7830	6670	1730	6.73	8.48	4.32	267	429	195	6.26
		24		100.5	78.9	0.864	4520	8550	7170	1870	6.71	8.45	4.31	289	461	208	6.33
		26		108.3	85.0	0.864	4830	9280	7 690	2000	6.68	8.41	4.30	310	492	221	6.41
25	250	18	24	87.84	69.0	0.985	5270	9380	8370	2170	7.75	9.76	4.97	290	473	224	6.84
		20		97.05	76.2	0.984	5780	10400	9180	2380	7.72	9.73	4.95	320	519	243	6.92
		22		106.2	83.3	0.983	6280	11500	9970	2580	7.69	9.69	4.93	349	564	261	7.00
		24		115.2	90.4	0.983	6770	12500	10700	2790	7.67	9.66	4.92	378	608	278	7.07
		26		124.2	97.5	0.982	7240	13600	11500	2980	7.64	9.62	4.90	406	650	295	7.15
		28		133.0	104	0.982	7700	14600	12200	3180	7.61	9.58	4.89	433	691	311	7.22
		30		141.8	111	0.981	8160	15700	12900	3380	7.58	9.55	4.88	461	731	327	7.30
		32		150.5	118	0.981	8600	16800	13600	3570	7.56	9.51	4.87	488	770	342	7.37
		35		163.4	128	0.980	9240	18400	14600	3850	7.52	9.46	4.86	527	827	364	7.48

注：截面图中的 $r_1 = \frac{1}{3}d$ 及表中 r 的数据用于孔型设计,不做交货条件。

附表2 不等边角钢截面尺寸、截面面积、理论质量及截面特性

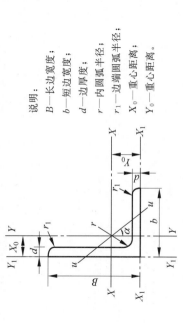

说明：
B—长边宽度；
b—短边宽度；
d—边厚度；
r—内圆弧半径；
r_1—边端圆弧半径；
X_0—重心距离；
Y_0—重心距离。

型号	截面尺寸/mm				截面面积/cm²	理论质量/(kg/m)	外表面积/(m²/m)	惯性矩/cm⁴					惯性半径/cm			截面模数/cm³			$\tan\alpha$	重心距离/cm	
	B	b	d	r	/cm²	(kg/m)	(m²/m)	I_x	I_{x1}	I_y	I_{y1}	I_u	i_x	i_y	i_u	W_x	W_y	W_u		X_0	Y_0
2.5/1.6	25	16	3	3.5	1.162	0.91	0.080	0.70	1.56	0.22	0.43	0.14	0.78	0.44	0.34	0.43	0.19	0.16	0.392	0.42	0.86
			4		1.499	1.18	0.079	0.88	2.09	0.27	0.59	0.17	0.77	0.43	0.34	0.55	0.24	0.20	0.381	0.46	0.90
3.2/2	32	20	3	4	1.492	1.17	0.102	1.53	3.27	0.46	0.82	0.28	1.01	0.55	0.43	0.72	0.30	0.25	0.382	0.49	1.08
			4		1.939	1.52	0.101	1.93	4.37	0.57	1.12	0.35	1.00	0.54	0.42	0.93	0.39	0.32	0.374	0.53	1.12
4/2.5	40	25	3	4	1.890	1.48	0.127	3.08	5.39	0.93	1.59	0.56	1.28	0.70	0.54	1.15	0.49	0.40	0.385	0.59	1.32
			4		2.467	1.94	0.127	3.93	8.53	1.18	2.14	0.71	1.36	0.69	0.54	1.49	0.63	0.52	0.381	0.63	1.37
4.5/2.8	45	28	3	5	2.149	1.69	0.143	4.45	9.10	1.34	2.23	0.80	1.44	0.79	0.61	1.47	0.62	0.51	0.383	0.64	1.47
			4		2.806	2.20	0.143	5.69	12.1	1.70	3.00	1.02	1.42	0.78	0.60	1.91	0.80	0.66	0.380	0.68	1.51
5/3.2	50	32	3	5.5	2.431	1.91	0.161	6.24	12.5	2.02	3.31	1.20	1.60	0.91	0.70	1.84	0.82	0.68	0.404	0.73	1.60
			4		3.177	2.49	0.160	8.02	16.7	2.58	4.45	1.53	1.59	0.90	0.69	2.39	1.06	0.87	0.402	0.77	1.65
5.6/3.6	56	36	3	6	2.743	2.15	0.181	8.88	17.5	2.92	4.7	1.73	1.80	1.03	0.79	2.32	1.05	0.87	0.408	0.80	1.78
			4		3.590	2.82	0.180	11.5	23.4	3.76	6.33	2.23	1.79	1.02	0.79	3.03	1.37	1.13	0.408	0.85	1.82
			5		4.415	3.47	0.180	13.9	29.3	4.49	7.94	2.67	1.77	1.01	0.78	3.71	1.65	1.36	0.404	0.88	1.87
6.3/4	63	40	4	7	4.058	3.19	0.202	16.5	33.3	5.23	8.63	3.12	2.02	1.14	0.88	3.87	1.70	1.40	0.398	0.92	2.04
			5		4.993	3.92	0.202	20.0	41.6	6.31	10.9	3.76	2.00	1.12	0.87	4.74	2.07	1.71	0.396	0.95	2.08
			6		5.908	4.64	0.201	23.4	50.0	7.29	13.1	4.34	1.96	1.11	0.86	5.59	2.43	1.99	0.393	0.99	2.12
			7		6.802	5.34	0.201	26.5	58.1	8.24	15.5	4.97	1.98	1.10	0.86	6.40	2.78	2.29	0.389	1.03	2.15

续表

型号	截面尺寸/mm B	b	d	r	截面面积/cm²	理论质量/(kg/m)	外表面积/(m²/m)	惯性矩/cm⁴ I_x	I_{x1}	I_y	I_{y1}	I_u	惯性半径/cm i_x	i_y	i_u	截面模数/cm³ W_x	W_y	W_u	$\tan\alpha$	重心距离/cm X_0	Y_0
7/4.5	70	45	4	7.5	4.553	3.57	0.226	23.2	45.9	7.55	12.3	4.40	2.26	1.29	0.98	4.86	2.17	1.77	0.410	1.02	2.24
			5		5.609	4.40	0.225	28.0	57.1	9.13	15.4	5.40	2.23	1.28	0.98	5.92	2.65	2.19	0.407	1.06	2.28
			6		6.644	5.22	0.225	32.5	68.4	10.6	18.6	6.35	2.21	1.26	0.98	6.95	3.12	2.59	0.404	1.09	2.32
			7		7.658	6.01	0.225	37.2	80.0	12.0	21.8	7.16	2.20	1.25	0.97	8.03	3.57	2.94	0.402	1.13	2.36
7.5/5	75	50	5	8	6.126	4.81	0.245	34.9	70.0	12.6	21.0	7.41	2.39	1.44	1.10	6.83	3.3	2.74	0.435	1.17	2.40
			6		7.260	5.70	0.245	41.1	84.3	14.7	25.4	8.54	2.38	1.42	1.08	8.12	3.88	3.19	0.435	1.21	2.44
			8		9.467	7.43	0.244	52.4	113	18.5	34.2	10.9	2.35	1.40	1.07	10.5	4.99	4.10	0.429	1.29	2.52
			10		11.59	9.10	0.244	62.7	141	22.0	43.4	13.1	2.33	1.38	1.06	12.8	6.04	4.99	0.423	1.36	2.60
8/5	80	50	5	8	6.376	5.00	0.255	42.0	85.2	12.8	21.1	7.66	2.56	1.42	1.10	7.78	3.32	2.74	0.388	1.14	2.60
			6		7.560	5.93	0.255	49.5	103	15.0	25.4	8.85	2.56	1.41	1.08	9.25	3.91	3.20	0.387	1.18	2.65
			7		8.724	6.85	0.255	56.2	119	17.0	29.8	10.2	2.54	1.39	1.08	10.6	4.48	3.70	0.384	1.21	2.69
			8		9.867	7.75	0.254	62.8	136	18.9	34.3	11.4	2.52	1.38	1.07	11.9	5.03	4.16	0.381	1.25	2.73
9/5.6	90	56	5	9	7.212	5.66	0.287	60.5	121	18.3	29.5	11.0	2.90	1.59	1.23	9.92	4.21	3.49	0.385	1.25	2.91
			6		8.557	6.72	0.286	71.0	146	21.4	35.6	12.9	2.88	1.58	1.23	11.7	4.96	4.13	0.384	1.29	2.95
			7		9.881	7.76	0.286	81.0	170	24.4	41.7	14.7	2.86	1.57	1.22	13.5	5.70	4.70	0.382	1.33	3.00
			8		11.18	8.78	0.286	91.0	194	27.2	47.9	16.3	2.85	1.56	1.21	15.3	6.41	5.29	0.380	1.36	3.04
10/6.3	100	63	6	10	9.618	7.55	0.320	99.1	200	30.9	50.5	18.4	3.21	1.79	1.38	14.6	6.35	5.25	0.394	1.43	3.24
			7		11.11	8.72	0.320	113	233	35.3	59.1	21.0	3.20	1.78	1.38	16.9	7.29	6.02	0.394	1.47	3.28
			8		12.58	9.88	0.319	127	266	39.4	67.9	23.5	3.18	1.77	1.37	19.1	8.21	6.78	0.391	1.50	3.32
			10		15.47	12.1	0.319	154	333	47.1	85.7	28.3	3.15	1.74	1.35	23.3	9.98	8.24	0.387	1.58	3.40
10/8	100	80	6	10	10.64	8.35	0.354	107	200	61.2	103	31.7	3.17	2.40	1.72	15.2	10.2	8.37	0.627	1.97	2.95
			7		12.30	9.66	0.354	123	233	70.1	120	36.2	3.16	2.39	1.72	17.5	11.7	9.60	0.626	2.01	3.00
			8		13.94	10.9	0.353	138	267	78.6	137	40.6	3.14	2.37	1.71	19.8	13.2	10.8	0.625	2.05	3.04
			10		17.17	13.5	0.353	167	334	94.7	172	49.1	3.12	2.35	1.69	24.2	16.1	13.1	0.622	2.13	3.12
11/7	110	70	6	10	10.64	8.35	0.354	133	266	42.9	69.1	25.4	3.54	2.01	1.54	17.9	7.90	6.53	0.403	1.57	3.53
			7		12.30	9.66	0.354	153	310	49.0	80.8	29.0	3.53	2.00	1.53	20.6	9.09	7.50	0.402	1.61	3.57
			8		13.94	10.9	0.353	172	354	54.9	92.7	32.5	3.51	1.98	1.53	23.3	10.3	8.45	0.401	1.65	3.62
			10		17.17	13.5	0.353	208	443	65.9	117	39.2	3.48	1.96	1.51	28.5	12.5	10.3	0.397	1.72	3.70

续表

型号	截面尺寸/mm B	b	d	r	截面面积/cm²	理论质量/(kg/m)	外表面积/(m²/m)	惯性矩/cm⁴ I_x	I_{x1}	I_y	I_{y1}	I_u	惯性半径/cm i_x	i_y	i_u	截面模数/cm³ W_x	W_y	W_u	tanα	重心距离/cm X_0	Y_0
12.5/8	125	80	7	11	14.10	11.1	0.403	228	455	74.4	120	43.8	4.02	2.30	1.76	26.9	12.0	9.92	0.408	1.80	4.01
			8		15.99	12.6	0.403	257	520	83.5	138	49.2	4.01	2.28	1.75	30.4	13.6	11.2	0.407	1.84	4.06
			10		19.71	15.5	0.402	312	650	101	173	59.5	3.98	2.26	1.74	37.3	16.6	13.6	0.404	1.92	4.14
			12		23.35	18.3	0.402	364	780	117	210	69.4	3.95	2.24	1.72	44.0	19.4	16.0	0.400	2.00	4.22
14/9	140	90	8	12	18.04	14.2	0.453	366	731	121	196	70.8	4.50	2.59	1.98	38.5	17.3	14.3	0.411	2.04	4.50
			10		22.26	17.5	0.452	446	913	140	246	85.8	4.47	2.56	1.96	47.3	21.2	17.5	0.409	2.12	4.58
			12		26.40	20.7	0.451	522	1100	170	297	100	4.44	2.54	1.95	55.9	25.0	20.5	0.406	2.19	4.66
			14		30.46	23.9	0.451	594	1280	192	349	114	4.42	2.51	1.94	64.2	28.5	23.5	0.403	2.27	4.74
15/9	150	90	8	12	18.84	14.8	0.473	442	898	123	196	74.1	4.84	2.55	1.98	43.9	17.5	14.5	0.364	1.97	4.92
			10		23.26	18.3	0.472	539	1120	149	246	89.9	4.81	2.53	1.97	54.0	21.4	17.7	0.362	2.05	5.01
			12		27.60	21.7	0.471	632	1350	173	297	105	4.79	2.50	1.95	63.8	25.1	20.8	0.359	2.12	5.09
			14		31.86	25.0	0.471	721	1570	196	350	120	4.76	2.48	1.94	73.3	28.8	23.8	0.356	2.20	5.17
			15		33.95	26.7	0.471	764	1680	207	376	127	4.74	2.47	1.93	78.0	30.5	25.3	0.354	2.24	5.21
			16		36.03	28.3	0.470	806	1800	217	403	134	4.73	2.45	1.93	82.6	32.3	26.8	0.352	2.27	5.25
16/10	160	100	10	13	25.32	19.9	0.512	669	1360	205	337	122	5.14	2.85	2.19	62.1	26.6	21.9	0.390	2.28	5.24
			12		30.05	23.6	0.511	785	1640	239	406	142	5.11	2.82	2.17	73.5	31.3	25.8	0.388	2.36	5.32
			14		34.71	27.2	0.510	896	1910	271	476	162	5.08	2.80	2.16	84.6	35.8	29.6	0.385	2.43	5.40
			16		39.28	30.8	0.510	1000	2180	302	548	183	5.05	2.77	2.16	95.3	40.2	33.4	0.382	2.51	5.48
18/11	180	110	10	14	28.37	22.3	0.571	956	1940	278	447	167	5.80	3.13	2.42	79.0	32.5	26.9	0.376	2.44	5.89
			12		33.71	26.5	0.571	1120	2330	325	539	195	5.78	3.10	2.40	93.5	38.3	31.7	0.374	2.52	5.98
			14		38.97	30.6	0.570	1290	2720	370	632	222	5.75	3.08	2.39	108	44.0	36.3	0.372	2.59	6.06
			16		44.14	34.6	0.569	1440	3110	412	726	249	5.72	3.06	2.38	122	49.4	40.9	0.369	2.67	6.14
20/12.5	200	125	12	14	37.91	29.8	0.641	1570	3190	483	788	286	6.44	3.57	2.74	117	50.0	41.2	0.392	2.83	6.54
			14		43.87	34.4	0.640	1800	3730	551	922	327	6.41	3.54	2.73	135	57.4	47.3	0.390	2.91	6.62
			16		49.74	39.0	0.639	2020	4260	615	1060	366	6.38	3.52	2.71	152	64.9	53.3	0.388	2.99	6.70
			18		55.53	43.6	0.639	2240	4790	677	1200	405	6.35	3.49	2.70	169	71.7	59.2	0.385	3.06	6.78

注：截面图中的 $r_1=\frac{1}{3}d$ 及表中 r 的数据用于孔型设计，不做交货条件。

附表3 槽钢截面尺寸、截面面积、理论质量及截面特性

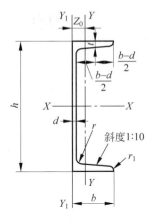

说明:

h—高度;

b—腿宽度;

d—腰厚度;

t—腿中间厚度;

r—内圆弧半径;

r_1—腿端圆弧半径;

Z_0—重心距离。

型号	截面尺寸/mm						截面面积/cm²	理论质量/(kg/m)	外表面积/(m²/m)	惯性矩/cm⁴			惯性半径/cm		截面模数/cm³		重心距离/cm
	h	b	d	t	r	r_1				I_x	I_y	I_{y1}	i_x	i_y	W_x	W_y	Z_0
5	50	37	4.5	7.0	7.0	3.5	6.925	5.44	0.226	26.0	8.30	20.9	1.94	1.10	10.4	3.55	1.35
6.3	63	40	4.8	7.5	7.5	3.8	8.446	6.63	0.262	50.8	11.9	28.4	2.45	1.19	16.1	4.50	1.36
6.5	65	40	4.3	7.5	7.5	3.8	8.292	6.51	0.267	55.2	12.0	28.3	2.54	1.19	17.0	4.59	1.38
8	80	43	5.0	8.0	8.0	4.0	10.24	8.04	0.307	101	16.6	37.4	3.15	1.27	25.3	5.79	1.43
10	100	48	5.3	8.5	8.5	4.2	12.74	10.0	0.365	198	25.6	54.9	3.95	1.41	39.7	7.80	1.52
12	120	53	5.5	9.0	9.0	4.5	15.36	12.1	0.423	346	37.4	77.7	4.75	1.56	57.7	10.2	1.62
12.6	126	53	5.5	9.0	9.0	4.5	15.69	12.3	0.435	391	38.0	77.1	4.95	1.57	62.1	10.2	1.59
14a	140	58	6.0	9.5	9.5	4.8	18.51	14.5	0.480	564	53.2	107	5.52	1.70	80.5	13.0	1.71
14b	140	60	8.0	9.5	9.5	4.8	21.31	16.7	0.484	609	61.1	121	5.35	1.69	87.1	14.1	1.67
16a	160	63	6.5	10.0	10.0	5.0	21.95	17.2	0.538	866	73.3	144	6.28	1.83	108	16.3	1.80
16b	160	65	8.5	10.0	10.0	5.0	25.15	19.8	0.542	935	83.4	161	6.10	1.82	117	17.6	1.75
18a	180	68	7.0	10.5	10.5	5.2	25.69	20.2	0.596	1270	98.6	190	7.04	1.96	141	20.0	1.88
18b	180	70	9.0	10.5	10.5	5.2	29.29	23.0	0.600	1370	111	210	6.84	1.95	152	21.5	1.84
20a	200	73	7.0	11.0	11.0	5.5	28.83	22.6	0.654	1780	128	244	7.86	2.11	178	24.2	2.01
20b	200	75	9.0	11.0	11.0	5.5	32.83	25.8	0.658	1910	144	268	7.64	2.09	191	25.9	1.95
22a	220	77	7.0	11.5	11.5	5.8	31.83	25.0	0.709	2390	158	298	8.67	2.23	218	28.2	2.10
22b	220	79	9.0	11.5	11.5	5.8	36.23	28.5	0.713	2570	176	326	8.42	2.21	234	30.1	2.03
24a	240	78	7.0	12.0	12.0	6.0	34.21	26.9	0.752	3050	174	325	9.45	2.25	254	30.5	2.10
24b	240	80	9.0	12.0	12.0	6.0	39.01	30.6	0.756	3280	194	355	9.17	2.23	274	32.5	2.03
24c	240	82	11.0	12.0	12.0	6.0	43.81	34.4	0.760	3510	213	388	8.96	2.21	293	34.4	2.00
25a	250	78	7.0	12.0	12.0	6.0	34.91	27.4	0.722	3370	176	322	9.82	2.24	270	30.6	2.07
25b	250	80	9.0	12.0	12.0	6.0	39.91	31.3	0.776	3530	196	353	9.41	2.22	282	32.7	1.98
25c	250	82	11.0	12.0	12.0	6.0	44.91	35.3	0.780	3690	218	384	9.07	2.21	295	35.9	1.92
27a	270	82	7.5	12.5	12.5	6.2	39.27	30.8	0.826	4360	216	393	10.5	2.34	323	35.5	2.13
27b	270	84	9.5	12.5	12.5	6.2	44.67	35.1	0.830	4690	239	428	10.3	2.31	347	37.7	2.06
27c	270	86	11.5	12.5	12.5	6.2	50.07	39.3	0.834	5020	261	467	10.1	2.28	372	39.8	2.03
28a	280	82	7.5	12.5	12.5	6.2	40.02	31.4	0.846	4760	218	388	10.9	2.33	340	35.7	2.10
28b	280	84	9.5	12.5	12.5	6.2	45.62	35.8	0.850	5130	242	428	10.6	2.30	366	37.9	2.02
28c	280	86	11.5	12.5	12.5	6.2	51.22	40.2	0.854	5500	268	463	10.4	2.29	393	40.3	1.95

续表

型号	截面尺寸/mm						截面面积/cm²	理论质量/(kg/m)	外表面积/(m²/m)	惯性矩/cm⁴			惯性半径/cm		截面模数/cm³		重心距离/cm
	h	b	d	t	r	r_1				I_x	I_y	I_{y1}	i_x	i_y	W_x	W_y	Z_0
30a	300	85	7.5	13.5	13.5	6.8	43.89	34.5	0.897	6050	260	467	11.7	2.43	403	41.1	2.17
30b		87	9.5				49.89	39.2	0.901	6500	289	515	11.4	2.41	433	44.0	2.13
30c		89	11.5				55.89	43.9	0.905	6950	316	560	11.2	2.38	463	46.4	2.09
32a	320	88	8.0	14.0	14.0	7.0	48.50	38.1	0.947	7600	305	552	12.5	2.50	475	46.5	2.24
32b		90	10.0				54.90	43.1	0.951	8140	336	593	12.2	2.47	509	49.2	2.16
32c		92	12.0				61.30	48.1	0.955	8690	374	643	11.9	2.47	543	52.6	2.09
36a	360	96	9.0	16.0	16.0	8.0	60.89	47.8	1.053	11900	455	818	14.0	2.73	660	63.5	2.44
36b		98	11.0				68.09	53.5	1.057	12700	497	880	13.6	2.70	703	66.9	2.37
36c		100	13.0				75.29	59.1	1.061	13400	536	948	13.4	2.67	746	70.0	2.34
40a	400	100	10.5	18.0	18.0	9.0	75.04	58.9	1.144	17600	592	1070	15.3	2.81	879	78.8	2.49
40b		102	12.5				83.04	65.2	1.148	18600	640	1140	15.0	2.78	932	82.5	2.44
40c		104	14.5				91.04	71.5	1.152	19700	688	1220	14.7	2.75	986	86.2	2.42

注：表中 r、r_1 的数据用于孔型设计，不做交货条件。

附表 4 "工"字钢截面尺寸、截面面积、理论质量及截面特性

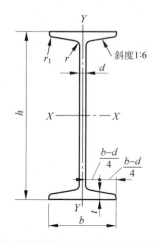

说明：

h—高度；

b—腿宽度；

d—腰厚度；

t—腿中间厚度；

r—内圆弧半径；

r_1—腿端圆弧半径。

型号	截面尺寸/mm						截面面积/cm²	理论质量/(kg/m)	外表面积/(m²/m)	惯性矩/cm⁴		惯性半径/cm		截面模数/cm³	
	h	b	d	t	r	r_1				I_x	I_y	i_x	i_y	W_x	W_y
10	100	68	4.5	7.6	6.5	3.3	14.33	11.3	0.432	245	33.0	4.14	1.52	49.0	9.72
12	120	74	5.0	8.4	7.0	3.5	17.80	14.0	0.493	436	46.9	4.95	1.62	72.7	12.7
12.6	126	74	5.0	8.4	7.0	3.5	18.10	14.2	0.505	488	46.9	5.20	1.61	77.5	12.7
14	140	80	5.5	9.1	7.5	3.8	21.50	16.9	0.553	712	64.4	5.76	1.73	102	16.1
16	160	88	6.0	9.9	8.0	4.0	26.11	20.5	0.621	1130	93.1	6.58	1.89	141	21.2
18	180	94	6.5	10.7	8.5	4.3	30.74	24.1	0.681	1660	122	7.36	2.00	185	26.0
20a	200	100	7.0	1.4	9.0	4.5	35.55	27.9	0.742	2370	158	8.15	2.12	237	31.5
20b		102	9.0				39.55	31.1	0.746	2500	169	7.96	2.06	250	33.1

续表

型号	截面尺寸/mm						截面面积/cm²	理论质量/(kg/m)	外表面积/(m²/m)	惯性矩/cm⁴		惯性半径/cm		截面模数/cm³	
	h	b	d	t	r	r_1				I_x	I_y	i_x	i_y	W_x	W_y
22a	220	110	7.5	12.3	9.5	4.8	42.10	33.1	0.817	3400	225	8.99	2.31	309	40.9
22b		112	9.5				46.50	36.5	0.821	3570	239	8.78	2.27	325	42.7
24a	240	116	8.0	13.0	10.0	5.0	47.71	37.5	0.878	4570	280	9.77	2.42	381	48.4
24b		118	10.0				52.51	41.2	0.882	4800	297	9.57	2.38	400	50.4
25a	250	116	8.0				48.51	38.1	0.898	5020	280	10.2	2.40	402	48.3
25b		118	10.0				53.51	42.0	0.902	5280	309	9.94	2.40	423	52.4
27a	270	122	8.5	13.7	10.5	5.3	54.52	42.8	0.958	6550	345	10.9	2.51	485	56.6
27b		124	10.5				59.92	47.0	0.962	6870	366	10.7	2.47	509	58.9
28a	280	122	8.5				55.37	43.5	0.978	7110	345	11.3	2.50	508	56.6
28b		124	10.5				60.97	47.9	0.982	7480	379	11.1	2.49	534	61.2
30a	300	126	9.0	14.4	11.0	5.5	61.22	48.1	1.031	8950	400	12.1	2.55	597	63.5
30b		128	11.0				67.22	52.8	1.035	9400	422	11.8	2.50	627	65.9
30c		130	13.0				73.22	57.5	1.039	9850	445	11.6	2.46	657	68.5
32a	320	130	9.5	15.0	11.5	5.8	67.12	52.7	1.084	11100	460	12.8	2.62	692	70.8
32b		132	11.5				73.52	57.7	1.088	11600	502	12.6	2.61	726	76.0
32c		134	13.5				79.92	62.7	1.092	12200	544	12.3	2.61	760	81.2
36a	360	136	10.0	15.8	12.0	6.0	76.44	60.0	1.185	15800	552	14.4	2.69	875	81.2
36b		138	12.0				83.64	65.7	1.189	16500	582	14.1	2.64	919	84.3
36c		140	14.0				90.84	71.3	1.193	17300	612	13.8	2.60	962	87.4
40a	400	142	10.5	16.5	12.5	6.3	86.07	67.6	1.285	21700	660	15.9	2.77	1090	93.2
40b		144	12.5				94.07	73.8	1.289	22800	692	15.6	2.71	1140	96.2
40c		146	14.5				102.1	80.1	1.293	23900	727	15.2	2.65	1190	99.6
45a	450	150	11.5	18.0	13.5	6.8	102.4	80.4	1.411	32200	855	17.7	2.89	1430	114
45b		152	13.5				111.4	87.4	1.415	33800	894	17.4	2.84	1500	118
45c		154	15.5				120.4	94.5	1.419	35300	938	17.1	2.79	1570	122
50a	500	158	12.0	20.0	14.0	7.0	119.2	93.6	1.539	46500	1120	19.7	3.07	1860	142
50b		160	14.0				129.2	101	1.543	48600	1170	19.4	3.01	1940	146
50c		162	16.0				139.2	109	1.547	50600	1220	19.0	2.96	2080	151
55a	550	166	12.5	21.0	14.5	7.3	134.1	105	1.667	62900	1370	21.6	3.19	2290	164
55b		168	14.5				145.1	114	1.671	65600	1420	21.2	3.14	2390	170
55c		170	16.5				156.1	123	1.675	68400	1480	20.9	3.08	2490	175
56a	560	166	12.5				135.4	106	1.687	65600	1370	22.0	3.18	2340	165
56b		168	14.5				146.6	115	1.691	68500	1490	21.6	3.16	2450	174
56c		170	16.5				157.8	124	1.695	71400	1560	21.3	3.16	2550	183
63a	630	176	13.0	22.0	15.0	7.5	154.6	121	1.862	93900	1700	24.5	3.31	2980	193
63b		178	15.0				167.2	131	1.866	98100	1810	24.2	3.29	3160	204
63c		180	17.0				179.8	141	1.870	102000	1920	23.8	3.27	3300	214

注:表中 r、r_1 的数据用于孔型设计,不做交货条件。